U0366332

土建专业
岗位人员基础知识

建筑施工企业管理人员岗位资格培训教材编委会　组织编写

徐江柳　主编

中国建筑工业出版社

图书在版编目（CIP）数据

土建专业岗位人员基础知识/建筑施工企业管理人员
岗位资格培训教材编委会组织编写. —北京：中国建
筑工业出版社，2007
建筑施工企业管理人员岗位资格培训教材
ISBN 978-7-112-08851-5

Ⅰ.土... Ⅱ.建... Ⅲ.土木工程-技术培训-教材
Ⅳ.TU

中国版本图书馆 CIP 数据核字（2006）第 162487 号

建筑施工企业管理人员岗位资格培训教材

土建专业岗位人员基础知识

建筑施工企业管理人员岗位资格培训教材编委会　组织编写

徐江柳　主编

*

中国建筑工业出版社出版、发行（北京西郊百万庄）
各地新华书店、建筑书店经销
北京密云红光制版公司制版
北京建筑工业印刷厂印刷

*

开本：787×1092毫米　1/16　印张：19　字数：458千字
2007年3月第一版　2013年5月第十四次印刷
定价：**32.00元**
ISBN 978-7-112-08851-5
(15515)

版权所有　翻印必究
如有印装质量问题，可寄本社退换
（邮政编码 100037）

本社网址：http://www.cabp.com.cn
网上书店：http://www.china-building.com.cn

本书是建筑施工企业管理人员岗位资格培训教材之一，是土建专业施工员、质量员、造价员培训的综合科目。本书是根据建筑岗位人员培训教育的特点，结合建筑行业对土建岗位管理人员的要求，系统全面地讲解建筑识图、建筑构造、建筑力学以及建筑结构等方面的知识。建筑识图部分主要介绍对现行建筑制图标准和规范的认识、理解与应用，以及如何正确读懂建筑施工图、结构施工图以及局部构造；建筑构造部分侧重于介绍建筑物各个组成部分的构造原理与构造方法；建筑力学主要介绍理论力学、材料力学和结构力学的基础知识；建筑结构部分主要有受弯受压结构、预应力混凝土结构、砌体结构等内容。本书内容全面，重点突出，实用性强，充分考虑到了培训教学和读者自学参考的需要。

　　本书可作为建筑施工企业土建专业人员岗位资格的培训教材，也可供建筑工程技术及管理人员学习参考。

＊　　　　＊　　　　＊

责任编辑：刘　江　范业庶
责任设计：赵明霞
责任校对：刘　钰　张　虹

《建筑施工企业管理人员岗位资格培训教材》

编写委员会

（以姓氏笔画排序）

艾伟杰　中国建筑一局（集团）有限公司
冯小川　北京城市建设学校
叶万和　北京市德恒律师事务所
李树栋　北京城建集团有限责任公司
宋林慧　北京城建集团有限责任公司
吴月华　中国建筑一局（集团）有限公司
张立新　北京住总集团有限责任公司
张囡囡　中国建筑一局（集团）有限公司
张俊生　中国建筑一局（集团）有限公司
张胜良　中国建筑一局（集团）有限公司
陈　光　中国建筑一局（集团）有限公司
陈　红　中国建筑一局（集团）有限公司
陈御平　北京建工集团有限责任公司
周　斌　北京住总集团有限责任公司
周显峰　北京市德恒律师事务所
孟昭荣　北京城建集团有限责任公司
贺小村　中国建筑一局（集团）有限公司

出　版　说　明

　　建筑施工企业管理人员（各专业施工员、质量员、造价员，以及材料员、测量员、试验员、资料员、安全员）是施工企业项目一线的技术管理骨干。他们的基础知识水平和业务能力的大小，直接影响到工程项目的施工质量和企业的经济效益；他们的工作质量的好坏，直接影响到建设项目的成败。随着建筑业企业管理的规范化，管理人员持证上岗已成为必然，其岗位培训工作也成为各施工企业十分关心和重视的工作之一。但管理人员活跃在施工现场，工作任务重，学习时间少，难以占用大量时间进行集中培训；而另一方面，目前已有的一些培训教材，不仅内容因多年没有修订而较为陈旧，而且科目较多，不利于短期培训。有鉴于此，我们通过了解近年来施工企业岗位培训工作的实际情况，结合目前管理人员素质状况和实际工作需要，以少而精的原则，组织出版了这套"建筑施工企业管理人员岗位资格培训教材"，本套丛书共分 15 册，分别为：
　　◇《建筑施工企业管理人员相关法规知识》
　　◇《土建专业岗位人员基础知识》
　　◇《材料员岗位实务知识》
　　◇《测量员岗位实务知识》
　　◇《试验员岗位实务知识》
　　◇《资料员岗位实务知识》
　　◇《安全员岗位实务知识》
　　◇《土建质量员岗位实务知识》
　　◇《土建施工员（工长）岗位实务知识》
　　◇《土建造价员岗位实务知识》
　　◇《电气质量员岗位实务知识》
　　◇《电气施工员（工长）岗位实务知识》
　　◇《安装造价员岗位实务知识》
　　◇《暖通施工员（工长）岗位实务知识》
　　◇《暖通质量员岗位实务知识》
　　其中，《建筑施工企业管理人员相关法规知识》为各岗位培训的综合科目，《土建专业岗位人员基础知识》为土建专业施工员、质量员、造价员培训的综合科目，其他 13 册则是根据 13 个岗位编写的。参加每个岗位的培训，只需使用 2~3 册教材即可（土建专业施工员、质量员、造价员岗位培训使用 3 册，其他岗位培训使用 2 册），各书均按照企业实际培训课时要求编写，极大地方便了培训教学与学习。
　　本套丛书以现行国家规范、标准为依据，内容强调实用性、科学性和先进性，可作为施工企业管理人员的岗位资格培训教材，也可作为其平时的学习参考用书。希望本套丛书能够帮助广大施工企业管理人员顺利完成岗位资格培训，提高岗位业务能力，从容应对各自岗位的管理工作。也真诚地希望各位读者对书中不足之处提出批评指正，以便我们进一步完善和改进。

中国建筑工业出版社

2006 年 12 月

前　言

本书是根据建筑岗位人员培训教育的特点，结合建筑行业对土建岗位管理人员的要求编写的。全书分为建筑识图、建筑构造、建筑力学以及建筑结构四大部分。建筑识图部分主要介绍对现行建筑制图标准和规范的认识、理解与应用，以及如何正确读懂建筑施工图、结构施工图以及局部构造；建筑构造部分侧重于建筑物各个组成部分的构造原理与构造方法；建筑力学部分主要介绍理论力学、材料力学和结构力学的基础知识；建筑结构部分主要有受弯受压结构、预应力混凝土结构、砌体结构等内容组成。

为了适应建筑岗位人员培训的需求，此书编写时着重体现了以下特点：

1. 提高建筑岗位管理人员土建理论知识为目标，理论结合实际，以提高建筑岗位管理人员的实际工作能力为原则，选择和组织全书的编写内容。

2. 全书重点突出实用性，基本理论则以够用为度，力求知识精练，内容简洁。

由于编者的水平有限，书中难免会出现错误与不妥之处，恭请读者批评指正。

目　录

第一部分 建 筑 识 图

第一章 建筑识图基本知识

第一节 建 筑 制 图 标 准

为了做到房屋建筑制图基本统一、清晰简明，保证图面质量，提高制图效率，符合设计、施工、存档等要求，以适应工程建设的需要，制图时必须严格遵守国家颁布的制图标准。本章介绍《房屋建筑制图统一标准》（GB/T 50001—2001）及《技术制图 图纸幅面和格式》（GB/T 14689—1993）等有关图纸幅面、图线、字体、比例及尺寸标注等内容。

一、图纸幅面规格与图纸排列顺序

1. 图纸幅面

绘制技术图样时，应优先采用表 1-1 所规定的图纸基本幅面及图框尺寸。必要时，也允许选用所规定的加长幅面。这些幅面的尺寸是由基本幅面的短边成整数倍增加后得出。

幅面及图框尺寸（mm）　　　　　　　　　　表 1-1

尺寸代号 ＼ 幅面代号	A0	A1	A2	A3	A4
$B \times L$	841 × 1189	594 × 841	420 × 594	297 × 420	210 × 297
e	20			10	
c	10			5	
a	25				

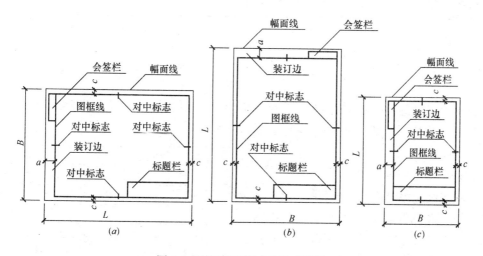

图 1-1　图纸幅面格式及尺寸代号

（a）A0~A3 横式图幅；（b）A0~A3 立式图面；（c）A4 幅面

2. 图框格式

(1) 在图纸上必须用粗实线画出图框，其格式分为留有装订边和不留装订边两种。但同一产品的图样只能采用一种格式，而不能出现不同种类的格式。

(2) 留有装订边的图纸，其图框格式如图1-1，尺寸按表1-1的规定。

(3) 不留装订边的图纸，其图框格式，将图1-1中的尺寸 a 和 c 都改为表1-1中的尺寸即可。

(4) 对中符号。为了使图样复制和缩微摄影时定位方便，对表1-1所列各号图纸，均应在图纸各边长的中点处分别画出对中符号。对中符号用粗实线绘制，线宽不小于0.5mm、长度从纸边界开始至伸入图框内约5mm，如图1-1所示。

3. 标题栏与会签栏

(1) 每张图纸上都必须画出标题栏。标题栏的位置应位于图纸的右下角，看图的方向与看标题栏的方向一致。标题栏、会签栏的位置如图1-1所示。

(2) 为了利用预先印制的图纸，允许将图纸放倒使用，即标题栏允许按图1-2使用。为了明确绘图与看图时图纸方向，应在图纸下边对中符号处画一个方向符号。

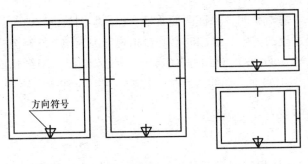

图 1-2　图纸的方向符号

(3) 标题栏（简称图标），图标长边的长度，应为180mm，短边的长度宜采用40、30、50mm。图标应按图1-3的格式分区。

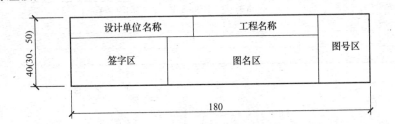

图 1-3　标题栏

会签栏应按图1-4的格式绘制，其尺寸应为75mm×20mm，栏内应填写会签人员所代表的专业、姓名、日期。不需会签的图纸，可不设会签栏。

4. 图纸编排顺序

工程图纸应按专业顺序编排，一般应为图纸目录、总图及说明、建筑图、结构图、给水排水图、采暖通风图、电气图、动力图……。以某专业为主体的工程，应突出该专业的图纸。

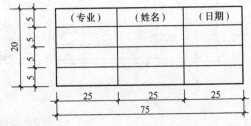

图 1-4　会签栏

各专业的图纸，应按图纸内容的主次关系，有系统地排列。

二、图线

为了在工程图样上表示出图中的不同内容，并且能够分清主次，绘图时，必须选用不同的线型和不同线宽的图线。

工程建设制图应选用表 1-2 所示的线型。

线　　型　　　　　　　　　　　　　　表 1-2

名称		线　型	宽度	用　　途
实线	粗	———	b	1. 一般作主要可见轮廓线 2. 平、剖面图中主要构配件断面的轮廓线 3. 建筑立面图中外轮廓线 4. 详图中主要部分的断面轮廓线和外轮廓线 5. 总平面图中新建建筑物的可见轮廓线
	中	———	$0.5b$	1. 建筑平、立、剖面图中一般构配件的轮廓线 2. 平、剖面图中次要断面的轮廓线 3. 总平面图中新建道路、桥涵、围墙等及其他设施的可见轮廓线和区域分界线 4. 尺寸起止符号
	线	———	$0.35b$	1. 总平面图中新建人行道、排水沟、草地、花坛等可见轮廓线，原有建筑物、铁路、道路、桥涵、围墙的可见轮廓线 2. 图例线、索引符号、尺寸线、尺寸界线、引出线、标高符号、较小图形的中心线
虚线	粗	-------	b	1. 新建建筑物的不可见轮廓线 2. 结构图上不可见钢筋及螺栓线
	中	-------	$0.5b$	1. 一般不可见轮廓线 2. 建筑构造及建筑构配件不可见轮廓线 3. 总平面图计划扩建的建筑物、铁路、道路、桥涵、围墙及其他设施的轮廓线 4. 平面图中吊车轮廓线
	细	-------	$0.35b$	1. 总平面图上原有建筑物和道路、桥涵、围墙等设施的不可见轮廓线 2. 结构详图中不可见钢筋混凝土构件轮廓线 3. 图例线
点划线	粗	—·—·—	b	1. 吊车轨道线 2. 结构图中的支撑线
	中	—·—·—	$0.5b$	土方填挖区的零点线
	细	—·—·—	$0.35b$	分水线、中心线、对称线、定位轴线
双点划线	粗	—··—··—	b	预应力钢筋线
	细	—··—··—	$0.35b$	假想轮廓线、成型前原始轮廓线
折断线		——／——	$0.35b$	不需画全的断开界线
波浪线		～～～	$0.35b$	不需画全的断开界线

图线的宽度 b，应从下列线宽系列中选取：0.18、0.25、0.35、0.5、0.7、1.0、1.4、2.0mm，每个图样，应根据复杂程度和比例大小，先确定线宽，再选用表1-3中适当的线宽组。

线 宽 组　　　　　　　　　　　　　　　　表1-3

线宽比	线　宽　组（mm）					
b	2.0	1.4	1.0	0.7	0.5	0.35
$0.5b$	1.0	0.7	0.5	0.35	0.25	0.18
$0.35b$	0.7	0.5	0.35	0.25	0.18	

三、字体

在图样上除了图形外，还要用数字和文字来表明图形的大小尺寸和技术要求。国标GB/T 14691—93要求：

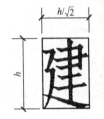

图1-5　长仿宋体字高宽示例

（1）书写字体必须做到：字体工整、笔画清楚、间隔均匀、排列整齐。

（2）字体高度（h）的公称尺寸系列为：1.8、2.5、3.5、5、7、10、14、20mm。字体高度代表字体的号数。

（3）汉字应写成长仿宋体字。并应采用国务院正式公布推行的简化字。汉字的高度 h 不应小于3.5mm，其字宽一般为 $h/\sqrt{2}$，见表1-4和图1-5。字例如图1-6所示。

长仿宋体字高宽关系（mm）　　　　　　　　　　　表1-4

字　高	20	14	10	7	5	3.5
字　宽	14	10	7	5	3.5	2.5

（4）字母和数字分A型和B型。A型字体的笔画宽度为字高的1/14。B型字体的笔画宽度为字高的1/10。在同一图样上，只允许选用一种形式的字体。

（5）字母和数字可写成斜体或直体。斜体字字头向右倾斜，与水平基准线成75°。数

图1-6　长仿宋字示例

4

字及字母的 A 型斜体字的笔序、书写形式示例，如图 1-7 所示。

图 1-7　A 型斜体字、字母示例
(a)阿拉伯数字及其书写笔序；(b)大写拉丁字母；(c)小写拉丁字母；
(d)小写希腊字母；(e)罗马数字

四、比例

国标 GB/T 14690—93 规定：

(1) 比例是指图中图形与其实物相应要素的线性尺寸之比。比值为 1 的比例叫原值比例，比值大于 1 的比例称之放大比例，比值小于 1 的比例为缩小比例。

(2) 需要按比例绘制图样时，应从表 1-5 规定的系列中选取适当的比例。

首　选　比　例　　　　　　　　　　　　　　　　　　　表 1-5

种　类	比　例
原值比例	1:1
放大比例	$5:1$、$2:1$、$5 \times 10^{n}:1$、$2 \times 10^{n}:1$、$1 \times 10^{n}:1$
缩小比例	$1:2$、$1:5$、$1:10$、$1:2 \times 10^{n}$、$1:5 \times 10^{n}$、$1:1 \times 10^{n}$

注：n 为正整数。

(3) 必要时，也允许选用表 1-6 中的比例。

种　类	比　　例
放大比例	$4:1$、$2.5:1$、$4\times10^n:1$、$2.5\times10^n:1$
缩小比例	$1:1.5$、$1:2.5$、$1:3$、$1:4$、$1:6$、$1:1.5\times10^n$、$1:2.5\times10^n$、$1:3\times10^n$、$1:4\times10^n$、$1:6\times10^n$

注：n 为正整数。

图1-8　比例的注法

（4）标注比例应以符号"："表示。如 $1:1$、$1:500$、$20:1$ 等。

（5）比例一般应标注在标题栏的比例栏内。必要时，可标注在视图名称的右侧或下方，如图1-8所示。

（6）必要时，允许在同一视图中的铅垂和水平方向标注不同的比例（但两种比例的比值不应超过5倍）。

五、尺寸标注

尺寸是图样的重要组成部分，尺寸是施工的依据。因此，标注尺寸必须认真细致，注写清楚，字体规整，完整正确。

1. 尺寸界线、尺寸线及尺寸起止符号

（1）图样上的尺寸，由尺寸界线、尺寸线、尺寸起止符号和尺寸数字组成图1-9。

（2）尺寸界线应用细实线绘制，一般应与被标注长度垂直，其一端应离开图样轮廓线不小于2mm，另一端宜超出尺寸线2~3mm。必要时，图样轮廓线可用作尺寸界线（图1-10）。

（3）尺寸线应用细实线绘制，应与被注长度平行，且不宜超出尺寸界线，任何图线均不得用作尺寸线。

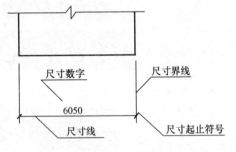

图1-9　尺寸的组成

（4）尺寸起止符号一般应用中粗斜短线绘制，其倾斜方向应与尺寸界线成顺时针45°角，长度宜2~3mm。

半径、直径、角度与弧长的尺寸起止符号，宜用箭头表示图（1-11）。

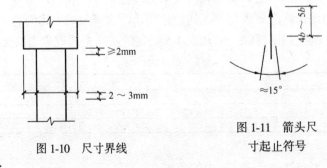

图1-10　尺寸界线

图1-11　箭头尺寸起止符号

2. 尺寸数字

（1）图样上的尺寸，应以尺寸数字为准，不得从图上直接量取。

（2）图样上的尺寸单位，除标高及总平面图以米（m）为单位外，均必须以毫米（mm）为单位。

（3）尺寸数字的读数方向，应按图1-12（a）的规定注写。若尺寸数字在30°斜线区内，宜按图1-12（b）的形式注写。

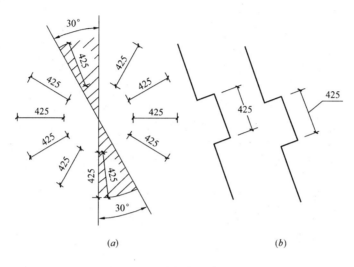

图1-12 尺寸数字的读数方向

（4）尺寸数字应根据其读数方向注写在靠近尺寸线的上方中部，如没有足够的注写位置，最外边的尺寸数字可注写在尺寸界线的外侧，中间相邻的尺寸数字可错开注写，也可引出注写（图1-13）。

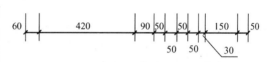

图1-13 尺寸数字的注写位置

3. 尺寸的排列与布置

（1）尺寸宜标注在图样轮廓线以外，不宜与图线、文字及符号等相交（图1-14）。

（2）图线不得穿过尺寸数字，不可避免时，应将尺寸数字处的图线断开（图1-15）。

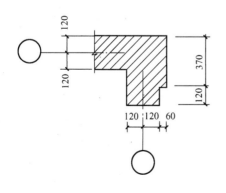

图1-14 尺寸不宜与图线相交

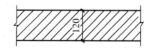

图1-15 尺寸数字
处图线应断开

（3）互相平行的尺寸线，应从被注的图样轮廓线由近向远整齐排列，小尺寸应离轮廓线较近，大尺寸应离轮廓线较远（图1-16）。

4.半径、直径、球的尺寸标注

（1）半径的尺寸线，应一端从圆心开始，另一端画箭头指至圆弧。半径数字前应加注半径符号"*R*"（图1-17）。

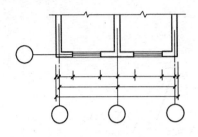

图1-16　尺寸排列

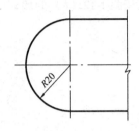

图1-17　半径标注方法

较小圆弧的半径和较大圆弧的半径，可按图1-18的形式标注。

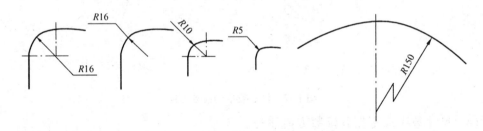

图1-18　大、小圆弧半径的标注方法

（2）标注圆的直径尺寸时，直径数字前应加符号"*ϕ*"。在圆内标注的直径尺寸线应通过圆心，两端画箭头指至圆弧。较小圆的直径尺寸，可标注在圆外（图1-19）。

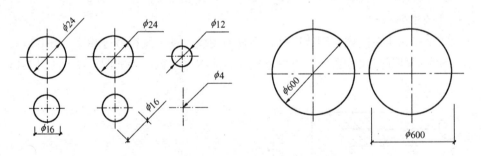

图1-19　圆及小圆直径标注方法

（3）标注球的半径尺寸时，应在尺寸数字前加注符号"*SR*"。标注球的直径尺寸时，应在尺寸数字前加注符号"*Sϕ*"。注写方法与圆弧半径和圆直径的尺寸标注方法相同。

5.角度、坡度的标注

（1）角度的尺寸线，应以圆弧表示。该圆弧的圆心应是该角的顶点，角的两条边为尺寸界线。角度的起止符号应以箭头表示，如位置不够可用圆点代替。角度数字应按水平方向注写（图1-20）。

（2）标注坡度时，在坡度数字下，应加注坡度符号，坡度符号的箭头，一般应指向下坡方向（图1-21）。

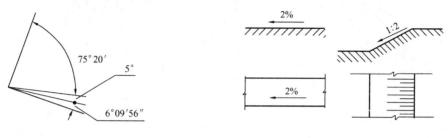

图1-20　角度标注方法　　　　　　图1-21　坡度标注方法

6. 尺寸的简化标注

（1）杆件或管线的长度，在单线图（桁架简图、钢筋简图、管线图等）上，可直接将尺寸数字沿杆件或管线的一侧注写（图1-22）。

（2）连续排列的等长尺寸，可用"个数×等长尺寸＝总长"的形式标注（图1-23）。

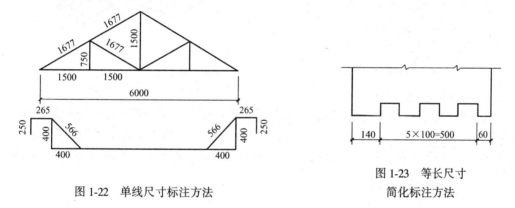

图1-22　单线尺寸标注方法　　　　　图1-23　等长尺寸
　　　　　　　　　　　　　　　　　　　　　　简化标注方法

第二节　投影的基本知识

一、投影方法和投影分类

1. 投影法

物体在各种光源的照射下，会在地面或墙面上形成影像，如图1-24（a）所示。若光线能够透过物体，就会在投影面上产生投影，如图1-24（b）所示。由此可见，形成投影应具备投影线、物体、投影面三个基本要素。

2. 投影的分类

投影一般分为中心投影和平行投影。

（1）中心投影　由一点发出呈放射状的投影线照射物体所形成的投影为中心投影，如图1-25所示。

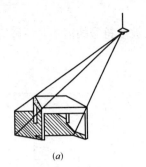

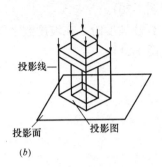

（a）

（b）

图 1-24　影与投影

（a）点光源照射物体；（b）平行光源照射物体

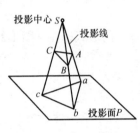
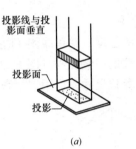

图 1-25　中心投影

图 1-26　平行投影

（a）正投影；（b）斜投影

（2）平行投影　由平行投影线照射物体所形成的投影为平行投影。平行投影又可分为正投影和斜投影两种。正投影是由平行投影线在与其垂直的投影面上的投影，如图 1-26（a）所示；斜投影是由平行投影线在与其倾斜的投影面上的投影，如图 1-26（b）所示。

二、三面视图及对应关系

1. 三面视图及对应关系

物体在一个投影面上的投影称为单面视图，物体在两个互相垂直的投影面上的投影称

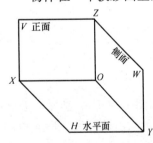

图 1-27　三面投影体系

为两面视图。上述两种视图都不能确定出空间物体的惟一准确形状。解决这一问题必须建立多个投影面体系，我们一般用三个互相垂直的投影面，建立三面投影体系，如图 1-27 所示。三面投影体系由三个互相垂直的投影面组成。其中水平投影面，用字母 H 表示；正投影面，用字母 V 表示；与 H、V 面均垂直的投影面称为侧立面，用字母 W 表示。

三个投影面相交于三个投影轴即 OX、OY、OZ，三个投影轴相交于原点 O。将物体在三个投影面上分别作其正投影，便形成了物体的三面视图。

通常把物体在 H 面上的投影称为水平投影或 H 面投影；在 V 面上的投影称为正面投影或 V 面投影；在 W 面上的投影称为侧面投影或 W 面投影，如图 1-28 所示。

为了在同一平面内将三面视图完整地反映出来，就需要将投影面展开，即：V 面不

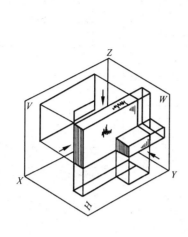

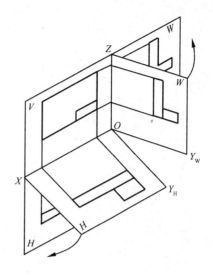

图 1-28　形体的三面投影

图 1-28　形体的三面投影　　　　　　　　　图 1-29　平面投影的展开

动，H 面绕 OX 轴向下旋转 $90°$，W 面绕 OZ 轴向右旋转 $90°$，如图 1-29 所示。

2. 三面视图的对应关系

（1）三面视图的三等关系　三面视图共同表达同一物体，因此，它们之间存在密切的关系。V 面投影反映物体的长度、高度；H 面投影反映物体的长度、宽度；W 面投影反映物体的高度、宽度。三个投影图之间存在如下关系：V，H 两面投影都反映物体的长度且左右对齐，称"长对正"；V，W 两面投影都反映物体的高度且上下对齐，称为"高平齐"；H，W 两面投影都反映物体的宽度且前后对齐，称为"宽相等"。将"长对正"、"高平齐"、"宽相等"简称为三等关系，如图 1-30 所示。

（2）二面视图的方位关系　V 面投影图反映物体上下、左右关系；H 面投影图反映物体的前后、左右关系，W 面投影反映物体的上下、前后关系，如图 1-31 所示。

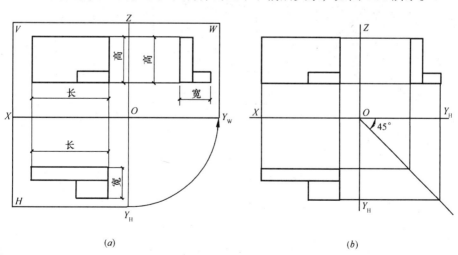

(a)　　　　　　　　　　　　　　　(b)

图 1-30　三面投影的三等关系

（a）投影的三等关系；（b）投影图

11

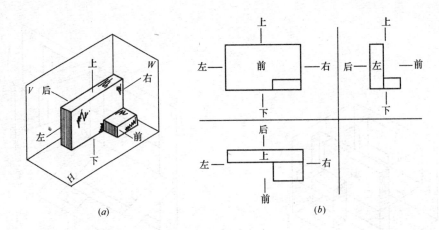

(a)　　　　　　　　　　　(b)

图 1-31　三面投影的方位关系

（a）透视图；（b）投影图

三、点、直线段、平面的投影

建筑物一般是由多个平面构成，而各平面相交于多条线，各条线又相交于多个点，由此可见点是构成线、面、体的最基本的几何元素。点、线、面的投影则是绘制建筑工程图的基础。因此，掌握点的投影是学习制图和识图的基础。

1. 点的投影

将空间点 A 放在三面投影体系中，自 A 点分别向三个投影面作垂线（投影线），便获得了点的三面投影。空间点用大写字母来表示，而在各投影面 H、V、W 的投影分别用小写字母、小写字母加一撇、小写字母加两撇来标注。A 点的三面投影分别标注为 a，a'，a''，如图 1-32 所示。

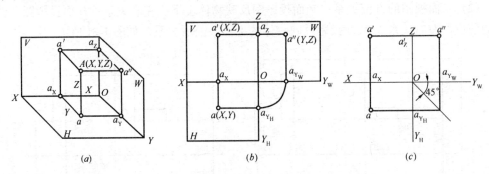

(a)　　　　　　　　(b)　　　　　　　　(c)

图 1-32　点的投影规律

（a）点的透视图；（b）投影面展开；（c）点的投影

点的投影规律：

（1）点的投影连线垂直于两投影面相交的投影轴，如 $aa' \perp OX, a'a'' \perp OZ$；

（2）点的坐标反映投影点到投影轴的距离及到投影面的距离，如投影点 a 的坐标 Y 值反映该点到 OX 轴的距离及 a 点到 V 投影面的距离，即 A 到 V 投影面的距离。

2. 直线段的投影

（1）直线段的投影特性 直线段的投影就是直线段上各点的投影的集合。直线段倾斜投影面时，其投影仍是一条直线段，但长度缩短，称为一般位置直线段，当直线段垂直投影面时，其投影积聚成一点；当直线段平行投影面时，其投影与直线段本身平行且等长，如图1-33所示。

（2）直线段的投影 一般位置直线段倾斜于 V、H、W 三个投影面在三个投影面上的投影都倾斜于投影轴且长度缩短，投影线与投影轴的夹角并不反映空间直线段与各投影面的倾角，如图1-34 所示。

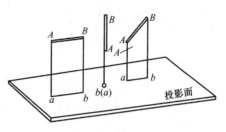

图 1-33　直线段的投影

（3）投影面平行线段的投影 按平行线段与投影面的相对位置分为水平线段、正平线段、侧平线段三种，其投影情况如图1-35所示。

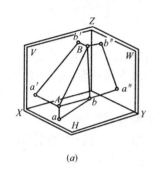 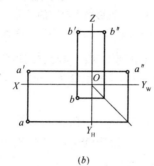 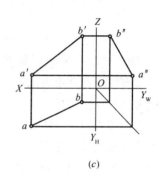

（a）　　　　　　　　（b）　　　　　　　　（c）

图 1-34　一般直线段的投影
（a）透视图；（b）直线段上的点投影；（c）直线段的投影图

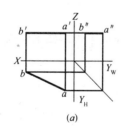 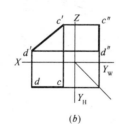 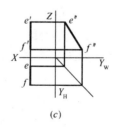

（a）　　　　　　　　（b）　　　　　　　　（c）

图 1-35　投影面平行线的投影图
（a）水平线；（b）正平线；（c）侧平线

1）水平线段：平行于 H 投影面而与 V、W 两投影面倾斜的直线段，其投影见图1-35（a）。

2）正平线段：平行于 V 投影面而与 H、W 两投影面倾斜的直线段，其投影见图1-35（b）。

3）侧平线段：平行于 W 投影面而与 H、V 两投影面倾斜的直线段，其投影见图1-35（c）。

各条平行线段在所平行的投影面上的投影长度即为该空间直线段实长，而在其余两个投影面上的投影分别平行于对应的投影轴且长度缩短。

(4) 投影面垂直线段的投影　垂直线段分为正垂线段、铅垂线段、侧垂线段 3 种，其投影情况如图 1-36 所示。

1）正垂线段：垂直于 V 投影面的直线段，其投影如图 1-36（a）所示。

2）铅垂线段：垂直于 H 投影面的直线段，其投影如图 1-36（b）所示。

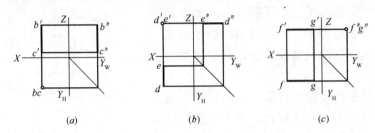

图 1-36　投影面垂直线的投影

(a) 正垂线；(b) 铅垂线；(c) 侧垂线

3）侧垂线段：垂直于 W 投影面的直线段，其投影如图 1-36（c）所示。

各垂直线段在其垂直的投影面上的投影积聚为一点，而在其余两个投影面上的投影平行于投影轴且反映实长。

综上所述可知，直线段上的点的投影一定落在该直线段的同面投影线上，并且点在直线段上所分割线段的比例与其投影点在投影线上的分割比例不变。而投影面的垂直线段上的点一定在该投影面上积聚为一点。

3. 平面的投影

空间平面与投影面的相对位置分为一般位置平面、投影面平行面、投影面垂直面三种，其投影情况亦有不同。

(1) 一般位置平面的投影

倾斜于三个投影面的空间平面称为一般位置平面，在三个投影面上的投影都是小于实际形状的类似形，如图 1-37 所示。

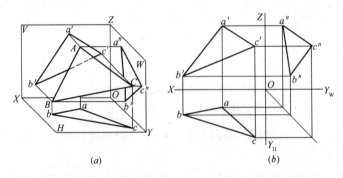

图 1-37　一般位置平面的投影

(a) 透视图；(b) 投影图

(2) 投影面的平行面投影

平行于某一投影面的空间平面称为投影面的平行面。该平面在平行投影面的投影反映实形，而在另外两投影面上则为平行于投影轴的直线段。平行面具体可分为：水平面、正平面、侧平面三种。

1）水平面：平行于水平投影面的平面，其投影如图1-38（a）所示。

2）正平面：平行于正立投影面的平面，其投影如图1-38（b）所示。

3）侧平面：平行于侧立投影面的平面，其投影如图1-38（c）所示。

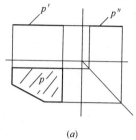 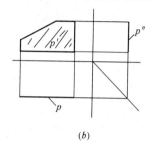 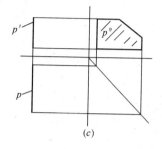

（a）　　　　　　　　　（b）　　　　　　　　　（c）

图1-38　投影面平行面的投影

（a）水平面；（b）正平面；（c）侧平面

（3）投影面的垂直面投影

垂直于某一投影面且倾斜于其余两投影面的平面称为投影面的垂直面。该平面积聚在其垂直的投影面上成一直线段，且与两投影轴的夹角反映平面与两投影面的夹角，在其余两投影面的投影是小于实形的类似形。垂直面具体可分为铅垂面、正垂面和侧垂面三种。

1）铅垂面：垂直于水平投影面的平面，其投影如图1-39（a）所示。

2）垂面：垂直于正立投影面的平面，其投影如图1-39（b）所示。

3）侧垂面：垂直于侧立投影面的平面，其投影如图1-39（c）所示。

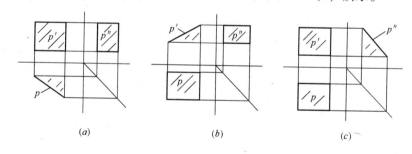

（a）　　　　　　　　　（b）　　　　　　　　　（c）

图1-39　投影面垂直面的投影

（a）铅垂面；（b）正垂面；（c）侧垂面

四、组合体的投影

一个形体比较复杂的物体，可以把它看作是由若干个基本形体组合而成，故称为组合体。组成组合体的基本形体又可分为平面立体和曲面立体。

1. 基本形体的投影

（1）平面立体的投影

表面是由平面围成的形体称为平面立体，如棱柱体、棱锥体、棱台体等。

1）直立棱柱体：其顶面和底面大小相等且平行，各棱线互相平行且垂直于底面，其

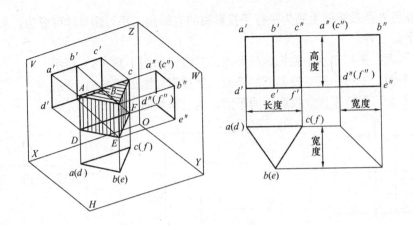

图 1-40 正三棱柱体的投影

投影特点如图 1-40（以正三棱柱为例）所示。

H 面的投影为反映实形的三角形，且上、下底面重合。三角形的三个边即为三个侧棱面（铅垂面）在 H 面的积聚投影，三角形的三个顶点即为三条棱线（铅垂线）在 H 面的积聚投影。

V 面的投影前部两个棱面与后棱面重合成一个大矩形。大矩形的上下边分别是棱柱的上下底面（正垂面）在 V 面的积聚投影，三条平行竖线则是反映实长的三条棱线的投影。

W 面的投影是缩小且重合的矩形。矩形的上、下边分别是棱柱的上下底面（侧垂面）在 W 面的积聚投影，矩形的左边线是后棱面（侧垂面）在 W 面的积聚投影，右边线是前棱线的投影。

2）棱锥体：有正多边形的底面和若干个等腰三角形的侧棱面，且三角形侧棱面的顶部汇交于顶点，其投影特点如图 1-41（以正三棱锥为例）所示。

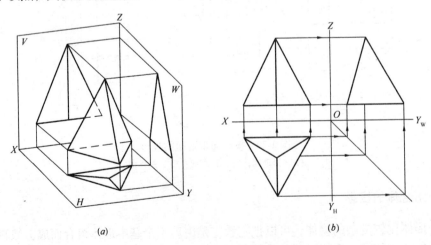

图 1-41 正三棱锥体的投影
（a）透视图；（b）投影图

H 面的投影是三个棱面与底面投影的重合，其中三个棱面是可见面而底面则不可见。

V 面的投影是前部（左右）两棱面和后部棱面的投影重合，其中前部棱面可见，后棱

16

面为不可见。

W 面的投影是左右棱面在 W 面的投影的重合，左棱面可见，右棱面不可见。

（2）曲面立体的投影

表面由曲面围成或由曲面和平面所围成的形体称为曲面立体，如圆柱体、圆锥体、球体、双曲抛物面体等。

直立圆柱体：上、下底面平行且相等，实形由素线绕轴线旋转一周而形成，如图1-42（a）所示。其投影特点如图 1 - 42（b）、（c）所示。

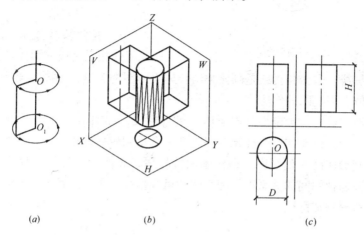

(a)　　　　　　　(b)　　　　　　　(c)

图 1- 42　圆柱体的形成与投影

（a）圆柱体的形成；（b）圆柱体的投影；（c）圆柱体的三面投影

H 面的投影是上、下底面重合投影的圆，圆周是圆柱面的积聚投影，上底面可见，下底面为不可见。

V 面的投影是前、后半圆柱面投影重合的矩形（前半圆柱面可见、后半圆柱面不可见），其左右两边分别为圆柱面上最左、最右两条正面轮廓线，矩形上、下两条水平线是上下底面（圆面）在 V 面的积聚投影。

W 面的投影是左、右半圆柱面投影重合的矩形（左半圆柱面可见、右半圆柱面不可见），其左右两边分别为圆柱面上最前、最后的侧面轮廓线，矩形上、下两水平线仍是上、下底圆在 V 面的积聚投影。

2. 组合体的投影

（1）组合体的分类

组合体按其形成方式可分为叠加型、切割型和二者混合（相贯型组合体）三种。

1）叠加型组合体：由若干个基本几何体相接组成的形体。该形体组合简单，相互以平面相连接，只要明确组合体是由哪些基本形体构成，以及它们之间的相对关系，运用投影作法就能画出组合体的投影图，如图1-43所示。

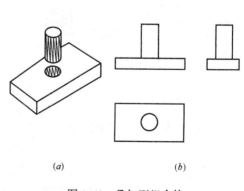

(a)　　　　　　　(b)

图 1-43　叠加型组合体

（a）组合体；（b）基本几何体

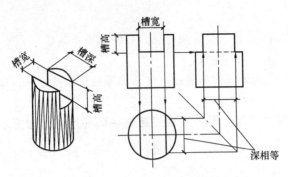

图 1- 44　切割型组合体

2）切割型组合体：是由一个基本几何体被平面或曲面切除某些部分而形成的形体。此形体形状清晰、切割线分明，作投影图时应先画出基本几何体的三面视图，然后明确切割面与投影面关系，即可画出切割型组合体的投影图，其中切割线若不可见必须画成虚线表示，如图 1- 44 所示。

3）混合型组合体：由若干个基本几何体相贯组成的形体。基本几何体间相交线称为相贯线，求作相贯线是画该类组合体投影图的关键，如图 1- 45 所示。

（2）组合体三面视图的作法

首先进行形体分析，确定出基本形体及组合形式，如图 1- 46 所示，此组合体是由一个四棱柱、一个圆柱体叠加后圆柱体被切割下一个小四棱柱体组成。依次画出组合体中各基本形体、切割形体的三面视图，即先画四棱柱体，其次画圆柱体，最后画切割四棱柱体。注意：各三面视图间的关系以及相互间的可视情况，重合线可不再画，不可见线画成虚线。最后检查整理加深图线。

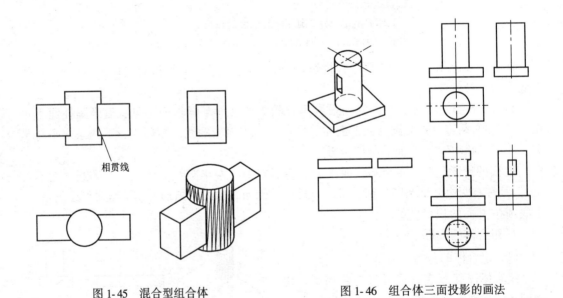

图 1- 45　混合型组合体　　　　　　　图 1- 46　组合体三面投影的画法

（3）组合体三面视图的识读

识读视图是根据已画出的正投影图来想象物体空间形状和大小。经常进行组合体三面视图的识读训练，会为今后识读建筑工程施工图打下良好的基础。

通常识读视图方法有形体分析法和线面分析法两种。

形体分析法是结合三个视图的投影规律，从图中识别基本组合形体的形状和相对位置，最后综合想象出组合体的总体形状。

线、面分析法是识读比较复杂的物体的视图时，把组合体分解成若干线和面并确定出它们之间的相对位置及各视图的相对位置，从而想象出组合体的总体形状。

以上两种方法在实际应用中，往往须综合应用，即先进行形体分析想象出组合体形状，再利用线面分析法读懂较难的局部，最后达到完全看懂视图，如图1-47所示。

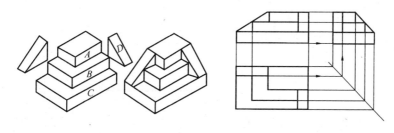

图1-47 组合体及三面投影

3. 同坡屋面的投影

在建筑中，坡屋面是常见的屋面形式，如两坡屋面、四坡屋面、歇山屋面等。同屋面的各坡面对水平面的倾角相等，檐口高度相同的屋面称为同坡屋面。

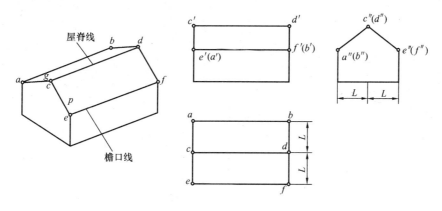

图1-48 双坡屋面

同坡屋面的投影特性：

（1）屋檐平行的两屋面必相交成水平的屋脊，称为平脊，其 H 面投影必平行于屋檐的 H 面投影，且与两屋瞻的 H 面投影的距离相等，如图1-48所示。p、g 两屋面所交的平脊线投影 cd 平行于 ab 和 ef，且 ac = ce = bd = df。

（2）屋檐相交的两屋面必相交成倾斜的屋脊或天沟。其在 H 面投影为屋檐的 H 面投影夹角的平分线，如图1-49中 ac、ce、jf 等。

（3）视图中屋顶如有两条线交于一点，至少还有第三条线通过该交点，如图中 c、d、j、q、k 点等。

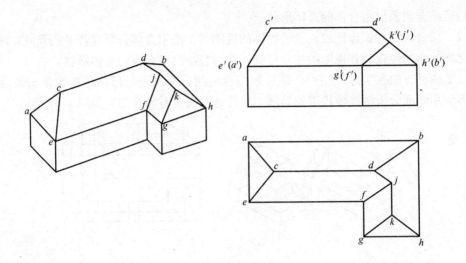

图 1-49　四坡屋面

第二章 建筑施工图

施工图作为一种重要的工程技术文件，在建筑工程施工过程中起着很关键的作用。一名合格的工程技术管理人员首先必须能够熟练而准确地掌握图纸内容，按照图纸所表达的设计意图、技术要求来指导生产、组织施工。同时，还应能够发现图纸中的错误、遗漏及图样之间相互矛盾，以便与设计单位共同研究，得出相应的处理方案，确保建筑工程的施工质量。所以，掌握图纸是对一个工程施工技术人员的最基本要求。

本章将针对上述要求重点介绍建筑工程施工图纸的成图原理和组成，一般建筑专业施工图和结构施工图的特点，并结合工程实例说明土建施工图的阅读方法。最后，还将介绍一些水、暖、电和室外管网施工图中与土建施工有关的知识，便于施工时各工程间配合。

希望通过本章的学习，能够帮助施工技术人员更好地掌握识图及有关知识，以便建筑工程保质保量地顺利完成。

第一节 建筑工程施工图的组成

建筑工程施工图是按照不同的专业分别进行绘制的，一套完整的建筑工程施工图应包括以下几部分内容。

一、总图

常包括建筑总平面布置图、运输与道路布置图、竖向设计图、室外管线综合布置图（包括给水、排水、电力、弱电、暖气、热水、煤气等管网）、庭园和绿化布置图，以及各个部分的细部做法详图。此外，附有设计说明。

二、建筑专业图

包括个体建筑的总平面位置图，各层平面图，各向立面图，屋面平面图，剖面图，外墙详图，楼梯详图，电梯地坑、井道、机房详图，门廊门头详图，厕所盥洗卫生间详图，阳台详图，烟道、通风道详图，垃圾道详图及局部房间的平面详图，地面分格详图，吊顶详图等。此外，还有门窗表、工程材料做法表和设计说明。

三、结构专业图

常包括基础平面图，桩位平面图，基础剖面详图，各层顶板结构平面图与剖面节点图，各型号柱、梁、板的模板图，各型号柱、梁、板的配筋，框架结构柱、梁、板结构详图，屋架檩条结构平面图，屋架详图，檩条详图，各种支撑详图，平屋顶挑檐平面图，楼梯结构图，阳台结构图，雨篷结构图，圈梁平面布置图与剖面节点图，构造柱配筋图，墙拉筋详图，各种预埋件详图，各种设备基础详图，以及预制构件数量表和设计说明等。

有些工程在配筋图内附有钢筋表。

四、设备专业图

常包括各层上水、消防、下水、热水、空调等平面图，上水、消防、下水、热水、空调各系统的透视图或各种管道的立管详图，厕所、盥洗室、卫生间等局部房间平面详图或局部做法详图，主要设备或管件统计表和设计说明等。

五、电气专业图

包括各层动力、照明、弱电平面图，动力、照明系统图，弱电系统图，防雷平面图，非标准的配电盘、配电箱、配电柜详图和设计说明等。

上述各专业施工图的内容，仅就常出现的图纸内容列举出来，并非各单项工程都得具备这些内容，还要根据建筑工程的性质和结构类型不同决定。例如，平屋顶建筑就没有屋架檩条结构平面图。又如，除成片建设的多项工程外，仅单项工程就可能不单独作总图。

第二节　建筑总平面图

一、建筑总平面图的形成和作用

在设计和建造一幢新建筑物之前，首先要了解新建房屋的位置、朝向、周围的环境、道路布置等情况，需要有一个工程的总体布局图样。这就是建筑总平面图。建筑总平面图是用 1:500 或 1:1000 的比例将新建房屋、原有建筑、周围地物和地貌所作的平面投影图。

总平面图是一个工程施工中确定房屋位置、施工放线、土方工程、绘制施工总平面的重要依据。

二、总平面图的内容

1. 总体布局规划

表示新建工程的总体规划，如用地范围、地形、原有建筑物和构筑物的位置、原有道路和管线布置，以及拟建和拆除的建筑物。

2. 形状和位置

表示新建房屋的平面形状，确定房屋的位置及确定房屋位置的方法。也就是根据原有建筑物的某个拐点或原有道路的转折点来定位，或者根据坐标定位。

3. 地形和地貌

表示该区域的地形和地貌，如建筑物首层地面的绝对标高、室外整平标高和道路中心线的标高，以及该地区地面的起伏状态等都用等高线表示，由此可看出雨水排除方向和土方工程量。

4. 朝向和风速

在总平面图中用指北针或风向频率玫瑰图表示该地区的朝向和风向频率及风速。

5. 其他

总平面图中还要表示道路布置、环境绿化、地下管线、电缆引入位置等的分布情况。

三、总平面图图例符号

总平面图图例符号见表 2-1。

总平面图图例符号

表 2-1

名　称	图　例	名　称	图　例
新建的建筑物	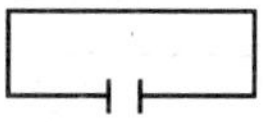	台　阶	
原有的建筑物	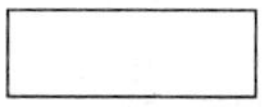	坐　标	$X105.00$ $Y425.00$　$A131.51$ $B278.25$
计划扩建的预留地或建筑物		方格网交叉点标高	(施)-0.50　77.85(原) 78.35(设)
拆除的建筑物	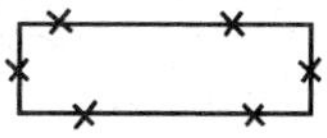	填挖边坡	
新建的地下建筑物或构筑物	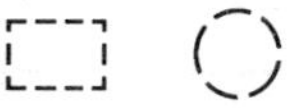	护　坡	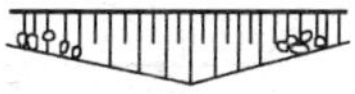
建筑物下面的通道	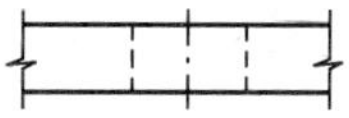	地表排水方向	
铺砖场地	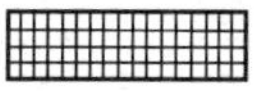	截水沟或排洪沟	 40.00
水塔　贮罐		雨水井	
水池　坑槽		消火栓井	
烟　囱		室内标高	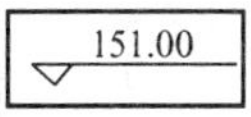 151.00
围墙　大门	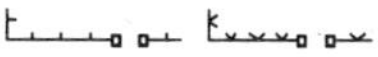	室外标高	 143.00
挡土墙		原有的道路	

23

名 称	图 例	名 称	图 例
计划扩建的道路	— — — —	人行道	
拆除的道路	×——×——	新建的道路	R9 150.00

四、总平面图示例

如图 2-1 所示，本例为某住宅小区，选用绘图比例为 1:500，位于某区青年大街北侧，卫国路东侧。根据风玫瑰图可知建筑朝向及该地区常年主导风向为西北风，其次为西南风。从地形图等高线可知小区的西北角有土坡，等高线从 53 ~ 48m，相邻等高线高差 1m，小区划分为 4 区

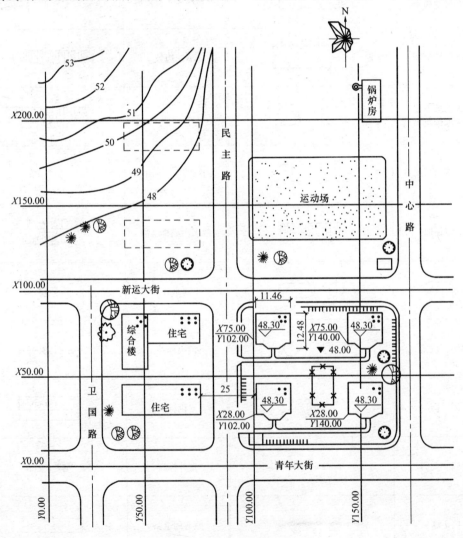

图 2-1 某住宅小区总平面图

域，东北区原有运动场、锅炉房；西北区拟建两栋建筑；东南区西侧设两个入口，四周设有围墙、绿化植物，拆除建筑一处，新建住宅 4 栋均为 4 层，首层地面绝对标高为 48.30，室外地坪的绝对标高为 48.00，室内外高差为 0.3m，每栋建筑长 11.46m，宽 12.48m，每栋建筑的西南角标注的 X、Y 坐标，是施工定位的依据；西南区拟建两栋 6 层建筑物。

第三节　建　筑　平　面　图

一、建筑平面图的形成与作用

建筑平面图是用一个假想的水平面，从窗洞口的位置剖切整个房屋，移去上面部分，做出剖切面以下部分水平投影，所得到的房屋水平剖面图即建筑平面图。一般每层画一个平面图，中间层如果平面布置无变化可只画一个平面图，即标准层平面图。屋顶平面图比较简单，可采用较小比例绘制，有时也可省略，有时可利用对称性将两层平面图画在同一图上，左半部分画出一层的一半，右半部分画出另一层的一半，但必须分别注明图名、比例。

建筑平面图主要用于施工放线、砌筑墙体、安装门窗、室内装修，同时也是编制施工图预算的重要依据。

二、建筑平面图的内容、图示方法

1. 图名、比例、朝向

（1）图名：是标注于图的下方表示该层平面的名称。如底层（或一层）平面图、二层平面图等。底层平面图表示该层的内部平面布置、房间大小，以及室外台阶、阳台、散水、雨水管的形状和位置等，标准层平面图表示该层内部的平面布置、房间大小、阳台及本层外设雨篷等。

（2）比例：有 1:50、1:100、1:200，依房屋大小和复杂程度来选定，通常采用 1:100。

（3）朝向：一般在底层平面图上画出指北针来表示。

2. 图例

建筑物常用构造及配件图例，见表 2-2。

建筑物常用构造及配件图例　　　　　　　　　　　　　　　表 2-2

构件名称	图　　例	构件名称	图　　例
空门洞	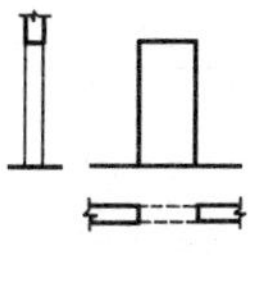	双扇门	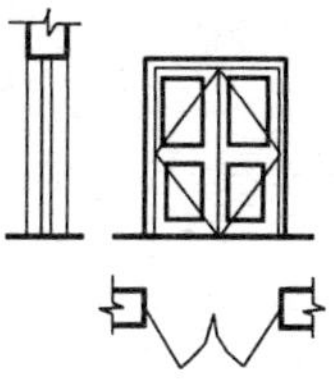
单扇门	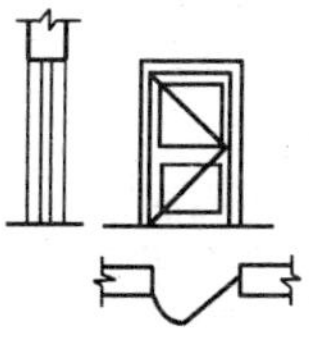	对开折叠门	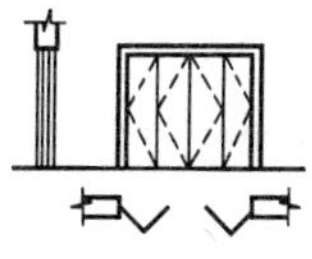

构件名称	图例	构件名称	图例
墙外单扇推拉门		墙内双扇推拉门	
墙外双扇推拉门		单扇双面弹簧门	
转门		单层固定窗	
底层楼梯平面		单层外开平开窗	
顶层楼梯平面		单层内开平开窗	
检查孔			
孔洞		百叶窗	
坑槽			
坡道		中间层楼梯平面	
墙内单扇推拉门		墙上预留洞	宽×高或φ

构件名称	图　例	构件名称	图　例
墙上预留槽	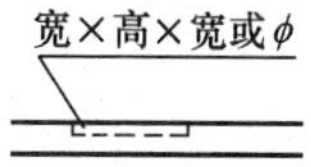 宽×高×宽或φ	通风道	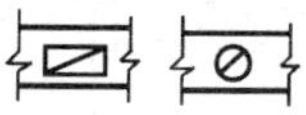
烟　道	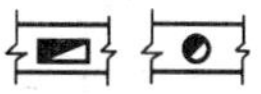	新建的墙和窗	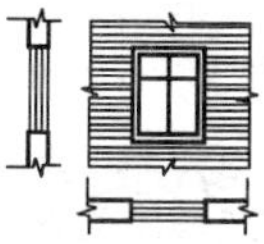

3. 定位轴线及编号

定位轴线是施工定位、放线的依据，确定主要构件位置的基线，依规定轴线应用细点画线绘制，编号应注写在轴线端部的圆内，圆应用直径为 8mm 的细实线绘制。对于详图，轴线圆直径可增加为 10mm，且圆内不注写轴线编号。横向轴线编号用阿拉伯数字，从左至右顺序注写，见附图中的底层平面图中①~⑳轴；竖向轴线用大写拉丁字母从下至上顺序注写，见附图—Ⓐ~Ⓕ轴。应注意拉丁字母中 I、Q、Z 不得用于轴线编号，以免与阿拉伯数字中的 1、0、2 相混，字母不够可增用双字母或单字母加数字脚注，如 AA、BB 或 A_1B_1 等。对于与主要构件联系的次要构件，它的轴线可采用附加轴线。编号用分数来表示。分母表示前一轴线编号，分子表示附加轴线编号（用阿拉伯数字按顺序编写），Ⓐ号轴线前附加轴线分母用 Ⓞ Ⓐ 表示，①号轴线前的附加轴线分母用 Ⓞ① 表示，分子用阿拉伯数字表示。一个详图适用几根轴线时，应同时注明各有关轴线编号，具体如图 2-2 所示。

4. 平面图的各部分尺寸

平面图的尺寸主要反映房间的开间、进深、门窗及设备的大小与位置等。

（1）外部尺寸：一般注写在图形的下方及左侧，若平面图前后或左右不对称，则应四周标注尺寸。外部尺寸可分三道标注，即第一道细部尺寸（建筑物构配件的详细尺寸如窗宽和位置），中间一道为定位尺寸（轴线间尺寸，如开间：两条横向定位轴线间的距离；进深：两条纵向定位轴线间的距离），第三道尺寸为总尺寸（建筑物外轮廓尺寸，如总长、总宽）。

（2）内部尺寸：一般表示房间的净长、净宽、墙厚及内墙上的门窗的位置及大小。

此外，平面图上还标出各处必要的标高。如地面、楼面、楼梯平台面、室外台阶顶面、阳台的标高等。

5. 门窗的编号

平面图上标有门窗的位置、开启方向、单层、双层及相应代号。一般门以 M-1、M-2 等表示；窗以 C-1、C-2 等表示。

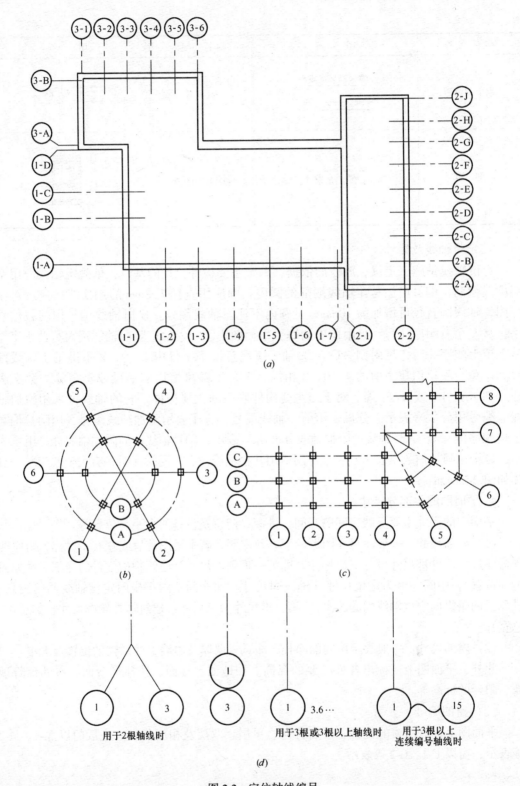

图 2-2　定位轴线编号

(a) 轴线的分区编号；(b) 圆形平面；(c) 折线形平面；(d) 详图的轴线编号

三、建筑平面图示例

以附图一某住宅楼工程为例。

1. 第 1 层平面图（建施 1）

（1）该住宅的平面形状为"一"字形，三个入口，总长 58.38m，总宽 12.38m，绘图比例 1:100。室内地坪标高 ±0.000，相当于绝对标高 24.870（依设计总说明），该住宅坐北朝南，框架结构。

（2）轴线编号。横向轴线自西向东为①～⑳，纵向轴线自南向北为Ⓐ～Ⓕ。

（3）本住宅一梯两户，从主要出入口进入大厅，再进入各个房间。垂直交通是由三部楼梯上二层，其走向由箭头所示，被剖切的楼梯由 45°斜向折断线表示。

（4）每户房间布置有客厅、餐厅、厨房、卫生间、居室。

（5）门窗代号标注在图中，如门 M-1、M-2、M-3、M-4、M-5 等，窗 C-1、C-2、C-3 等。

（6）房屋外墙厚 370mm，内墙厚 180mm，楼梯间两侧墙厚 370mm。

（7）屋间内设相关设备：厨房间有洗涤池、灶台，操作台，见详图 2 号；卫生间有浴盆、坐便器、洗面盆、地漏，见详图 1 号。

（8）平面图中有 5 个剖切符号，如⑰～⑱轴线通过楼梯间和南侧 1 小房间剖切的剖面图编号 1—1；⑯～⑰轴线通过厨房、餐厅、客厅剖切的剖面图编号 2—2；⑮～⑯轴线通过南北两侧居室和中间卫生间剖切的剖面图编号 3—3；通过外墙剖切（复合墙体）剖切的剖切图编号 b—b 等；每个剖切面图均为剖切后向左侧作投影（b—b 剖面除外）。

（9）南北侧出入口外设台阶，进入室内后地坪标高为 -0.520，再经三级台阶到 ±0.000室内地坪，室外设散水为 800mm 宽。

（10）北侧设空调平台，楼梯及两侧房间突出Ⓔ外纵墙 900mm。

2. 第 2～5 层平面图（建施 2）

除与一层平面图相同处以外，其不同处有：

（1）此为标准层平面图，不再画一层平面图中的台阶、散水、剖切符号等。

（2）仅在 5 层厨房设室内台阶用于上顶层阁楼。

（3）楼梯的图示有变化，各层标高不同于首层。

3. 阁楼层（顶层）平面图（建施 3）

（1）经楼梯间的直跑楼梯、M-4 门出入阁楼，每户阁楼仅有一个大房间，北侧设 C-6 窗，南侧设 C-2a、C-5a 的窗和 M-3a 的门。

（2）外墙、楼梯间墙厚同一层，内横墙为 180mm，同一单元相邻大房间隔墙和楼梯的隔墙厚度为 60mm，室外平台隔墙厚度为 180mm。

（3）经木制室内台阶和 M-3 门进入室外平台，门宽度均为 1800mm。

4. 屋面排水平面图（建施 6）

（1）轴线编号同一层平面图，比例 1:200。

（2）屋面双面找坡，室外平台排水坡度为 1%。

（3）各处节点（雨水管、雨水斗、天沟）索引的标准图集代号和编号分别为辽 92J201 中第 21 页、第 35 页的第 1 个节点，辽 1999J107 中第 12 页第 2 个节点，辽 92J201 中第 22 页第 8 个节点。

第四节 建 筑 立 面 图

一、建筑立面图的形成、内容和图示方法

1. 建筑立面图的形成与作用

建筑立面图是在与房屋立面平行的投影面上所作的正投影图。用以表示建筑物外形与局部构件在高度方向的相互位置关系,如门、窗、槽口、阳台、雨篷、引条线、台阶等。立面图上还标注了室外装修方法。

2. 立面图的内容与图示方法

(1) 图名:房屋有多个立面通常有3种命名方法:

1) 按立面的朝向命名,如南、北立面图等。

2) 按立面的首层两端的轴线编号命名,如①~⑰轴、Ⓐ~Ⓕ轴立面图等。

3) 按立面的主次来命名,如房屋的主要入口或具有代表建筑的主要外貌特征的立面称为正立面,与正立面相反的立面为背立面,两侧为左、右侧立面图等。

(2) 比例:通常与平面图采用相同比例。

立面图还反映室外台阶、花坛、勒脚、窗台、雨篷、阳台、屋顶雨水管等的位置,立面形状、装修材料及做法。

立面图上标注与平面图定位轴线对应一致的两端部轴线或分段轴线编号。

立面图上用标高及竖向尺寸表示建筑物总高及部位的高度。对较为复杂的立面又表示不详尽部位,则标注详图索引(索引方法同前)或必要的文字说明。

二、建筑立面图示例

见附图一,有正立面图、背立面图、右侧立面图,由于左侧立面与右侧立面反向对称所以省略。

1. 正立面图(建施4)

(1) 该立面朝南,是建筑物的主要立面,两端轴线编号为①和⑳,比例1:100。

(2) 通过该立面并对应平面图的编号,可看出窗的布置,阳台的布置(1~5层均设)。

(3) 1层窗台下,采用花岗岩蘑菇石装饰作为勒脚,两端墙沿至2层阳台板下。在1层窗台下、2层和5层楼板高度处外设横向装饰线(腰线)。

(4) 雨水管设在南侧共6个,墙面采用高级弹涂的装饰方法。

(5) 阁楼平台外侧设栏杆,由装饰小柱和扶手组成,阁楼通入室外平台的门的布置,对应阁楼层平面图。阁楼屋面采用陶土瓦坡屋面,可对应剖面图来看。

2. 背立面图(建施5)

(1) 该立面朝北,三个出入口设小雨篷、门柱,两端轴线编号为⑳和①,比例1:100。

(2) 建筑物北侧窗的布置,对应平面图来看。

(3) 多处空调平台,兼起立面装饰作用。

（4）立面装饰方法同正立面。

3．右侧立面（建施6）

（1）该立面朝东，两端轴线为Ⓐ轴和Ⓕ轴，比例1∶100。

（2）山墙设窗可与对应的平面图来看，勒脚装饰高度同正、背立面两端部高度，其他墙面装饰方法同正、背立面。

（3）南侧阳台、北侧空调平台的布置，屋面的坡向。

（4）阁楼层室外平台的护栏布置形式。

第五节　建筑剖面图

一、建筑剖面图的形成、内容、图示方法

1．形成与作用

建筑剖面图是用一个假想的垂直剖切面剖切房屋，移去剖切平面与观察者之间的部分，将留下的部分按剖视方向作出的正投影图。剖切位置标注在底层平面图中，剖切部位应选在能反映房屋全貌、构造特点等有代表性的位置。剖面图主要用来表示建筑物内部垂直方向的高度、构造层次、结构形式等。

2．剖面图的内容、图示方法

图名编号与平面剖切处编号一致，如1—1剖面图等。绘图比例同建筑平、立面图比例。剖面图画出两端定位轴线及编号与平面图定位轴线一致。切到的可见部位用粗实线表示，其他用细实线，基础用折断线省略（另由结构施工图表述），标高和竖向尺寸表示建筑物总高，层高，室内外地坪标高，门、窗等部位的高度。剖面图还反映主要构件间的相互构造联系，各层次的构造做法，屋顶的形式，排水坡度等。

二、建筑剖面图示例

见附图一（建施7），有1—1、2—2、3—3剖面图。

1．1—1剖面图

（1）图名1—1剖面图，绘图比例1∶100，两端定位轴线为Ⓐ轴和Ⓕ轴，由一层平面图可知该剖面图的横向剖切位置及投影方向。

（2）房屋竖向分5层及顶层阁楼，可以看到各层楼梯及对应各层小居室、进户门、玄关及通向阁楼的直跑楼梯，屋面为坡屋顶，室外平台有排水坡向。

（3）1层地面标高为±0.000、2层为3.000、3层6.000、4层9.000、5层12.000、阁楼层15.000、顶部标高为18.300、室外地坪－0.670。同时也可知其余部位标高及有关高度尺寸（如门的高度为2000mm、窗的高度为1700mm、阁楼窗高度1700mm等），室内设三级台阶，底部标高为－0.520，各层D-1洞口标高，各层中间平台的标高等。

（4）出入口台阶的构造选自标准图集辽92J101（一）中第3页1号节点；楼梯栏杆构造选自标准图集辽92G303（一）中第12页的节点；阳台构造选自标准图集辽1999J107中第19页的节点。

（5）阁楼的高度为3300mm。

2. 2—2 剖面图

(1) 图名 2—2 剖面图，比例为 1:100，两端定位轴线同 1—1 剖面，该剖面图是从厨房、餐厅、客厅、南阳台横向剖切，向西投影所得。

(2) 室外地坪标高为 −0.600，各层楼地面标高同 1—1 剖面图，同时可以看出各层出入阳台连接客厅的洞口标高、卫生间门的标高等。

(3) 散水构造的标准图集为辽 92J101（一）。

3. 3—3 剖面图

(1) 图名 3—3 剖面图，比例为 1:100，两端定位轴线同 1—1 剖面，该剖面是从南、北居室及中间卫生间横向剖切所得。

(2) 坡屋面的两端瞻口及屋脊构造 a、b、c。三个节点详图均在本页图中节点索引；阁楼室外平台的构造选自标准图集辽 92J201 中第 11 页 25 号节点详图；其余内容同 2—2 剖面图。

第六节　建　筑　详　图

一、建筑详图的内容、作用

为了弥补在平面图、立面图、剖面图中由于受图幅和比例小的限制，建筑物的某些细部及构配件的详细构造和尺寸无法表达清楚这一不足，而另外绘制大比例如 1:10、1:5、1:2、1:1 等的施工图，称为建筑详图。

建筑详图一般表达构配件的详细构造，如材料、规格、相互连接方法、相对位置、详细尺寸、标高等。其详图符号必须与被索引图样上的索引符号一致，并注明比例。详图的具体部位或构件有：外墙、槽口、泛水、阳台、雨篷、勒脚、饰面、楼梯（踏步、栏杆及扶手）、厨房、烟道、炊具布置、卫生间（卫生洁具的布置与安装、防水）及室内装修等。此外，有些详图还可以选自各类《标准图集》。

二、建筑详图示例

见附图一（建施6、建施7），详图有：1 号楼梯详图，2 号楼梯详图，1 号、2 号、3 号详图，屋面各节点及护栏构造节点详图。

1. 1 号楼梯详图

(1) 比例 1:50，不等跑双跑楼梯形式，楼梯开间 2700mm，进深 5400mm。

(2) 可知进户门的位置、开启方向，各层中间平台标高和宽度，窗 C-4 的布置，墙洞口 D−1 的设置。

(3) 1 层楼梯剖面见图 c—c 剖面图，可知两个楼梯段的踏步级数分别为 10 级、8 级，踏步的踢面高分别为 165mm、168.75mm；2 层楼梯剖面见图 a—a 剖面图，可知每层内两个楼段的踏步级数分别为 10 级、9 级，踏步的踢面高度分别为 158mm、157.8mm（正常应符合模数的确定）。

2. 2 号楼梯详图

(1) 2 号楼梯为 5 层上阁楼的垂直通道，双平行单跑楼梯，中间设隔墙，比例 1:50，开间、进深同 1 号楼梯。

（2）结合 b—b 剖面图，可知中间平台标高为 12.80m，宽度为 1120mm，阁楼标高为 15.000m，踏步的级数为 11 级，踏面宽为 260mm，踢面高为 200mm，平台宽为 1680mm。

（3）其他布置同 1 号楼梯。

3. 1 号、3 号详图（建施 6）

（1）1 号、3 号详图为卫生间的布置，绘制比例 1:50，图中有平面布置尺寸。

（2）可知浴盆、坐便器、洗面盆、通风道的布置位置，墙体厚度。

（3）可知门的尺寸及开启方式。

4. 2 号详图（建施 6）

（1）2 号详图表示厨房的平面布置及尺寸，比例 1:50。

（2）本详图中的设施有洗涤盆、灶台、通风道等，并可知有关 C-2 窗、M-3 门的尺寸、开启方式和墙体厚度等。

5. 屋面构造节点（建施 7）

（1）共有 a、b、c、d、e 5 个节点，主要表述剖面图中各对应节点的构造尺寸及做法。

（2）屋面的构造层次为：板底抹灰；现浇钢筋混凝土楼板；100mm 厚 20 密苯板（含预埋件）；1:3 水泥砂浆找平层 20mm 厚；聚乙烯双面复合卷材防水；顺水条 5mm×25mm 规格，间距为 450mm，白松挂瓦条 30mm×40mm 规格，间距为 265mm（最下端 190mm）；最上层灰色亚光釉面 S 形瓦（312mm×312mm）。

第三章 结构施工图

第一节 结构施工图概述

一、结构施工图的主要内容和用途

结构施工图主要表示房屋结构系统的结构类型、结构布置、构件种类及数量、构件的内部构造和外部形状大小以及构件间的连接构造等。通常简称为"结施"。

结构施工图的主要内容包括：

1. 结构设计说明

包括选用结构材料的类型、规格、强度等级，地基情况，施工注意事项，选用标准图集等（小型工程可将说明分别写在各图纸上）。

2. 结构布置平面图

包括基础平面图，楼层结构布置平面图，屋面结构平面图（工业建筑包括屋面板、天沟板、屋架、天窗架及支撑系统布置等）。

3. 构件详图

包括梁、板、柱及基础结构详图，楼梯结构详图，屋架结构详图，其他详图（如支撑详图等）。

结构施工图是结构设计的最终成果图，也是结构施工的指导性文件。它是进行构件制作、结构安装、编制预算和安排施工进度的依据。

二、常用构件的表示方法

房屋结构的基本构件，如板、梁、柱等，种类繁多，布置复杂，为了图示简明扼要，便于清楚地区分构件，便于施工、制表、查阅等，因此有必要赋予各类构件以代号。"国标"规定的常用构件代号见表3-1。表3-1中的代号是用构件名称中主要单词的汉语拼音的第一个字母，或几个主要单词的汉语拼音的第一个字母组合表示的。如 XB 表示现浇钢筋混凝土板，即用"现浇"和"板"的汉语拼音的第一个字母组合而成。

常用构件代号 表3-1

名　　称	代　号	名　　称	代　号
板	B	密肋板	MB
屋面板	WB	楼梯板	TB
空心板	KB	盖板或沟盖板	GB
槽形板	CB	挡雨板或檐口板	YB
折板	ZB	吊车安全走道板	DB

名　　称	代　号	名　　称	代　号
墙板	QB	支架	ZJ
天沟板	TGB	柱	Z
梁	L	基础	J
屋面梁	WL	设备基础	SJ
吊车梁	DL	桩	ZH
圈梁	QL	柱间支撑	ZC
过梁	GL	垂直支撑	CC
连系梁	LL	水平支撑	SC
基础梁	JL	梯	T
楼梯梁	TL	雨篷	YP
檩条	LT	阳台	YT
屋架	WJ	梁垫	LD
托架	TJ	预埋件	M
天窗架	CJ	天窗端壁	TD
框架	KJ	钢筋网	W
刚架	GJ	钢筋骨架	G

第二节　基　础　图

基础图是建筑物地下部分承重结构的施工图。基础的构造形式主要与上部结构形式有关，如条形基础、独立基础、桩基础等。如图 3-1 所示。

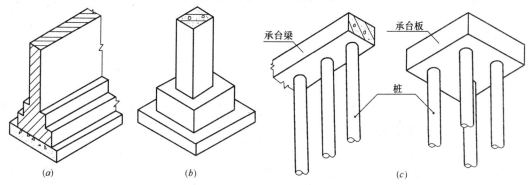

(a)　　　　　　(b)　　　　　　　　　(c)

图 3-1　常用的基础

（a）条形基础；（b）独立基础；（c）桩基础

基础图分为基础平面图和基础详图两部分。

一、基础平面图

基础平面图是假设用一个水平剖切平面，沿着房屋的室内地面与基础之间切开，然后移去房屋地面以上部分，向下作投影，由此得到的水平剖面图称为基础平面图。基础平面图主要表示基础的平面位置，基础与墙、柱的定位轴线的关系，基础底部的宽度，基础上预留的孔洞、构件、管沟等。

1. 混合结构基础平面图。

图 3-2 是某学校宿舍的基础平面图。从图中可以看出该房屋的基础为墙下条形基础。还可以看出，纵、横向定位轴线间的距离，如Ⓐ ～ Ⓑ轴为 3000mm，① ～ ②轴为 3600mm。定位轴线两侧的细实线是基础外边线，粗实线是墙边线。以①轴线为例，图中注出基础宽度为 1200mm，墙厚为 370mm，墙的定位尺寸分别为 250mm 和 120mm，基础的定位尺寸分别为 665mm 和 535mm，轴线位置偏中。

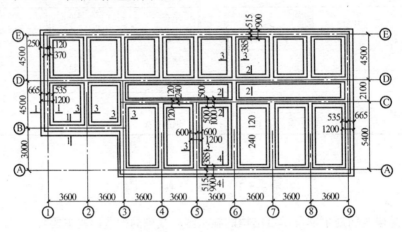

图 3-2　条形基础平面图

2. 框架结构基础平面图

（1）柱下独立基础平面图

图 3-3 是某学校实验楼的框架结构独立基础平面图。从图中可以看出房屋的基础主要为柱下独立基础，图中——注明了各种构件的代号和编号，还可以看出纵、横向定位轴线间的距离，如Ⓐ ～ Ⓑ轴为 5400mm，① ～ ②轴为 3000mm。定位轴线两侧的中实线是基础梁的轮廓线，如①轴的基础梁用 JL3 表示。柱的断面涂黑，其断面大小为 350mm × 500mm，①轴与Ⓑ轴的外柱面与墙面平齐，距轴线 120mm，内柱面距轴线 230mm，即轴线"偏中"；② ～ ⑦轴的左右两柱面距轴线均为 175mm，即与轴线"对中"；Ⓐ轴、Ⓑ轴和Ⓓ轴的柱面也同样采取了"偏中"的处理与标注方法。柱的四周方形细实线轮廓是独立基础，就 J1 而言，基底轮廓线距Ⓐ轴的距离分别为 770mm 和 1030mm，距①轴的距离分别为 750mm 和 750mm。

（2）桩基础平面图。

附图一（施结2）是某住宅楼的预制桩基础平面布置图。从图中可以看出该房屋是柱下独立承台桩基础，还可以看出，纵、横定位轴线间的位置、基础代号和承台形状及承台

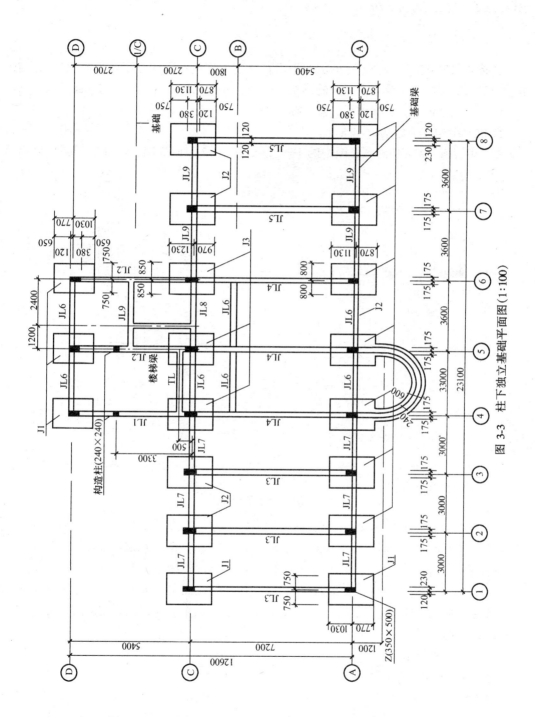

图 3-3 柱下独立基础平面图（1:100）

下桩的布置、数量、承台与承台梁的关系等。如：Ⓐ～Ⓑ轴间距离 4100mm，①～②轴间距离为 3300mm，桩基础用 JC-1，JC-2 等表示，⑩轴与Ⓓ轴交接处是柱下四桩方形承台，承台边到⑩轴的距离为 200mm。

二、基础详图（基础断面图）

基础详图是假想用一个铅垂的剖切平面在指定的部位作剖切，用较大的比例（1：20）绘制的基础断面图。主要表示基础的形状、构造、材料、基础埋置深度和截面尺寸、室内外地面、防潮层位置、所属轴线、基底标高等。

1. 混合结构的条形基础详图

图 3-4 是图 3-2 的基础平面图中的 1—1 剖面和 2—2 剖面详图。从基础详图中可以看

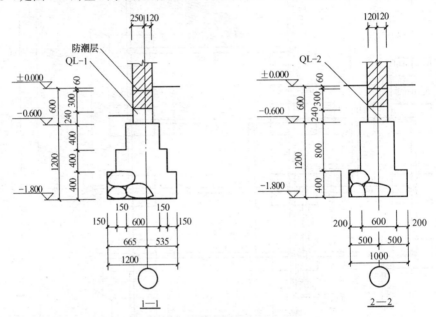

图 3-4　条形基础详图

出，该基础是毛石条形基础。1—1 剖面详图是外墙基础剖面图，基础底部宽度为 1200mm，从基础底边线起每砌 400mm 高毛石收 150mm 宽，外墙基础的底面标高为 −1.800，在外墙基础上面设有钢筋混凝土圈梁（QL-1），圈梁上面是墙身。室内外地面标高分别为 ±0.000 和 −0.600，防潮层设在室内地面下 60mm 处。此外，从图上还可看出墙定位轴线到墙外侧和内侧的距离分别为 250mm 和 120mm，基础底边线到轴线的距离分别为 665mm 和 535mm 等。

2. 框架结构基础详图

（1）柱下独立基础详图

图 3-5 是图 3-3 的基础平面图中的独立基础 J2 的详图。独立基础详图通常由断面图和平面图组成，图名用代号或编号表示。阅读时将图名对照平面图，了解其平面位置及所适用的轴线。在图 3-3 中，基础 J2 共有 11 个，详图中的轴线编号可以不一一注出。图中细实线表示基础的轮廓，粗实线表示钢筋。基础是由高均为 300mm 的两层台阶组成，混凝

土基础的底面配置了纵横两层钢筋①ϕ10@150和②ϕ8@200。为了与上部柱子的钢筋搭接，在基础中预留了8根ϕ8带有直弯钩的插筋，插筋露出基础顶面800mm，并用两个ϕ8的箍筋固定。基础底面标高为 –1.700，从图3-5中还可以看出，柱子截面尺寸为350mm×500mm，基础底面尺寸为1600mm×2000mm。

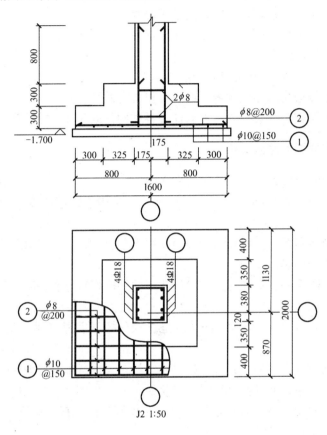

图 3-5　独立基础详图

（2）桩基础详图

见附图一（结施 2）。由 JC-4 可以看出，4 根桩对称布置在柱四周，其中心至柱中线的水平、垂直距离均为 450mm，承台高为 800mm，截面为 1500mm×1500mm，承台梁顶标高为 –0.800，承台的底面配双向受力筋 11 Φ 18@150 和 12 Φ 16@130，承台内预留插筋直径和根数与柱内纵向受力筋直径和根数相同，并用3ϕ8箍筋固定。预制桩内纵向受力钢筋锚入承台内。4-4 剖面是承台梁断面详图，承台梁断面尺寸为 400mm×500mm，承台梁的顶面和底面各配置了纵向受力钢筋4ϕ8，箍筋2ϕ8@200。

第三节　楼层结构平面图

一、楼层结构平面图的形成、基本组成和用途

楼层结构平面图是假想用一个水平剖切面沿着楼面将房屋剖开后所作的楼层的水平投

影图。用来表示该楼层的梁、板、柱、墙的平面布置，现浇钢筋混凝土楼板的构造与配筋，及它们之间的结构关系。其主要内容有：

(1) 图名、比例。常用比例为1:100、1:200，同建筑平面图。

(2) 定位轴线及其编号，并标注两道尺寸，即轴线间尺寸和建筑的总长、总宽。

(3) 梁、柱的平面布置、截面尺寸、代号或编号。

(4) 现浇板的位置、配筋状况、厚度、标号及编号。

(5) 预制板的数量、代号和编号。

(6) 墙体的厚度、构造柱的位置和编号。

(7) 详图索引符号等及构件统计表、钢筋表和文字说明。

楼层结构平面图是施工时安装梁、板、柱等各种构件或现浇构件的依据。

二、楼层结构平面图的图示方法

(1) 结构平面图的定位轴线必须与建筑平面图一致。

(2) 对于承重构件布置相同的楼层，可只画一个结构平面图，该图为标准层结构平面图。

(3) 楼梯间的结构布置，一般在结构平面图中不予表示，只用双对角线表示，楼梯间这部分内容在楼梯详图中表示。

(4) 凡墙、板、圈梁构造不同时，均应标注不同的剖切符号和编号，依编号查阅节点详图。

(5) 习惯上把楼板下的墙体和门窗洞口位置线等不可见线不画成虚线而改画成细实线。

(6) 预制构件的布置有两种形式：一种是在结构单元内（即每一开间）按实际投影用细实线分别画出各预制板，并标注其数量、规格及型号，如图3-6中⑩所示。另一种是在结构单元内，画一条对角线并沿着对角线方向注明预制板的数量、规格及型号，如图3-6中ⓒ所示。

对预制楼板铺设方式相同的开间，可用相同的编号如⑩、ⓒ等表示，不必画出楼板的布置情况。

(7) 预制构件的代号，如图3-6和图3-8所示。

预制钢筋混凝土多孔板的标注含义如下：（各地区多孔板的标注方法不同）

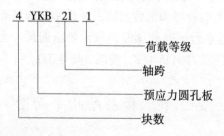

或

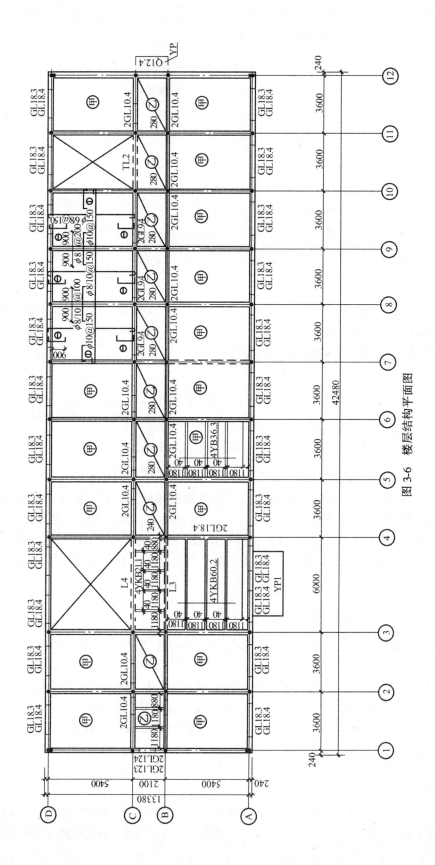

图 3-6 楼层结构平面图

41

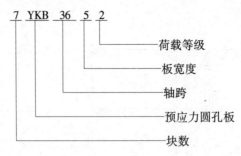

钢筋混凝土过梁的标注含义如下：

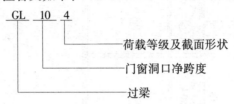

(8) 现浇构件钢筋的布置，每一种钢筋只画一根，或只画主筋，其他钢筋可从详图中查阅。钢筋标注含义如下：

1) 如图 3-6 中现浇板的配筋（⑦~⑩轴）。

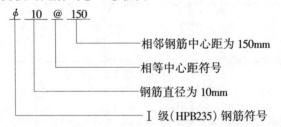

2) 楼层梁配筋的平面图示法如图 3-7 所示。梁的代号、截面尺寸 $b \times h$（断面宽×断面高）和箍筋的各跨基本值从梁上引出注写。当某跨 $b \times h$ 或箍筋值与基本值不同时，则将其特殊值从所在跨引出另注。将梁上部（顶层）受力筋（支座和跨中）、下部（底层）受力筋逐跨注在梁上和梁下的相应位置上。梁上部受力筋或下部受力筋多于一排时，各排钢筋的数量从上到下用斜线（/）分隔说明。

三、混合结构楼层平面图

图 3-6 为首层结构平面图，比例 1:100，该结构为纵横混合承重。ⓒ、ⓓ轴与⑦~⑩轴相交范围为现浇板，其余各处均为预制板，但板型号不同。以⑤、⑥轴线间为例：ⓐ~ⓑ为横墙承重，轴线ⓒ~ⓓ的楼板铺设与ⓐ~ⓑ相同，故均用编号㊀表示，ⓑ~ⓒ轴之间为纵墙承重，楼板铺设以编号㊁表示，现浇板部分标有钢筋的规格。预制楼板㊀如⑤~⑥轴与ⓐ~ⓑ轴间共铺 4 块预应力空心板，跨度为 3600mm，荷载等级为 3 级。

四、框架结构楼层平面图

1. 预制装配式楼盖

如图 3-8 所示，该平面图的柱为涂黑的断面，共有 8 榀框架分别由①~⑧轴线来定位。框架梁示为 KJ$_1$、KJ$_2$，用中虚线表示，梁底标高为 3.405，该房屋属于钢筋混凝土横

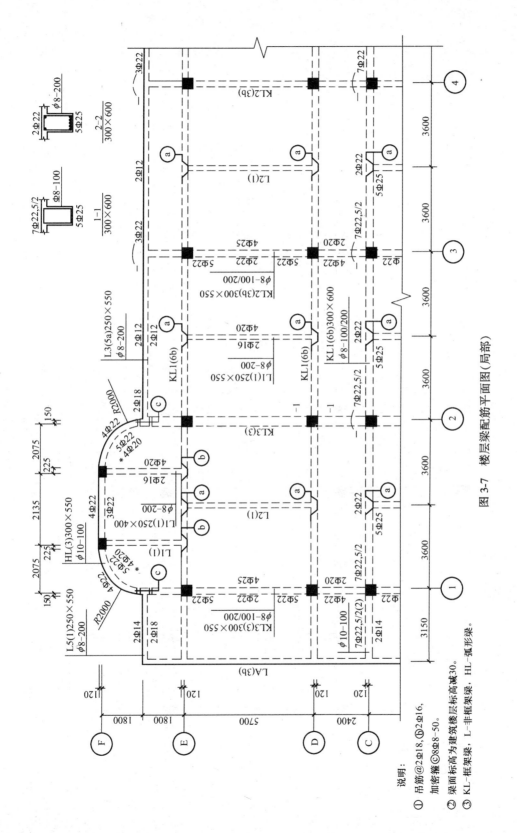

图 3-7 楼层梁配筋平面图（局部）

说明：
① 吊筋@2Φ18，ⓑ2Φ16，加密箍ⓒ8Φ8-50。
② 梁面标高为建筑楼层标高减30。
③ KL-框架梁、L-非框架梁、HL-弧形梁。

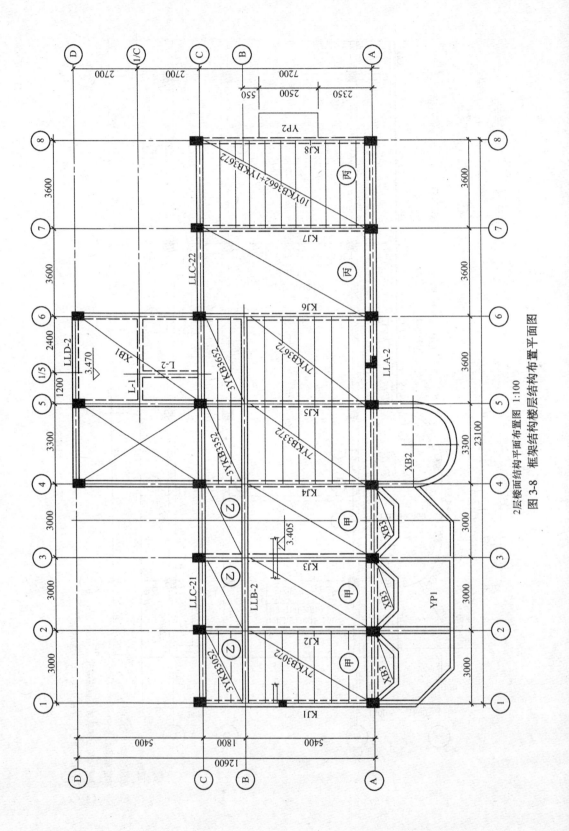

2层楼面结构平面布置图 1:100

图 3-8　框架结构楼层结构布置平面图

44

向框架结构。纵向定位轴线Ⓐ~Ⓓ轴线分别确定连系梁 LLA-2、LLB-2、LLC-21（LLC-22）的位置。图中Ⓐ~Ⓒ轴线间的楼板均为预制，但柱距不同，规格亦不同。图 3-8 中①~②轴间⑭，共有 7 块预应力空心板，跨度为 3000mm，宽度为 700mm，荷载等级为 2 级。

2. 现浇整体式楼盖

（1）图 3-9 是现浇板的配筋图。

该图中现浇板底层两个方向都配有受力筋而无分布筋，即①φ6@200 和②φ8@150，顶层各梁上均有负筋而不画分布筋，即⑧φ8@165 和⑨φ8@150。

（2）现浇梁的配筋。

如图 3-7 中③轴线上Ⓒ~Ⓓ轴线间梁的支座配筋标注为 7φ22，5/2，即表示支座上部纵筋两排，上排纵筋为 5φ22，下排纵筋为 2φ22。又如Ⓒ轴线上①、②轴线间主梁上标注的ⓐ为附加吊筋 2φ22。

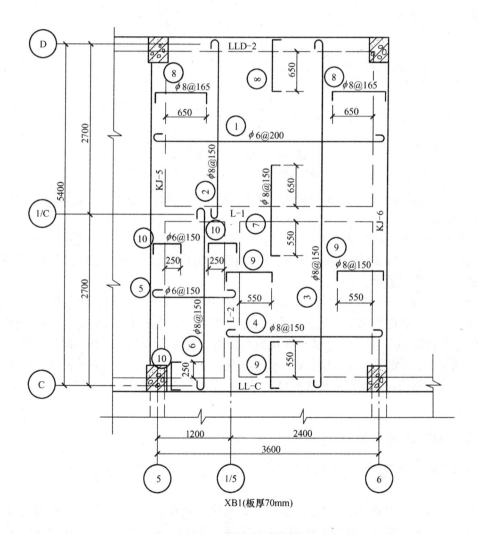

图 3-9 现浇板的配筋图

第四节 楼梯结构详图

一、楼梯结构平面图

楼梯结构平面图主要反映各构件（如楼梯梁、梯段板、平台板及楼梯间的门窗过梁等）的平面布置、代号、大小、定位尺寸以及它们的结构标高，如图3-10所示。

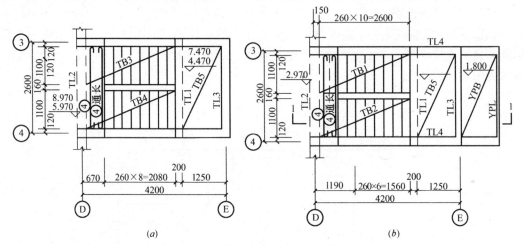

图 3-10 楼梯结构平面图
(a) 楼层楼梯结构平面图；(b) 底层楼梯结构平面图

（1）楼梯结构平面图中的轴线编号与建筑施工图一致，剖切符号仅在底层楼梯结构平面图中表示。

（2）楼梯结构平面图是设想沿上一楼层平台梁顶剖切后所作的水平投影。剖切到的墙用中实线表示，楼梯的梁、板的轮廓线可见的用细实线表示，不可见的则用细虚线表示，墙上的门窗洞口不表示。

图3-10是现浇板式楼梯的结构平面图。从图中可以看出，平台梁 TL2 设置在①轴线上兼作楼层梁，底层楼梯平台通过平台梁 TL3、TL4 与室外雨篷 YPL、YPB 连成一体；楼梯平台是平台板 TB5 与 TL1、TL3 整体浇筑而成的；楼梯段分别为 TB1、TB2、TB3、TB4，它们分别与上、下的平台梁 TL1、TL2 整体浇筑；TB2、TB3、TB4 均为折板式梯段，其水平部分的分布钢筋连通而形成楼梯的楼层平台，平面图上还表示了该处双层分布钢筋④的布置。

二、楼梯结构剖面图

楼梯结构剖面图表示楼梯承重构件的竖向布置、形状和连接构造等情况。如图3-11所示。

由图3-11，并对照底层平面图3-10，可以看出，楼梯是"左上右下"的布置方法。第一个梯段是长跑，第二个梯段是短跑，剖切在第二梯段一侧，因此在1—1剖面图中，短跑及与短跑平行的梯段、平台均剖切到，涂黑表示其断面。长跑侧则只画其可见轮廓线，

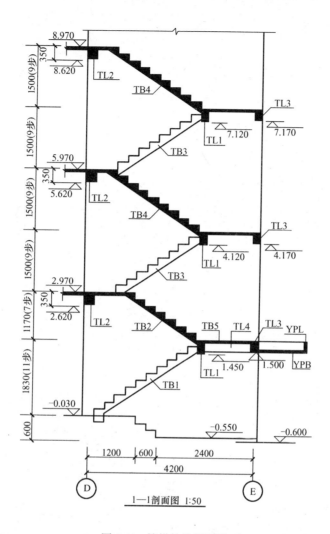

图 3-11　楼梯结构剖面图

用细线表示。

楼梯结构剖面图上，标注了各构件代号，并说明各构件的竖向布置情况，还标注了梯段平台梁等构件的结构高度及平台板顶、平台梁底的结构标高。

三、楼梯配筋图

在楼梯结构剖面图中，因比例较小，不能详细表示楼梯板和楼梯梁的配筋时，可以用较大的比例画出每个构件的配筋图。如图 3-12 所示。从图 3-12 中可以看出，楼梯板下层的受力筋采用①ϕ10@150，分布筋采用④ϕ6@250；在楼梯段的两端斜板截面的上部配置支座受力钢筋②和③ϕ10@150，分布筋④ϕ6@250；在楼板与楼梯段交接处，按构造配支座受力筋③ϕ10@150，当钢筋布置不能表示清楚时，可以画钢筋详图表示。

外形简单的梁，可只画断面表示。如图 3-12 中 TL1 为矩形梁，其断面反映了与平台上下两梯段的连接关系，梁底配置 2 Φ 14 主筋，梁顶配置 2ϕ12 架立筋，箍筋用 ϕ6@200。

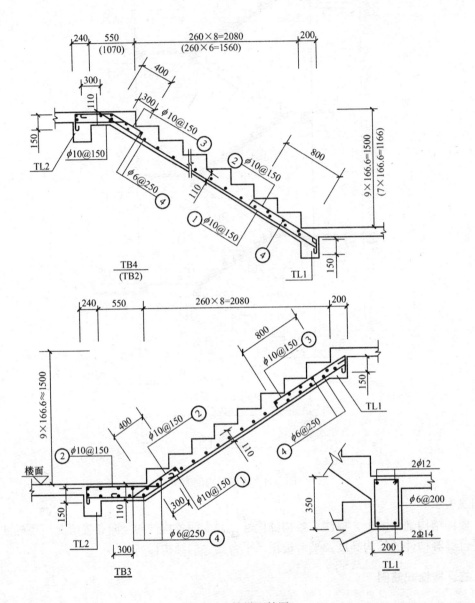

图 3-12 楼梯配筋图

附图一 某住宅楼工程

附图一（建施1）

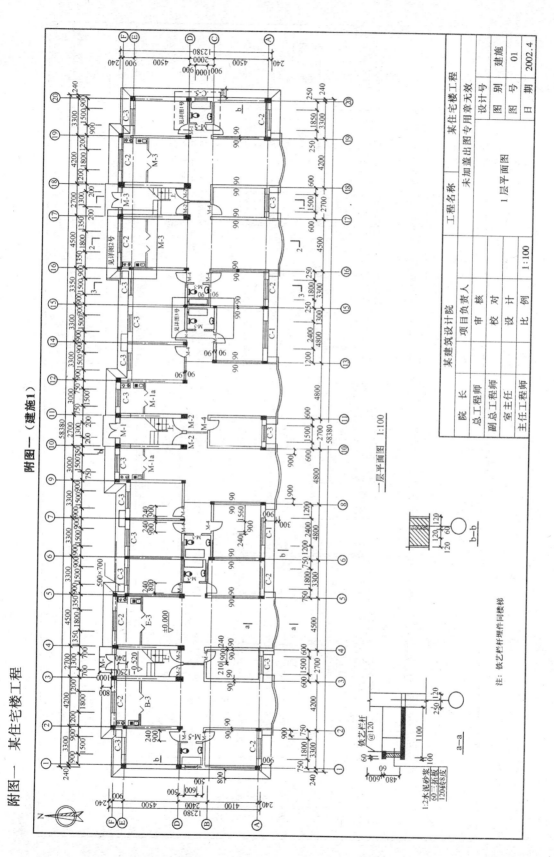

一层平面图 1:100

注：铁艺栏杆埋作间楼梯

某建筑设计院		工程名称	某住宅楼工程
院　长	项目负责人		未加盖出图专用章无效
总工程师	审　核	设计号	建施
副总工程师	校　对	图　别	
室主任	设　计	图　号	01
主任工程师	比　例	1:100	日　期	2002.4
		1层平面图	

49

附图一（建施 2）

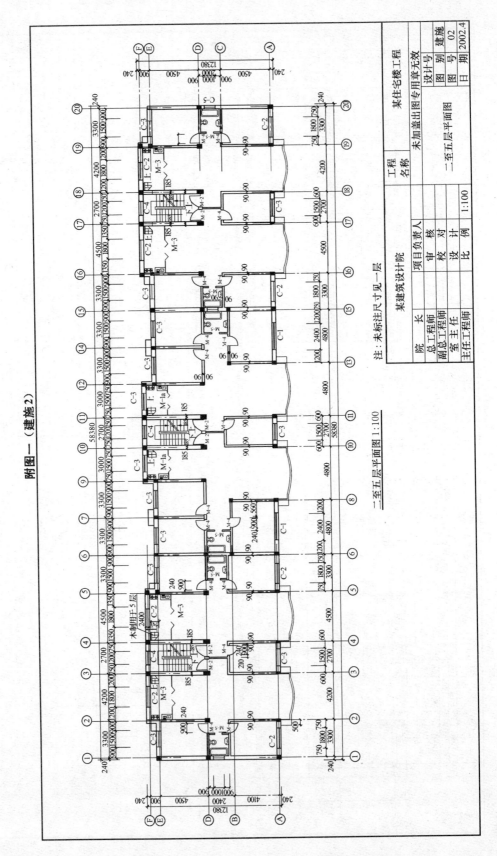

一至五层平面图 1:100

注：未标注尺寸见一层

50

附图一（建施3）

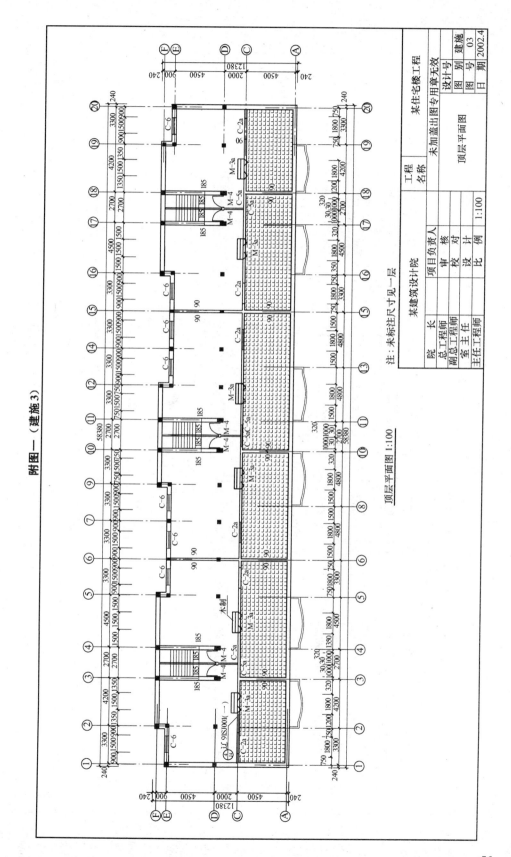

顶层平面图 1:100

注：未标注尺寸见一层

某建筑设计院		工程 名称	某住宅楼工程	
院　　长		未加盖出图专用章无效		
项目负责人			设计号	建施
总工程师			图　号	03
副总工程师	审　核	顶层平面图	日　期	2002.4
室　主　任	校　对			
主任工程师	设　计			
	比　例	1:100		

51

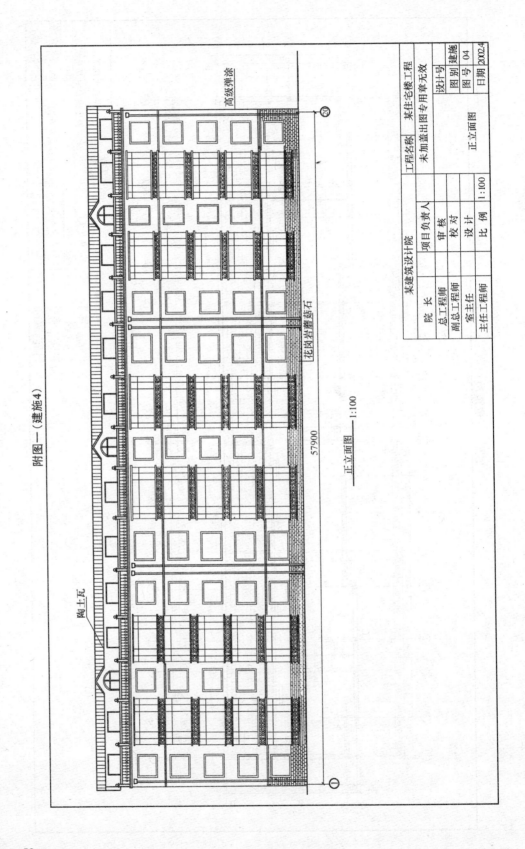

附图一—（建施4）

正立面图 1:100

57900

陶土瓦

花岗岩蘑菇石

高级弹涂

正立面图

某建筑设计院		工程名称	某住宅楼工程
院　长	项目负责人	未加盖出图专用章无效	
总工程师	审　核	设计号	
副总工程师	校　对	图别	建施
室主任	设　计	图号	04
主任工程师	比　例	1:100	正立面图	日期	2002.4

附图一（建施5）

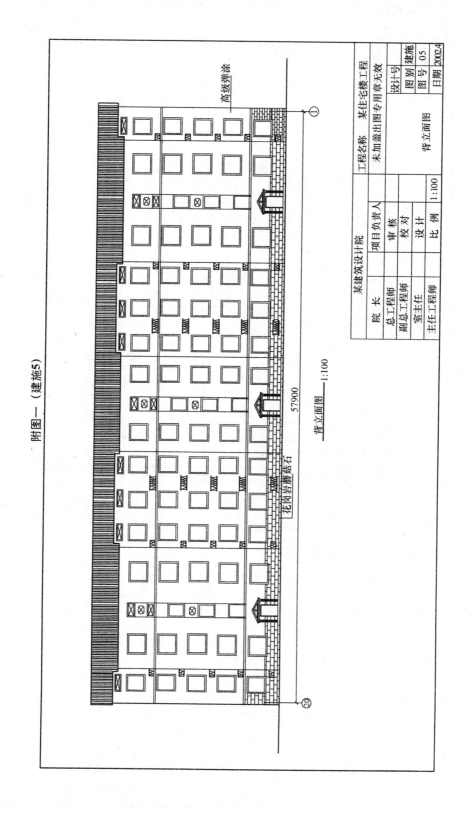

背立面图 1:100

高级弹涂

花岗岩蘑菇石

57900

某建筑设计院			工程名称	某住宅楼工程
院　长			未加盖出图专用章无效	
总工程师	项目负责人		设计号	
副总工程师	审　核		图别 建施	
室主任	校　对		图号 05	
主任工程师	设　计		日期 2024	
	比　例	1:100	背立面图	

53

附图一 (建施6)

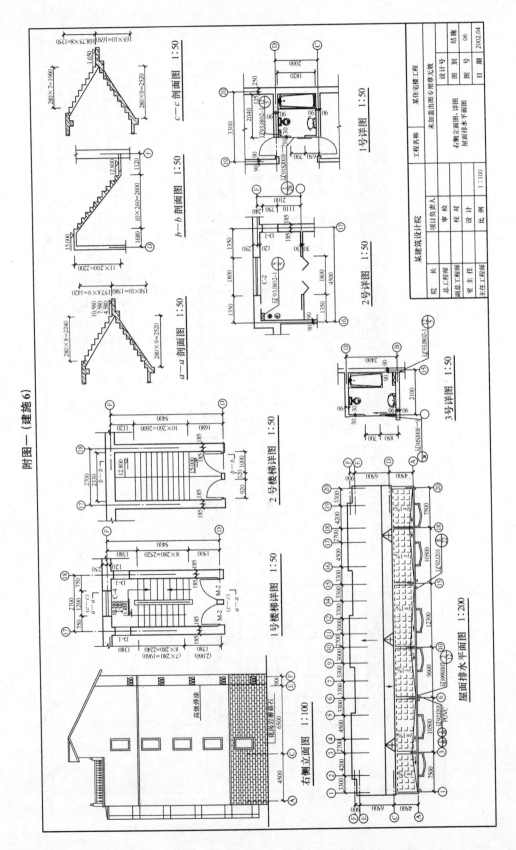

54

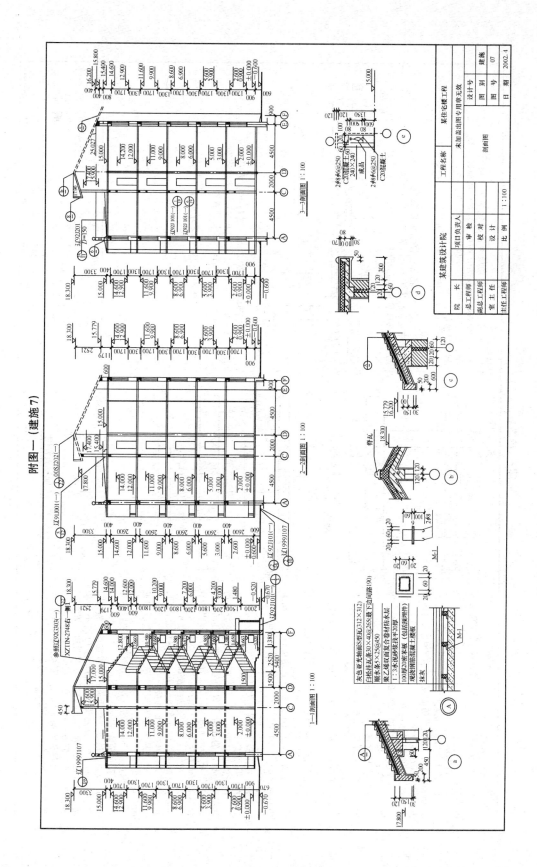

附图一 （建施 7）

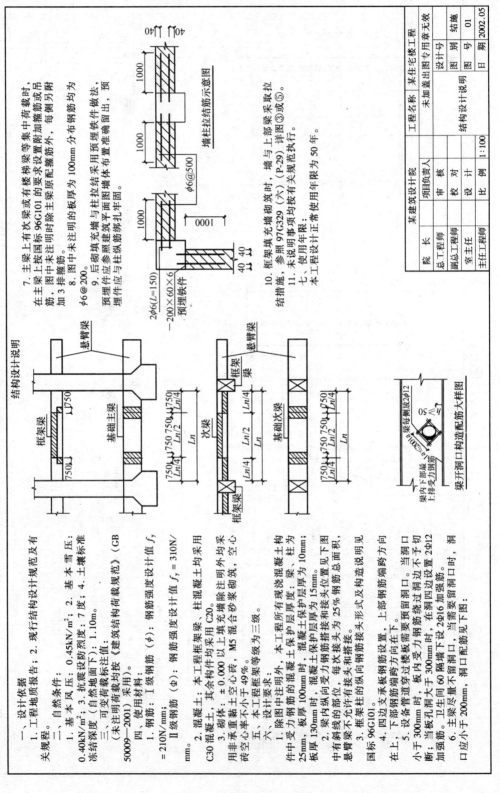

附图一（结施1）

结构设计说明

一、设计依据：
1. 工程地质报告；2. 现行结构设计规范及有关规范。

二、自然条件：
1. 基本风压：0.45kN/m²；2. 基本雪压：0.40kN/m²；3. 抗震设防烈度：7度；4. 土壤标准冻结深度（自然地面下）：1.10m。

三、使用的荷载标准值：
（未注明荷载标准注值）可变荷载按《建筑结构荷载规范》（GB 50009—2001）采用。

四、使用材料：
1. 钢筋：I级钢筋（φ）强度设计值 $f_y = 210N/mm²$；II级钢筋（Φ）强度设计值 $f_y = 310N/mm²$。
2. 混凝土：本工程框架梁、柱混凝土均采用C30混凝土，其余构件均采用C20混凝土。砌体：砌体采用实心砖，M5混合砂浆砌筑，空心砖空心率不小于49%。

五、设计荷载等级为三级。

六、本工程框架要求：
1. 除本说明外，本工程所有现浇混凝土构件中受中受力钢筋的混凝土保护层厚度：梁、柱为25mm，板为10mm；上填充墙注明外均为砌筑，混凝土保护层厚度为15mm。板厚130mm时，混凝土保护层层厚为10mm。
2. 梁内纵向钢筋搭接和接头位置见下图，混凝土钢接接头面积，每次搭接头均为25%钢筋总面积，中间纵向的混凝土钢筋接头允许接头和搭接，悬臂梁不允许接头和搭接。
3. 框架梁、柱纵向钢筋接头采用夹形式及构造说明见国标96G101。
4. 四边支承板钢筋按设置，上部钢筋按跨端方向在上，下部钢筋按跨方向在下。
5. 设备管道穿过楼板需要预留洞口。当洞口小于300mm洞，板内受力钢筋绕过洞边不予切断；当板孔洞大于300mm时，在洞四边设置2Φ12加强筋。卫生间同60隔墙筋。当需要留洞口时，洞口应小于200mm，洞口配筋见下图：
6. 主梁尽量不留洞口，主梁上不小于200mm，……

7. 主梁上有次梁或有楼梯梁等集中荷载时，在主梁上按国标96G101的要求设置附加箍筋或吊筋，图中未注明时除主梁原配箍筋外，每侧另附加3排箍筋。
8. 图中未注明的板厚为100mm，分布钢筋均为φ6@200。
9. 后砌砌筑充墙与柱拉结采用预埋铁件做法，预埋件应参照建筑平面图墙体布置准确留洞牢固。
10. 框架填充墙砌筑时，墙与上部梁结措施，参照97G329（六）（P-29）详图③或⑤。
11. 未说明事项均按有关规范执行。

七、使用年限：
本工程设计正常使用年限为50年。

墙柱结构示意图

φ6@500
φ6(L=150)
2φ6(L=150)
−200×60×6
预埋铁件
40 40
1000

梁每侧放2φ12
梁内下部底
上排受力钢筋
梁开洞口构造配筋大样图

框架梁　悬臂梁　基础主梁
框架梁　悬臂梁　基础次梁
次梁

某建筑设计院		工程名称	某住宅楼工程
院　长		设计号	未加盖出图章无效
总工程师	审　核	图　别	结施
副总工程师	校　对	图　号	01
室主任	设　计	结构设计说明	
主任工程师	比　例 1:100	日　期	2002.05

56

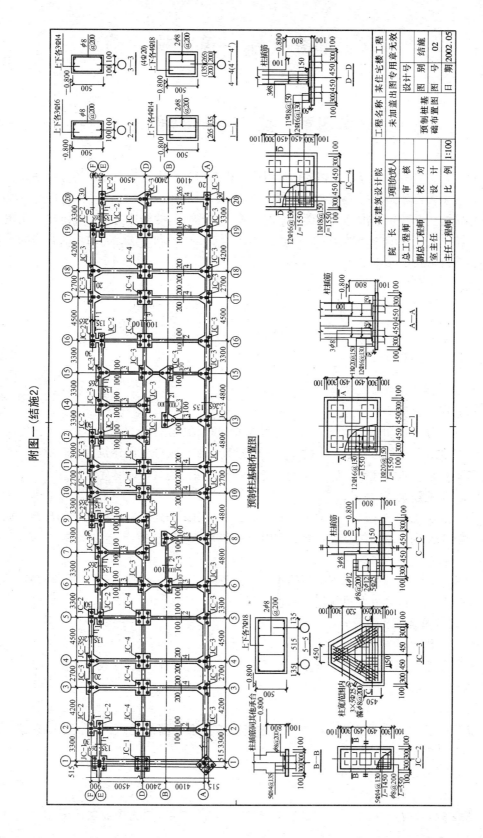

附图一（结施2）

预制桩柱基础布置图

第二部分 建 筑 构 造

第四章 建 筑 构 造 概 述

建筑构造是一门研究建筑物的构造组成、构造形式及细部构造做法的综合性建筑技术科学。其主要任务是根据建筑物使用功能的要求，并结合建筑材料、建筑结构、建筑经济、建筑施工和建筑艺术等诸方面因素的影响，选择合理的构造方案，确定出"实用、安全、经济、美观"的构造做法。掌握建筑构造的基本原理和方法，是对一名合格的土建专业岗位管理人员的基本要求。

第一节 建筑的分类与等级

一、建筑的分类

1. 按建筑使用功能分类

(1) 民用建筑

分为居住建筑和公共建筑。居住建筑是指供生活起居用的建筑，如住宅、集体宿舍等。公共建筑是指进行社会活动的非生产性建筑，如行政办公用建筑、文教建筑、医疗建筑、商业建筑、观演建筑、展览建筑、交通建筑、通讯建筑、园林建筑等。

(2) 工业建筑

是指各类工厂为生产产品的需要而建造的不同用途的建筑物和构筑物的总称。如生产车间、辅助车间、动力用房、仓库、烟囱及水塔等建筑。

(3) 农业建筑

是指供农、牧业生产和加工用的建筑。如畜禽饲养场、水产品养殖场、农畜产品加工厂、农产品仓库以及农业机械用房等建筑。

2. 按建筑规模和数量分类

(1) 大量性建筑

指建筑规模不大，但建造量多、涉及面广的建筑，如住宅、学校、医院、商店、中小型影剧院、中小型工厂等。

(2) 大型性建筑

指规模宏大、功能复杂、耗资多、建筑艺术要求较高的建筑，如大型体育馆、航空港、火车站以及大型工厂等。

3. 按建筑层数与高度分类

(1) 住宅建筑

按层数划分为：1~3层为低层；4~6层为多层；7~9层为中高层；10层及其以上为

高层建筑。

（2）公共建筑

公共建筑及综合性建筑总高度超过 24m 时为高层（不包括高度超过 24m 的单层主体建筑）。建筑高度为建筑物室外地面至女儿墙顶部或槽口的高度。

（3）工业建筑

按层数划分为：单层；两层以上、高度不超过 24m 时为多层；当层数较多且高度超过 24m 时为高层。

（4）超高层建筑

当建筑物高度超过 100m 时，不论住宅建筑或公共建筑均为超高层建筑。

4. 按建筑物主要承重结构材料分类

（1）木结构

指以木材作为房屋承重骨架的建筑。由于这种结构具有自重轻、抗震性能好、构造简单、施工方便等优点，是我国古代建筑的主要结构类型。但木材易腐、易燃，加之我国森林资源缺乏，目前已基本不采用。

（2）混合结构

指主要承重结构由两种或两种以上的材料构成的建筑。如砖墙和木楼板的砖木结构；砖墙和钢筋混凝土楼板的砖混结构；钢筋混凝土墙或柱和钢屋架的钢混结构。这是当前建造数量最大、采用最为普遍的结构类型。

（3）钢筋混凝土结构

指主要承重构件全部采用钢筋混凝土结构的建筑。这种结构形式具有坚固耐久、防火、可塑性强等优点，在当今建筑领域中应用很广泛，且发展前途最大。

（4）钢结构

指主要承重构件全部采用钢材制作的建筑。这种结构形式具有力学性能好，制作安装方便、自重轻等优点，由于目前我国钢产量有限，钢结构主要应用于大型公共建筑、高层建筑和少量工业建筑中。随着建筑技术的发展，钢结构的应用将有进一步发展的趋势。

5. 按建筑结构的承重方式分类

（1）墙承重结构

指承重方式是以墙体承受楼板及屋顶传来的全部荷载的建筑。土木结构、砖木结构及砖混结构都属于这一类，常用于六层或六层以下的大量性民用建筑，如住宅、办公楼、教学楼、医院等建筑。

（2）框架结构

指承重方式是以梁、柱组成的骨架承受楼板及屋顶传来的全部荷载的建筑。常用于荷载及跨度较大的建筑和高层建筑。这类建筑中，墙体不起承重作用。

（3）部分框架结构

指承重方式是外墙承重，内部用柱承重或建筑下部为框架结构承重、上部为墙承重结构的建筑。这种类型常用于需要大空间、但可设柱的建筑和底层需要大空间而上部为小空间的建筑，如食堂、商业建筑、商住楼等建筑。

（4）空间结构

指承重方式是用空间构架，如网架、悬索及薄壳结构来承受全部荷载的建筑。适用于跨度较大的公共建筑，如体育馆等建筑。

二、建筑的等级

建筑等级一般按耐久年限和耐火性能划分。

1. 按建筑耐久年限分

建筑物的耐久年限主要根据建筑物的重要性和规模大小来划分，作为基建投资、建筑设计和材料选用的重要依据。按建筑耐久年限分为四级，见表4-1。

建筑耐久年限等级划分   表4-1

等　级	使用年限	适　用　范　围	等　级	使用年限	适　用　范　围
1	5年	临时建筑	3	50年	普通建筑和构筑物
2	25年	易替换结构建筑	4	100年	纪念性建筑或者重要建筑

2. 按建筑耐火性能分

建筑物的耐火等级主要根据建筑物构件的燃烧性能和耐火极限两个因素来确定。按耐火性能分为四级，见表4-2。

建筑物构件的燃烧性能和耐火极限   表4-2

构件名称	燃烧性能耐火极限/h　　耐火等级	1级	2级	3级	4级
墙	防火墙	非燃烧体 4.00	非燃烧体 4.00	非燃烧体 4.00	
	承重墙、楼梯间、电梯井的墙	非燃烧体 3.00	非燃烧体 2.50	非燃烧体 2.50	
	非承重外墙、疏散走道两侧的隔墙	非燃烧体 1.00	非燃烧体 1.00	难燃烧体 0.50	难燃烧体 0.25
	房间隔墙	非燃烧体 0.75	非燃烧体 0.50	难燃烧体 0.50	难燃烧体 0.25
柱	支承多层的柱	非燃烧体 3.00	非燃烧体 2.50	非燃烧体 2.50	难燃烧体 0.50
	支承单层的柱	非燃烧体 2.50	非燃烧体 2.00	非燃烧体 2.00	燃烧体
梁		非燃烧体 2.00	非燃烧体 1.50	非燃烧体 1.00	难燃烧体 0.50
楼板		非燃烧体 1.50	非燃烧体 1.00	非燃烧体 0.50	难燃烧体 0.25
屋顶承重构件		非燃烧体 1.50	非燃烧体 0.50	燃烧体	燃烧体
疏散楼梯		非燃烧体 1.50	非燃烧体 1.00	非燃烧体 1.00	燃烧体
吊顶（包括吊顶搁栅）		非燃烧体 0.25	难燃烧体 0.25	难燃烧体 0.15	燃烧体

构件的耐火极限：对任一建筑构件按时间——温度标准曲线进行耐火试验，从受到火的作用时到失去支持能力（如木结构），或完整性破坏（如砖混结构），或失去隔火作用（如钢结构）时为止的这段时间，以小时（h）表示。

构件的燃烧性能分为非燃烧体、难燃烧体、燃烧体三类。

非燃烧体是指用非燃烧体材料做成的构件，如天然石材、人工石材、金属材料等。

难燃烧体是指用不易燃烧的材料做成的构件，如沥青混凝土、经过防火处理的木材等。

燃烧体是指容易燃烧的材料做成的构件，如木材等。

第二节　建筑物的构造组成

一般民用建筑尽管其使用功能不同，所用材料和做法上各有差别，可以表现出各种各样的形式和特点，但通常都是由基础、墙或柱、楼板层、楼梯、屋顶和门窗六大部分组成（图 4-1）。它们根据所处部位的不同而发挥各自不同的作用。

基础：基础是位于建筑物最下部的承重构件，起承重作用，承受建筑物的全部荷载，并将荷载传给地基。

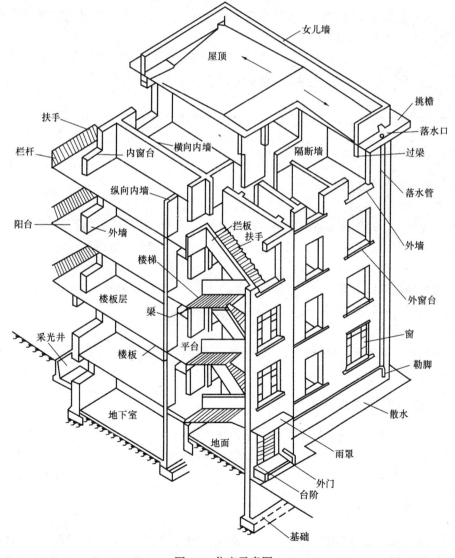

图 4-1　住宅示意图

墙体：墙体是围成房屋空间的竖向构件。具有承重、围护和水平分隔的作用。它承受由屋顶及各楼层传来的荷载，并将这些荷载传给基础；外墙还用以抵御自然界各种因素对室内的侵袭，内墙用作房间的分隔、隔声、遮挡视线以保证具有舒适的环境。

楼板层：楼板层是划分空间的水平构件。具有承重、竖向分隔和水平支撑的作用。楼层将建筑从高度方向分隔成若干层，承受着家具、设备、人体荷载及自重，并将这些荷载传给墙或柱，同时楼板层的设置，对增加建筑的整体刚度起着重要作用。

楼梯：楼梯是各层之间的交通联系设施。其主要作用是上下楼层和紧急疏散之用。

屋顶：屋顶是建筑物顶部承重构件和围护构件。主要作用是承重、保温隔热和防水。屋顶承受着房屋顶部包括自重在内的全部荷载，并将这些荷载传递给墙或柱；同时抵御自然界各种因素对顶层房间的侵袭。

门窗：门和窗均属非承重的建筑配件。门的主要作用是交通和分隔房间，有时兼有采光和通风作用。窗的主要作用是采光和通风，同时还具有分隔和围护的作用。

一般民用建筑除上述主要组成部分以外，还有一些人们使用和建筑本身所必需的构、配件，如阳台、散水、装修部分等。

第三节　影响建筑构造的因素

影响建筑构造的因素有很多，但其主要因素主要有以下几个方面：

一、外界环境的影响

外界环境的影响主要有以下三个方面：

1. 外力的影响

外力包括人、家具和设备的重量，结构自重，风力、地震力及雪荷载等。这些统称为荷载。荷载的大小是结构选型、材料应用以及构造设计的重要依据。

2. 气候条件的影响

气象条件包括日晒雨淋、风雪冰冻、地下水等。对于这些影响须在构造设计中采取必要的防护措施，如防水防潮、保温隔热、防止温度变形等。

3. 人为因素的影响

人为因素包括火灾、机械振动、噪声等的影响，在构造处理上需采取防火、防振和隔声等相应的措施。

二、建筑技术条件的影响

建筑技术条件是指建筑材料技术、结构技术、施工技术和设备技术等。随着建筑事业的发展，新材料、新结构、新的施工方法以及新型设备不断出现，建筑构造受它们的影响和制约，设计中应有与之相适应的构造措施。

三、经济条件的影响

建筑构造设计必须考虑经济效益。在确保工程质量的前提下，既要降低建造过程中的材料、能源和劳动力消耗，以降低造价；又要有利于降低使用过程中的围护和管理费用。

同时，在设计过程中要根据建筑物的不同等级和质量标准，在材料选择和构造方式等方面予以区别对待。

第四节　建筑模数协调

为了实现工业化大规模生产，使不同材料、不同形式和不同制造方法的建筑构配件、组合件具有一定的通用性和互换性及不同建筑物各组成部分之间的尺寸统一协调。我国颁布了《建筑模数协调统一标准》（GBJ2—86），以及住宅建筑、厂房建筑等模数协调标准。

一、建筑模数

建筑模数是选定的标准尺度单位，作为建筑物、建筑构配件、建筑制品以及建筑设备尺寸间相互协调的基础。

基本模数是模数尺寸中最基本的数值，用 M 表示，我国基本模数 1M = 100mm。整个建筑物或其一部分以及建筑组合件的模数化尺寸，应是基本模数的倍数。

导出模数分为扩大模数与分模数，其基数为：

平扩大模数的基数为 3M、6M、12M、15M、30M、60M，其相应尺寸分别为 300mm、600mm、1200mm、1500mm、3000mm、6000mm。

竖向扩大模数的基数为 3M、6M，其相应尺寸为 300mm、600mm。

分模数的基数为 M/10、M/5、M/2，其相应的尺寸为 10mm、20mm、50mm。

模数数列是以选定的模数基数而展开的数值系统，它用以保证不同类型的建筑物及其各组成部分间的尺寸统一与协调，使尺寸的范围以及使尺寸的叠加和分割有较大的灵活性。模数数列见表 4-3。

在基本模数数列中，水平基本模数数列的幅度为 1M 至 20M，主要用于门窗洞口和构配件截面；竖向基本模数数列的幅度为 1M 至 36M，主要用于建筑物的层高、门窗洞口和构配件截面。

在扩大模数数列中，水平扩大模数 3M、6M、12M、15M、30M、60M 的数列主要用于建筑物的开间或柱距、进深或跨度、构配件尺寸和门窗洞口等；竖向扩大模数 3M 主要用于建筑物的高度、层高和门窗洞口等。

分模数 M/10、M/5、M/2 的数列，主要用于缝隙、构造节点、构配件截面等。

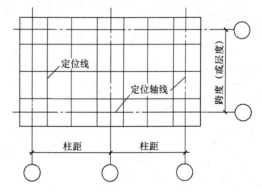

图 4-2　定位轴线与定位线

二、定位轴线和定位线

在模数化空间网格中，轴线网格的面称为定位轴面，定位轴面在水平面或垂直面的投影线称为定位轴线。它们往往是主体结构的定位依据。除定位轴面以外的定位平面称为定位面，定位面在水平面或垂直面的投影线为定位线。图 4-2 是定位轴线和定位线的示意图。

基本模数	扩　大　模　数						分　模　数		
1M	3M	6M	12M	15M	30M	60M	$\frac{M}{10}$	$\frac{M}{5}$	$\frac{M}{2}$
100	300	600	1200	1500	3000	6000	10	20	50
100	300						10		
200	600	600					20	20	
300	900						30		
400	1200	1200	1200				40	40	
500	1500			15000			50		
600	1800	1800					60	60	
700	2100						70		
800	2400	2400	2400				80	80	
900	2700						90		
1000	3000	3000		3000	3000		100	100	100
1100	3300						110		
1200	3600	3600	3600				120	120	
1300	3900						130		
1400	4200	4200					140	140	
1500	4500			4500			150		150
1600	4800	4800	4800				160	160	
1700	5100						170		
1800	5400	5400					180	180	
1900	5700						190		
2000	6000	6000	6000	6000	6000	6000	200	200	200
2100	6300							220	
2200	6600	6600						240	
2300	6900								250
2400	7200	7200	7200					260	
2500	7500			7500				280	
2600		7800						300	300
2700		8400	8400					320	
2800		9000		9000	9000			340	
2900		9600	9600						350
3000				10500				360	
3100			10800					380	
3200			12000	12000	12000	12000		400	400
3300					15000				450
3400					18000	18000			500
3500					21000				550
3600					24000	24000			600
					27000				650
					30000	30000			700
					33000				750
					36000	36000			800
									850
									900
									950
									1000

在一般砖混结构中，砖墙与平面定位轴线的关系，承重内墙的顶层墙身中心线应与平面定位轴线相重合（图4-3）；承重外墙的顶层墙身内缘与平面定位轴线的距离为120mm（图4-4）；非承重墙除可按承重内墙或外墙的规定定位外，还可使墙身内缘与平面定位轴线相重合；带壁柱外墙的墙身内缘与平面定位轴线相重合或距墙身内缘的120mm处与平面定位轴线相重合（图4-5、图4-6）。

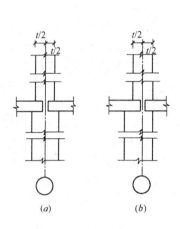

图4-3　承重内墙定位轴线
（a）定位轴线中分底层墙身；
（b）定位轴线偏中分底层墙身

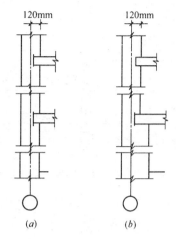

图4-4　承重外墙定位轴线
（a）底层与顶层墙厚相同；
（b）底层与顶层墙厚不相同

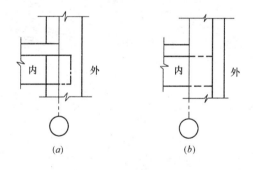

图4-5　定位轴线与墙身内缘相重合
（a）内壁柱时；（b）外壁柱时

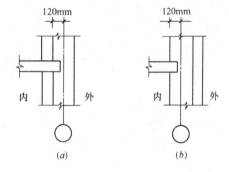

图4-6　定位轴线距墙身内缘120mm
（a）内壁柱时；（b）外壁柱时

三、几种尺寸及相互间的关系

为了保证建筑制品、构配件等有关尺寸间的统一与协调，在建筑模数协调中尺寸分为标志尺寸、构造尺寸和实际尺寸。

（1）标志尺寸。标志尺寸应符合模数数列的规定，用以标注建筑物定位轴线之间的距离（如跨度、柱距、层高等），以及建筑制品、构配件、设备位置界限之间的尺寸。

（2）构造尺寸。构造尺寸是建筑制品、构配件等生产的设计尺寸。一般情况下，构造尺寸加上缝隙尺寸等于标志尺寸。

（3）实际尺寸。实际尺寸是建筑制品、建筑构配件等的实有尺寸。实际尺寸与构造尺寸之间的差数应由允许偏差值加以限制。

标志尺寸、构造尺寸和缝隙尺寸之间的关系如图 4-7 所示，当有分隔构件时，尺寸间的关系如图 4-8 所示。

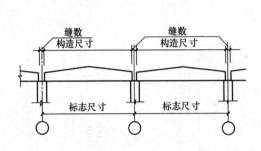

图 4-7　尺寸间的关系

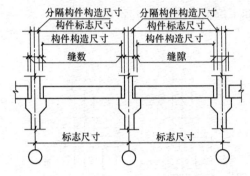

图 4-8　有分隔构件时尺寸间的关系

第五章 基础与地下室

第一节 基础的分类

基础是房屋建筑的重要组成部分,它承受建筑物上部结构传来的全部荷载,并将这些荷载连同基础的自重一起传到地基。地基是基础下面直接承受荷载的土层。地基承受建筑物的荷载而产生的应力和应变随着土层深度的增加而减小,在达到一定深度后就可以忽略不计。直接承受荷载的土层称为持力层,持力层以下的土层称为下卧层(图5-1)。尽管地基不属于建筑的组成部分,但它对保证建筑物的坚固耐久具有非常重要的作用。因此,在地基及基础设计中应具有足够的强度、满足稳定性和均匀沉降以及经济合理的基本要求,以确保建筑结构的安全和建筑物的日常使用。

一、地基的分类

建筑物的地基分为天然地基和人工地基两大类。

1. 天然地基

凡位于建筑物下面的土层,不需经过人工加固,而能直接承受建筑物全部荷载并满足变形要求的称为天然地基。按《建筑地基基础设计规范》的规定:建筑地基土(岩),可分为岩石、碎石土、砂土、粉土、黏性土和人工填土六类。

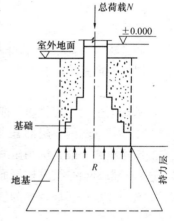

图5-1 地基、基础与荷载的关系

(1)岩石类

指颗粒间牢固连接,呈整体或具有节理裂隙的岩体。根据其坚固,岩石可分为硬质岩石(如花岗岩、闪长岩、玄武岩、石灰岩及石英岩等)和软质岩石(如页岩、黏土岩等)二类;根据其风化程度可分微风化、中等风化和强风化三类。

(2)碎石土类

指粒径大于2mm的颗粒含量超过全重50%的土。根据其颗粒形状和粒组含量分为漂石、块石、卵石、碎石、圆砾和角砾六类;按其密实度分为稍密、中密和密实三类。

(3)孔砂土类

指粒径大于2mm的颗粒含量不超过全重50%、粒径大于0.075mm的颗粒超过全重50%的土。砂土根据粒组含量分为砾砂、粗砂、中砂、细砂和粉砂五类;按其密实度分为密实、中密、稍密和松散四类。

(4)粉土类

指塑性指数小于或等于10的土。其性质介于砂土与黏性土之间。

(5)黏性土类

指塑性指数大于 10 的土。根据塑性指数的不同可分为黏土和粉质黏土两类；按沉积年代的不同可分为新近沉积的黏性土、一般黏性土和老黏性土三类。

（6）人工填土类

人工填土根据其组成和成因，可分为素填土、杂填土和冲填土三类。素填土是指由砂石土、砂土、粉土和黏性土等组成的土。杂填土是指含有建筑垃圾、工业废料、生活垃圾等杂物的填土。冲填土是指由水力冲填泥沙形成的填土。由于杂填土和冲填土的土层分布极不规律、不均匀，压缩性高，通常不宜直接作为建筑物的持力层，但对于冲填土、建筑垃圾和性能稳定的工业废料，当均匀性和密实度较好时，可利用作为持力层。

2. 人工地基

当土层的承载能力较低或虽然土层较好，但因上部荷载较大，必须对土层进行人工加固后才足以承受上部荷载，并满足变形的要求。这种经人工处理的土层，称为人工地基。

采用人工加固地基的方法通常有以下几种：

（1）压实法

用各种机械对土层进行夯打、碾压、振动来压实松散土的方法为压实法。土的压实法主要是通过减小土颗粒间的孔隙，排除土壤中的空气，从而增加土的干容重，减少土的压缩性，以提高地基的承载能力。

（2）换土法

当基础下土层比较软弱，或地基有部分较软弱的土层而不能满足上部荷载对地基的要求时，可将较软弱的土层部分或全部挖去，换成其他较坚硬的材料，这种方法称换土法。换土法所用材料一般是选用压缩性低的无侵蚀性材料，如砂、碎石、矿渣、石屑等松散材料。这些松散材料是被基槽侧面土壁约束，借助互相咬合而获得强度和稳定性的，从应力状态上看属于垫层，通常称为砂垫层或砂石垫层。

（3）打桩法

当建筑物荷载很大，地基承载力不能满足要求时，可采用桩基。这种方法是将砂桩、钢桩或钢筋混凝土桩打入或灌入土中，把土壤挤实或把桩打入地下坚实的土壤层上，从而提高土壤的承载能力。由于房屋的全部荷载都作用到桩上，所以也称为桩基础。

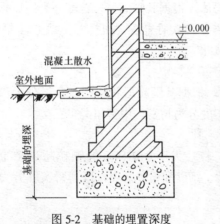

混凝土散水

室外地面

基础的埋深

图 5-2　基础的埋置深度

二、基础的埋置深度

基础的埋置深度是指室外地坪到基础底面的垂直距离，简称埋深。如图 5-2 所示。根据基础埋深的不同，有深基础和浅基础之分。一般情况下，将埋深大于 5m 的称为深基础，埋深小于 5m 的称为浅基础。从基础的经济效果看，其埋置深度愈小，工程造价愈低，但基础埋深过小，没有足够的土层包围，基础底面的土层受到压力后会把基础四周的土挤出，基础会产生滑移而失去稳定；同时，基础埋深过浅，易受外界的影响而损坏。所以基础的埋深一般不应小于 500mm。

影响基础埋置深度的因素很多，一般应根据下列条件综合考虑来确定：

（1）建筑物的用途

如有无地下室、设备基础和地下设施以及基础的形式和构造等。

（2）作用在地基上的荷载大小和性质。

荷载有恒荷载和活荷载之分，其中恒荷载引起的沉降量最大，而活荷载引起的沉降量相对较小，因此当恒载较大时，基础埋置深度应大一些。

（3）工程地质与水文地质条件

在一般情况下，基础应设置在坚实的土层上，而不要设置在耕植土、淤泥等软弱土层上。当表面软弱土层很厚，加深基础不经济时，可采用人工地基或采取其他结构措施。基础宜设在地下水位以上，以减少特殊的防水措施，有利于施工。如必须设在地下水位以下，应使基础底面低于最低地下水位200mm及其以下。如图5-3所示。

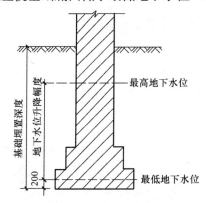

图5-3　基础埋深与地下水位关系

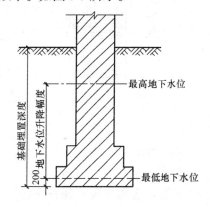

图5-4　基础埋深和冰冻线关系

（4）基土冻胀和融陷的影响

基础底面以下的土层如果冻胀，会使基础隆起；如果融陷，会使基础下沉，因此基础埋深最好设在当地冰冻线以下，以防止土壤冻胀导致基础的破坏。如图5-4所示。但岩石及砂砾、粗砂、中砂类的土质对冰冻的影响不大。

（5）相邻建筑物基础的影响

新建建筑物的基础埋深不宜深于相邻原有建筑物的基础。当新建基础深于原有建筑物基础时，两基础间应保持一定净距，一般取相邻两基础底面高差的1~2倍。如图5-5所示。如上述要求不能满足

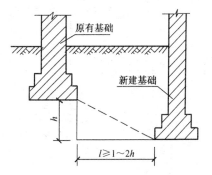

图5-5　基础埋深与相邻基础关系

时，应采取临时加固支撑、打板桩或加固原有建筑物地基等措施。

第二节　基础的类型与构造

基础的类型较多，按受力特点分，有刚性基础和非刚性基础；按材料分，有砖基础、石基础、混凝土基础和钢筋混凝土基础等；按构造形式分，有条形基础、独立基础、筏板

基础、箱形基础及桩基础等。

一、条形基础

当建筑物上部结构采用墙承重时，基础沿墙身设置呈长条形，这种基础称为条形基础或带形基础，如图5-6所示。条形基础一般由垫层、大放脚和基础墙三部分组成。基础墙是指墙体地坪下部的延伸部分。基础墙的下部做成台阶形，称为大放脚。做大放脚的目的是增加基础底面的宽度，使上部荷载能均匀地传递到地基上。做垫层的目的是为了节省基础所用材料，降低造价和便于施工。

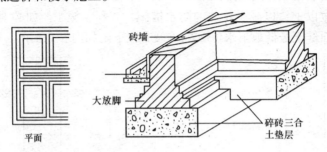

图5-6 条形基础

用抗压强度较高，而抗拉强度较差的砖、石、混凝土等材料建造的基础称为刚性基础。当基础底部承受的拉力超过基础材料的允许拉应力，大放脚或垫层就会被拉裂。当基础结构中悬臂的宽度和高度如果控制在某一角度内时则不会被拉裂，这个角（α）称为刚性角。其受力情况如图5-7所示。不同的刚性材料具有不同的刚性角，刚性角一般用高宽比值（h/b）表示：如砖为 1.5 ~ 2.0，灰土为 1.25 ~ 1.5，毛石为 1.25 ~ 1.75，混凝土为 1。当为钢筋混凝土基础时，则不受刚性角的限制。

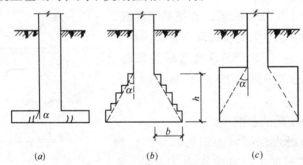

图5-7 基础剖面与刚性角的关系
（a）产生裂缝；（b）合理；（c）不经济

砖基础构造如图5-8所示。大放脚有等高式和间隔式两种。垫层材料一般有混凝土、灰土、三合土等。

石基础构造如图5-9所示。剖面形式有矩形、阶梯形和梯形等多种。石基础不另做垫层。

混凝土基础构造如图5-10所示。剖面形状有矩形、阶梯形和锥形等。混凝土基础一般不设垫层。

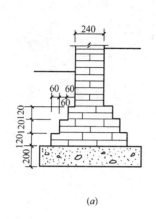
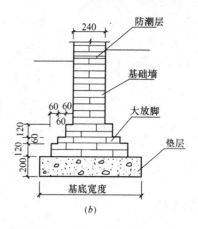

图 5-8 砖基础构造
（a）等高式放脚；（b）间隔式放脚

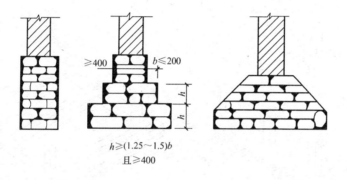

图 5-9 石基础

钢筋混凝土基础构造如图 5-11 所示。剖面形式多为扁锥形。为了保证基础底面平整，便于布置钢筋，防止钢筋锈蚀，钢筋混凝土基础通常需设垫层。

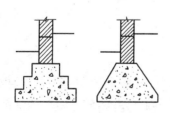

图 5-10 混凝土基础

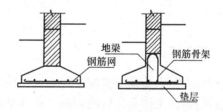

图 5-11 钢筋混凝土基础

二、独立基础

当建筑物上部结构为梁柱构成的框架、排架及其他类似结构，或建筑物上部为墙承重结构，但基础要求埋深较大时，均可采用独立基础。独立基础是柱下基础的基本形式，如图 5-12 所示。墙下独立基础的优点是减少土方工程量，节约材料。

当上部荷载较大或地基条件较差时，为提高建筑物的整体刚度，避免不均匀沉降，常将独立基础沿纵向和横向连接起来，形成十字交叉的井格基础，如图 5-13 所示。

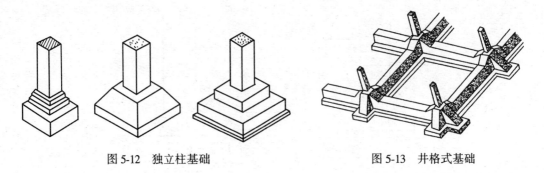

图 5-12　独立柱基础　　　　　　　　　图 5-13　井格式基础

三、筏板基础

当建筑物上部荷载很大或地基的承载力很小时，可采用筏板基础。筏板基础又称板式基础或筏形基础。筏板基础用钢筋混凝土现浇而成，其形式有板式和梁板式两种，如图5-14所示。

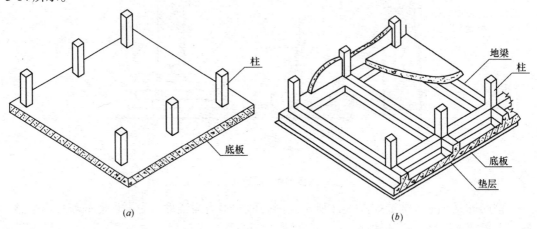

（a）　　　　　　　　　　　　　　　　（b）

图 5-14　筏形基础
（a）板式基础；（b）梁板式基础

四、箱形基础

当钢筋混凝土基础埋置深度较大，并设有地下室时，可将地下室的底板、顶板和墙浇筑成箱形的整体来作为房屋的基础，这种基础叫箱形基础（图5-15）。箱形基础具有较大

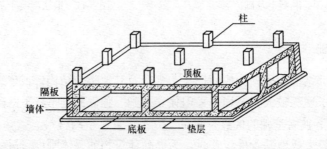

图 5-15　箱形基础

的强度和刚度，故常作为高层建筑的基础。

五、桩基础

当天然地基上的浅基础沉降量过大或地基稳定性不能满足建筑物的要求时，常采用桩基础。桩基础具有承载力高，沉降量小，节省基础材料，减少挖填土方土程量，改善施工条件和缩短工期等优点，因此桩基础的应用较为广泛。桩基础的种类较多，按桩的传力及作用性质分有端承桩和摩擦桩两种（图 5-16）；按材料分有混凝土、钢筋混凝土和钢桩等；按桩的制作方法有预制桩和灌注桩两类。我国目前常用的桩基础有钢筋混凝土预制桩、振动灌注桩、钻孔灌注桩、爆扩灌注桩、挖孔桩等。

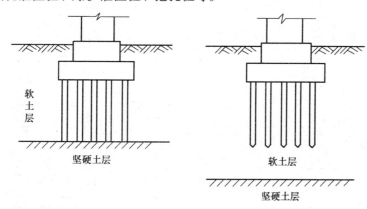

图 5-16　桩基础示意图
（a）端承桩；（b）摩擦桩

钢筋混凝土预制桩是在预制厂或施工现场预制，由桩尖、桩身和桩帽三部分组成，断面多为方形，其尺寸一般为 300mm×300mm。施工时用打桩机将桩打入土层内，然后再在桩帽上浇筑钢筋混凝土承台，如图 5-17 所示。

振动灌注桩是将带有活瓣桩尖的钢管经振动沉入土中，至设计标高后向钢管内灌入混凝土，再将钢管随振随拔，使混凝土留入孔中而成，其直径一般为 300mm，如图 5-18 所示。

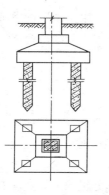

图 5-17　钢筋混凝土
预制桩

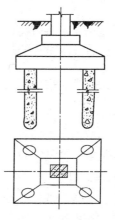

图 5-18　灌注桩

钻孔灌注桩是利用钻孔机钻孔，然后在孔内浇筑混凝土而成。其直径一般为300mm或400mm。

爆扩灌注桩可用钻孔机钻孔或先钻一细孔，在孔内放入装有炸药的塑料管（药条），经引爆成孔。桩身成孔后，用炸药爆炸扩大孔底，然后灌注混凝土形成爆扩桩，其直径一般为300～500mm。如图5-19所示。

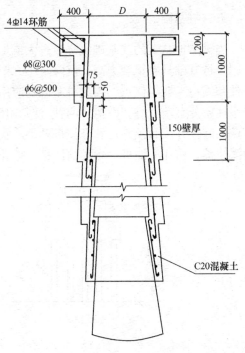

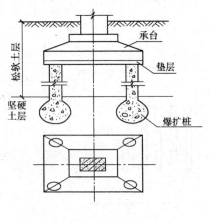

图5-19　爆扩桩

图5-20　挖孔桩示意图

挖孔桩是由人工先挖1m深的基坑，然后现浇钢筋混凝土护壁，井壁通常为圆形，直径一般不小于1.2m，高度1m左右。在第一段护壁经养护并拆模后开挖下一段土方，再浇筑下一段护壁，重复作业直到挖至设计标高并扩大底部直径后成孔封底，再放置钢筋，浇灌混凝土及承台。图5-20为挖孔桩护壁示意图。除上述人工挖孔外，还有采用钻孔机钻孔后人工扩孔和钻孔机钻孔并扩孔的方法。

第三节　地下室构造

建筑物根据使用要求有时需设地下室，对于高层建筑，由于基础都埋置较深，形成了可利用的空间，设置地下室作为设备层、车库及辅助用房等较为经济合理。

一、地下室的类型与构造组成

1. 地下室的类型

地下室的类型较多。按埋置深度可分为全地下室和半地下室；按使用功能可分为普通地下室和人防地下室；按结构材料可分为砖混结构地下室和钢筋混凝土地下室等。

2. 地下室的构造组成

地下室一般由底板、墙体、顶板、楼梯和门窗五大部分组成，如图5-21所示。

底板的主要作用是承受地下室地坪的垂直荷载，当地下水位高于地下室地坪时，还要承受地下水的浮力。因此，要求它具有足够的强度、刚度和抗渗能力。通常采用钢筋混凝

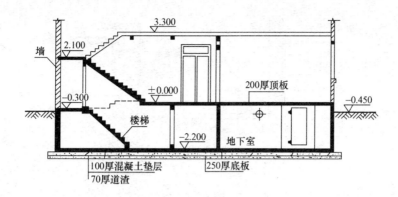

图 5-21　地下室的基本组成

土底板。

墙体的主要作用是承受上部的垂直荷载，并承受土、地下水和土壤冻胀时产生的侧压力，因此，要求它必须具有足够的强度和防潮、防水的能力。墙体材料可为砖或钢筋混凝土现浇。

顶板与楼板层基本相同，常采用现浇或预制钢筋混凝土板。

楼梯可与地面以上部分的楼梯间结合布置，一个地下室至少应有两部楼梯通向地面。

门窗一般与地面上的门窗相同。为满足采光通风的要求，可设采光井。采光井构造如图 5-22 所示。

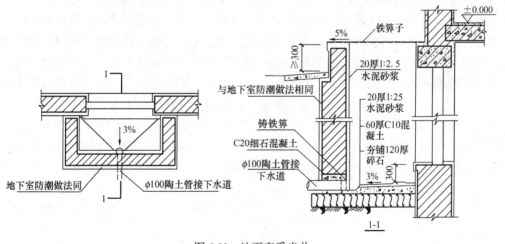

图 5-22　地下室采光井

二、地下室防潮

当最高地下水位低于地下室地坪且无滞水的可能时，地下室外墙和底板只受到土层中潮气的影响，一般只作防潮处理。其构造做法是在地下室顶板和底板中间的墙体中设置水平防潮层，在地下室外墙外侧先抹 20mm 厚 1:2.5 水泥砂浆找平，并高出散水 300mm 以上，然后刷冷底子油一道，热沥青两道（至散水底），最后在地下室外墙外侧回填隔水层（黏土夯实或灰土夯实），如图 5-23 所示。

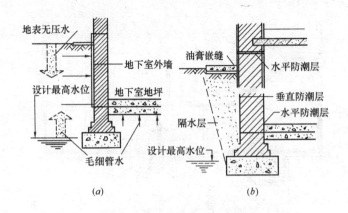

图 5-23　地下室防潮处理

(a) 毛细管水和无压水；(b) 地下室的防潮

三、地下室防水

当最高地下水位高于地下室地坪时，地下水不仅可以侵入地下室，还对地下室外墙和底板产生侧压力和浮力，必须采取防水措施。地下室防水一般有卷材防水和混凝土防水两种方案。

1. 卷材防水

卷材防水按防水层位置的不同有外防水和内防水之分（图 5-24）。外防水的防水层在迎水面，受水压力的作用紧贴在外墙上，防水效果好。而内防水的防水层在背水面，受水压力的作用使防水层局部脱开，对防水不利。因此，一般多采用外防水。卷材外防水是先在混凝土垫层上将油毡满铺整个地下室，在其上浇筑细石混凝土或水泥砂浆保护层以便浇筑钢筋混凝土底板。底层防水油毡须留出足够的长度以便与墙面垂直防水层搭接。墙体防水是先在外墙外侧抹 20mm 厚 1:3 水泥砂浆找平，并涂刷冷底子油一道，再按所需的油毡层数（不少于三层）分层用沥青胶粘贴而成。油毡须从地坪处包上来，再沿地下室墙身由上而下连续密封粘贴。根据防水要求，防水层应高出最高地下水位 500～1000mm 为宜。为保证防水层充分发挥作用，应在防水层外侧砌半砖厚保护墙一道，在保护墙与防水层之间用水泥砂浆填实，在保护墙外侧回填隔水层（如黏土、灰土等）；在隔水层外侧回填滤

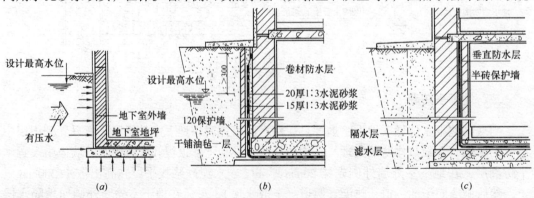

图 5-24　地下室防水处理

(a) 地下水侵水示意；(b) 墙身外防水；(c) 墙身内防水

76

水层（如炉渣、碎石等）。保护墙下应干铺油毡一层，并沿保护墙长度方向间距 5～8m 设一道垂直通缝，以便保护墙在水压、土压作用下能紧贴向防水层。

2. 防水混凝土防水

混凝土防水是由防水混凝土依靠其材料自身的憎水性和密实性来达到防水的目的。混凝土防水结构既可承重，又是围护结构，并具有可靠的防水性能，因而简化了施工，加快了工程进度，改善了劳动条件。防水混凝土分为普通防水混凝土和掺外加剂防水混凝土两种。普通防水混凝土是按要求进行骨料级配，并提高混凝土中水泥砂浆的含量，从而堵塞骨料间因直接接触而出现的渗水通路，达到防水的目的。掺外加剂的防水混凝土则是在混凝土中掺入加气剂或密实剂来提高其抗渗性能。防水混凝土墙和板厚不能太小，一般墙厚不应小于 200mm，板的厚度不小于 150mm，否则会影响抗渗效果。为了防止地下水对混凝土的侵蚀，可在墙的外侧抹水泥砂浆找平并涂刷热沥青二道。地下室混凝土防水构造如图 5-25 所示。

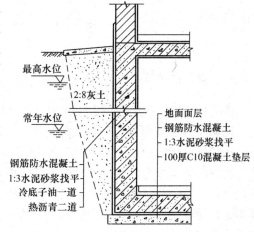

图 5-25　地下室钢筋混凝土防水处理

随着新型防水材料的不断涌现，地下室防水处理也在不断更新，如采用三元乙丙橡胶卷材、氯丁橡胶卷材等。三元乙丙橡胶卷材作地下室防水是在常温下施工，操作简便，对环境无污染。

第六章　墙　体

第一节　墙　体　概　述

一、墙体的类型

按墙体在建筑物中的位置、受力情况和构造方式的不同，可将其分成不同的类型。

1. 按墙体在建筑物中的位置分类

按墙体所处的位置不同，可分为外墙和内墙。凡位于建筑物四周的墙称为外墙，位于建筑物内部的墙称为内墙。外墙的主要作用是分隔室内外空间，抵御大自然的侵袭，保证室内空间舒适，故又称为外围护墙。内墙的主要作用是分隔室内空间，保证各空间的正常使用。凡沿建筑物长轴方向的墙称为纵墙，有外纵墙和内纵墙之分；沿建筑物短轴方向的墙称为横墙，外横墙通常称为山墙。此外，窗与窗或门与窗之间的墙称为窗间墙；窗洞下方的墙称为窗下墙；屋顶上部高出屋面的墙称为女儿墙等。如图 6-1 所示。

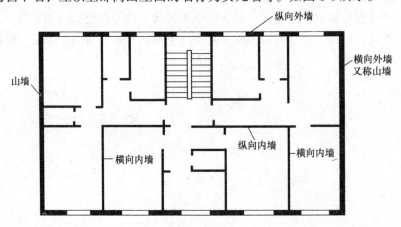

图 6-1　墙体各部分名称

2. 按墙体受力情况分类

按墙体受力情况的不同分为承重墙和非承重墙。凡直接承受其他构件传来荷载的墙称为承重墙，凡不承受其他构件传来荷载的墙称为非承重墙。非承重墙又有自承重墙、隔墙、填充墙和幕墙之分。自承重墙仅承受自身荷载而不承受外来荷载；隔墙主要用作分隔内部空间而不承受外力；填充墙用作框架结构中的墙体；幕墙是指悬挂于骨架外部的轻质墙。

3. 按墙体材料分类

按墙体所用材料的不同分为砖墙、石墙、土墙、混凝土墙以及利用各种材料制作的砌块墙、板材墙等。其中砖墙是我国传统的墙体材料，应用最为广泛。

4. 按墙体构造方式分类

按墙体构造方式可分为实体墙、空体墙、组合墙三种。实体墙为一种材料所构成的墙体，如普通砖墙、实心砌块墙等。空体墙也是一种材料构成的墙体，但材料本身具有孔洞或由一种材料组成具有空腔的墙，如空斗墙等。组合墙是由两种及两种以上的材料组合而成的墙。

二、墙体的设计要求

1. 具有足够的强度和稳定性，确保结构安全

墙体的强度与所用材料、墙体尺寸及构造和施工方式有关；墙体的稳定性则与墙的长度、高度、厚度相联系，一般是通过控制墙体的高厚比增设壁柱、利用圈梁、构造柱以及加强各部分之间的连接等措施以增强其稳定性。

2. 满足热工方面的要求，以保证房间内具有良好的气候条件和卫生条件

热工要求主要是指墙体的保温与隔热。对于墙体的保温通常是采取增加墙体的厚度、选择导热系数小的墙体材料以及防止空气渗透等措施加以解决；对于墙体的隔热，一般可以采用浅色而平滑的墙体外饰面、窗口外设遮阳等措施以达到降低室内温度的目的。

3. 满足隔声方面的要求

为防止室外及邻室的噪声影响，从而获得安静的工作和休息环境，墙体应具有一定的隔声能力。

4. 满足防火方面的要求

墙体材料的燃烧性能和耐火极限应符合防火规范的要求。在较大型建筑中，还要按防火规范的规定设置防火墙，将建筑划分为若干区段，以防止火灾的蔓延。

5. 适应建筑工业化的要求

尽可能采用预制装配式墙体材料和构造方案，为生产工厂化、施工机械化创造条件，以降低劳动强度，提高墙体施工的工效。

三、墙体结构布置方案

一般民用建筑有框架承重和墙体承重两种方式。墙体承重又可分为横墙承重、纵墙承重、纵横墙混合承重和部分框架承重四种方案，如图6-2所示。

1. 横墙承重方案

横墙承重方案是将楼板两端搁置在横墙上，荷载由横墙承受，纵墙只起围护和分隔作用。楼板的长度即横墙的间距，一般在4m以内较为经济。此方案横墙数量多，因而房屋的空间刚度大、整体性好。但建筑空间划分不够灵活，适用于使用功能为小房间的建筑，如住宅、宿舍、旅馆等民用建筑。

2. 纵墙承重方案

纵墙承重方案是将楼板搁置在内外纵墙上，荷载由纵墙承受，横墙为非承重墙，仅起分隔房间的作用。由于横墙少而房屋整体刚度差，一般应设置一定数量的横墙来拉接纵墙。此方案的建筑空间划分灵活，适用于需要较大房间的建筑，如教学楼、办公楼等。

3. 纵横墙混合承重方案

由于建筑空间变化较多，结构方案可根据需要布置，房屋中一部分用横墙承重，另一部分用纵墙承重，形成纵横墙混合承重方案。此种方式建筑物的刚度不如横墙承重方案，

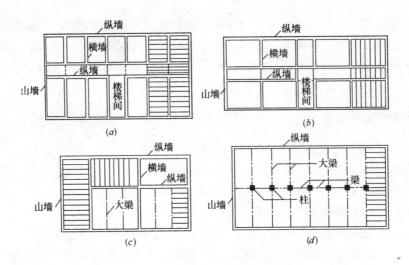

图 6-2　墙体结构的布置

(a) 横墙承重；(b) 纵墙承重；(c) 纵横墙承重；(d) 墙与内柱承重

板的类型增多，施工较麻烦，但建筑空间组合灵活。适用于开间、进深变化较多的建筑，如医院、教学楼等。

4. 部分框架承重方案

当建筑需要大空间时，采用内部框架承重，四周为墙承重。板的荷载传给梁、柱或墙。房屋的整体刚度主要由内框架保证，因此水泥及钢材用量较大。适用于内部需要大空间的建筑，如食堂、仓库、底层设商店的综合楼等。

第二节　砖　墙　构　造

一、砖墙的材料

砖墙是用砂浆和砖按一定规律砌筑而成的砌体，其主要材料是砖与砂浆。

1. 砖

砖有经过焙烧的普通烧结砖、多孔砖、空心砖以及不经焙烧的粉煤灰砖和灰砂砖等。普通烧结砖是我国传统的墙体材料，在全国普遍采用。其中以黏土为主要原料，经成型、干燥、焙烧而成的简称黏土砖，根据生产方法的不同，有红砖和青砖之分。而非烧结砖主要是指蒸养(压)砖，又称硅酸盐砖。它是以含钙材料(石灰等)和含硅材料(砂、粉煤灰、煤渣等)与水拌合，经压制成型、蒸养(压)而成，如灰砂砖、粉煤灰砖、煤渣砖等。

砖的强度等级分别有 MU30、MU25、MU20、MUl5、MU10 和 MU7.5 六个级别。

2. 砂浆

砂浆是砌体的胶结材料。它将砖块胶结成为整体，并将砖块之间的空隙填平、密实，便于使上层砖块所承受的荷载能逐层均匀地传至下层砖块，以保证砌体的强度。

砌筑砂浆常用的有水泥砂浆、石灰砂浆和混合砂浆三种。石灰砂浆由石灰膏、砂加水拌合而成，它属气硬性材料，强度不高，常用于砌筑一般次要的民用建筑中地面以上的砌体；水泥砂浆由水泥、砂加水拌合而成，它属水硬性材料，强度高，较适合于砌筑潮湿环境的砌体；混合砂浆系由水泥、石灰膏、砂加水拌合而成，这种砂浆强度较高，和易性和保水性较好，常用于砌筑工业与民用建筑中地面以上的砌体及墙面抹灰。

砂浆的强度等级划分为七个，即 M15、M10、M7.5、M5、M2.5、M1 和 M0.4。M5 级以上属高强度级砂浆，常用的砌筑砂浆是 M2.5～M15 级砂浆。

二、砖墙的组砌方式

砖墙的组砌主要指砖块在墙体中的排列方式。组砌时应上下错缝，内外搭接，不出现连续的垂直通缝，错缝距离通常为 60mm，并要求砂浆饱满、厚薄均匀。砖面的称呼有丁砖和顺砖，如图 6-3 所示。

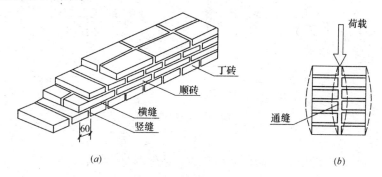

图 6-3　砖砌体的错缝搭接

（a）错缝搭接；（b）通缝

常见的砖砌体有以下几种砌筑方式：

1. 实体墙

实体墙的组砌方式如图 6-4 所示。

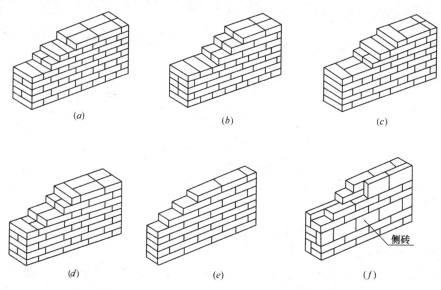

图 6-4　实体墙的组砌形式

（a）一顺一丁（240 墙）；（b）三顺一丁（240 墙）；（c）同层一顺一丁（240 墙）；

（d）三三一（240 墙）；（e）全顺式（120 墙）；（f）两平一侧（180 墙）

一顺一丁式，砌体内无通缝、整体性好，但砌筑效率低；多顺一丁式，砌筑简便，工效高，但砌体内部有通缝，整体性不如前者；同层一顺一丁、三三一式砌法，墙面图案美观、整体性好，但砌筑效率低；全顺式仅用于半砖厚的墙体；平砖与侧砖交错排列的砌法用于180mm厚砖墙。

2. 空斗墙

在一般低层建筑中，为了节约材料，减轻墙体自重，可以将砖侧砌而形成空斗墙。空斗墙的砌筑方法有无眠空斗和有眠空斗两种，如图6-5所示。

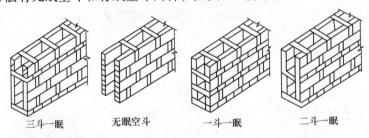

三斗一眠　　　　无眠空斗　　　　一斗一眠　　　　二斗一眠

图6-5　空斗墙

3. 组合墙

为改善墙体的热工性能，外墙可采用砖与其他保温材料结合而成的组合墙。组合墙一般有内贴保温材料、中间填保温材料以及在墙体中间留空气间层等构造做法。如图6-6所示。

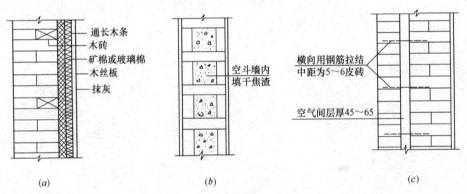

图6-6　组合墙
（a）外实内贴组合墙；（b）夹心组合墙；（c）空气间层组合墙

三、砖墙的尺度

砖墙的尺度包括墙体厚度和墙段尺寸两个方面的内容。

1. 砖墙的厚度

确定砖墙的厚度应考虑以下几个方面的因素：（1）符合砖的规格；（2）满足结构方面的要求；（3）满足保温与隔热方面的要求；（4）满足隔声方面的要求和建筑防火方面的要求。

标准砖与墙体厚度的关系如图6-7所示。

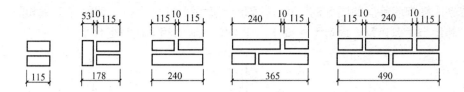

图 6-7 墙厚与标准砖规格的关系

砖墙的厚度尺寸见表 6-1。

砖墙厚度的尺寸（单位：mm）   表 6-1

墙厚名称	$\frac{1}{4}$砖	$\frac{1}{2}$砖	$\frac{3}{4}$砖	1 砖	$1\frac{1}{2}$砖	2 砖
标志尺寸	60	120	180	240	370	490
构造尺寸	53	115	178	240	365	490
习惯称呼		12 墙	18 墙	24 墙	37 墙	49 墙

2．砖墙洞口与墙段尺寸

（1）洞口尺寸

门窗洞口应符合建筑模数的规定，这样可以减少门窗规格，有利于工业化生产，提高建筑工业化程度。我国各地编制的门窗标准图集多按扩大模数 3M 的数列编制，因此，在一般情况下应考虑符合扩大模数 300mm 的倍数，当洞口尺寸较小时，可按基本模数 100mm 的模数数列确定。

（2）墙段尺寸

指窗间墙、转角墙等部位墙体的长度。墙段尺寸主要根据砖的规格和结构的要求两个因素来确定。

为避免在砌筑墙体时大量砍砖，墙段尺寸应符合砖的模数。墙段是由砖和灰缝组成，墙段尺寸确定时，可按下式进行计算：$l = N(115 + 10) - 10(\text{mm})$。式中，$l$ 为墙段长度，N 为半砖的数量，115 为半砖的尺寸，10 为灰缝的宽度。式中考虑了半砖的数量比灰缝的数量多一个。灰缝的宽度允许在 8 ~ 12mm 范围以内调整，当墙段较短时，灰缝的数量少，调整的范围也小，所以当墙段长度在 1m 以内时，调整的范围允许增减 10mm；当其长度在 1 ~ 1.5m 时，调整范围允许增减 20mm；当墙段长度在超过 1.5m 时，灰缝调整范围较大，可不考虑符合砖的模数。

四、砖墙的细部构造

1．墙脚构造

墙脚通常是室内地面以下、基础以上的这段墙体。墙脚包括勒脚、散水、明沟、防潮层等部分。

（1）勒脚

指外墙接近室外地面处的表面部分。其主要作用是保护墙脚、加固墙身并具有一定的装饰效果。根据所用材料的不同，勒脚的做法有抹灰（如水泥砂浆、水刷石等）、贴面（如花岗石、大理石、水磨石等天然石材或人造石材）、适当增加勒脚墙体的厚度或用石材代替砖砌成勒脚墙等。如图 6-8 所示。勒脚的高度主要取决于防止地面水上溅和防止室内受潮，并适当考虑建筑立面造型的要求，常与室内地面相平或与窗台平齐。

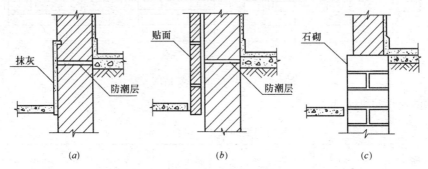

图 6-8　勒脚的做法

（a）抹灰；（b）贴面；（c）石材

（2）散水与明沟

为了防止雨水和室外地面水沿建筑物渗入而危害基础，因而需在建筑物四周勒脚与室外地面相接处设置明沟或散水，将勒脚附近的地面水排走。

散水宽度一般为 600 ~ 1000mm，并要求比采用无组织排水的屋顶檐口宽出 200mm 左右，坡度通常为 3% ~ 5%，外边缘比室外地面高出 20 ~ 30mm 为宜。散水所用材料有混凝土、三合土、砖及石材等，构造做法如图 6-9 所示。

明沟宽度通常不小于 200mm，并使沟的中心与无组织排水时的檐口边缘线重合，沟底

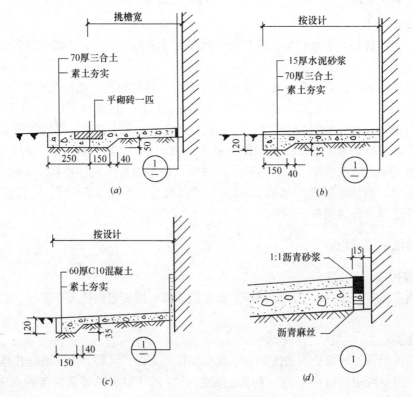

图 6-9　散水构造做法

纵坡一般为 0.5% ~ 1%。明沟材料做法可为混凝土浇筑或用砖石砌筑并抹水泥砂浆。常见做法如图 6-10 所示。

（3）墙身防潮

设防潮层的目的是防止土壤中的潮气和水分由于毛细管作用沿墙面上升，提高墙身的坚固性与耐久性，保持室内干燥卫生。

防潮层的位置：当室内地面垫层为混凝土等密实材料时，设在低于室内地坪 60mm 处，并要求高于室外地面 150mm 及其以上。当室内地面垫层材料为透水材料时，其位置可与室内地面平齐或高出 60mm。当内墙两侧地面出现高差时，应在墙身内设高底两道水平防潮层，并在土壤一侧设垂直防潮层。

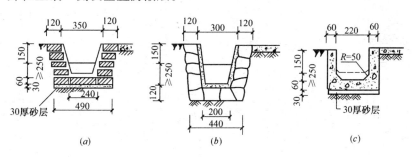

图 6-10　明沟构造做法
（a）砖砌明沟；（b）石砌明沟；（c）混凝土明沟

防潮层的做法通常有防水砂浆防潮层、油毡防潮层、细石混凝土防潮带三种。构造如图 6-11 所示。当墙脚采用石材砌筑或混凝土等不透水材料时，不必设防潮层。

2. 窗台构造

凡位于窗洞口下部的墙体构造称为窗台。根据窗框的安装位置可形成内窗台和外

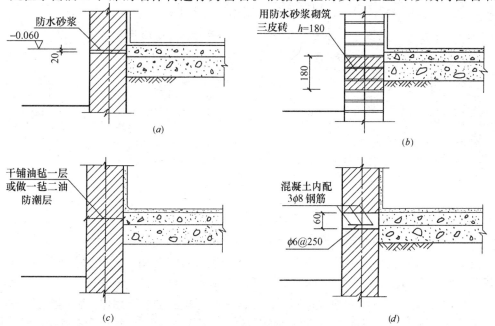

图 6-11　墙身防潮做法

窗台。

外窗台的主要作用是排泄雨水，内窗台的主要作用是保护墙面并可放置物品。

外窗台按其与墙面的关系可分为悬挑窗台和不悬挑窗台。当墙面不做装修或用砂浆抹面时宜用悬挑窗台，当墙面装修材料抗污染能力较强时可做不悬挑窗台。窗台的构造要求是：悬挑窗台挑出墙面不小于 60mm，窗台下做滴水，无论是悬挑还是不悬挑窗台表面都应形成一定的排水坡度并做好密缝处理。内窗台可用水泥砂浆抹面或预制水磨石板及木窗台板等做法。窗台构造如图 6-12 所示。

3.过梁构造

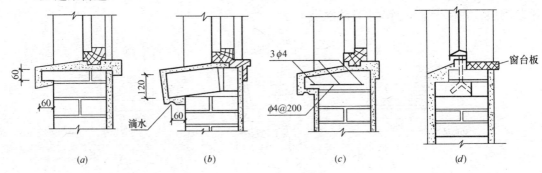

图 6-12　窗台的构造

（a）平砌砖窗台；（b）侧砌砖窗台；（c）混凝土窗台；（d）不悬挑窗台

位于门窗洞口上的承重构件称为过梁。其主要作用是承重并将荷载传递到洞口两侧的墙体上。根据材料和构造方式的不同，有钢筋混凝土过梁、砖过梁及钢筋砖过梁三种。

钢筋混凝土过梁承载能力高，可用于较宽的门窗洞口，其中预制钢筋混凝土过梁便于施工，是最常用的一种。其断面形式有矩形和"┌"形两种，断面尺寸考虑符合砖的规格，有 60、120、180、240mm 等。过梁两端伸入墙体内的支承长度不小于 240mm。当设计需做窗眉板时，可按要求出挑，一般可挑出 300～500mm。如图 6-13 所示。

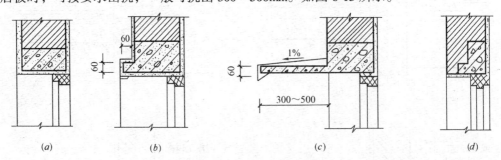

图 6-13　钢筋混凝土过梁

平拱砖过梁是将砖侧砌而成，灰缝上宽下窄使砖向两边倾斜，两端下部伸入墙内 20～30mm，中部起拱高度约为跨度的 1/50。采用平拱砖过梁时洞口宽度应不大于 1.2m。通常可用作墙厚在 240mm 及其以上的非承重墙门窗洞口过梁。如图 6-14 所示。

钢筋砖过梁是在砖缝中配置钢筋，形成能承受弯矩的加筋砖砌体。钢筋直径用 6mm，间距不大于 120mm，钢筋伸入墙内不小于 240mm。适用跨度一般不大于 2m。如图 6-15

所示。

4. 圈梁构造 圈梁是指沿建筑物外墙四周及部分内墙设置的连续封闭的梁。其主要作用是增加墙体的稳定性，提高房屋的整体刚度，减少地基不均匀沉降而引起的墙身开裂，提高房屋的抗震能力。

圈梁的数量与房屋的高度、层数

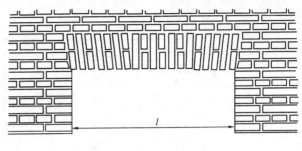

图 6-14 平拱砖过梁

及地震烈度等有关，圈梁的位置根据结构的要求确定。圈梁有钢筋混凝土和钢筋砖两种做法。如图 6-16 所示。其中钢筋混凝土圈梁应用最为广泛，其断面高度不小于 120mm，宽度不小于 240mm。圈梁应连续地设在同一水平面上，并做成封闭状，如遇门窗洞口不能通过时，应增设附加圈梁以确保圈梁为一连续封闭的整体，构造要求如图 6-17 所示。

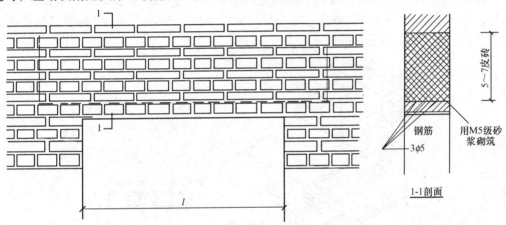

图 6-15 钢筋砖过梁

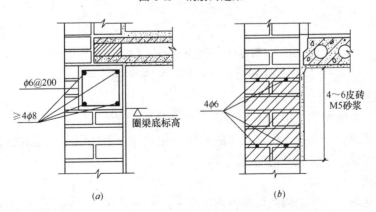

图 6-16 圈梁的构造

(a) 钢筋混凝土圈梁；(b) 钢筋砖梁

5. 构造柱

在房屋四角及内外墙交接处、楼梯间等部位按构造要求设置的现浇钢筋混凝土柱称为

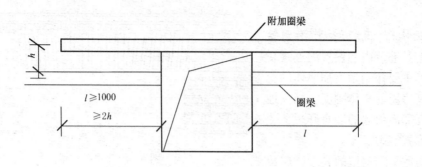

图 6-17　附加圈梁

构造柱。构造柱的主要作用是与圈梁共同形成空间骨架，以增加房屋的整体刚度，提高墙体抵抗变形的能力。

钢筋混凝土构造柱下端应锚固于基础之内，断面尺寸一般为 240mm × 240mm，内配 4ϕ12 主筋，箍筋间距不大于 250mm，墙与柱之间沿墙高每 500mm 设 2ϕ6 钢筋拉结，每边伸入墙内不少于 1m。如图 6-18 所示。

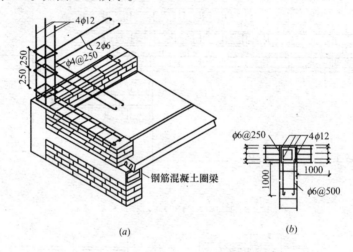

图 6-18　砖砌体中的构造柱

（a）外墙转角处构造柱；（b）内外墙相交处构造柱

6. 变形缝构造

建筑物由于温度变化、地基不均匀沉降以及地震力的影响，会导致结构开裂以至破坏，设计时将建筑物分为若干相对独立的部分，允许其自由变形而设置的缝称为变形缝。变形缝包括伸缩缝、沉降缝和防震缝三种。

（1）伸缩缝

当气温变化时，墙体会因热胀冷缩而出现不规则的裂缝。为预防这种情况，在建筑物沿长度方向的适当位置设置竖缝，让房屋有自由伸缩的余地。这种缝称为伸缩缝或温度缝。由于基础部分受气温变化的影响较小，而基础不必断开，但应自基础顶面开始，将上部的结构全部断开。

伸缩缝的宽度一般为 20～30mm。墙体伸缩缝依墙厚的不同可做成平缝、错口缝及企口缝（图 6-19）。为防风、雨对室内的影响，缝内应填具有防水、防腐性能的弹性材料，如沥青麻丝、橡胶条、塑料条等。外墙面上用金属调节片或用雨水管盖缝，内墙面上则应用木质盖缝条加以装饰。伸缩缝构造如图 6-20 所示。

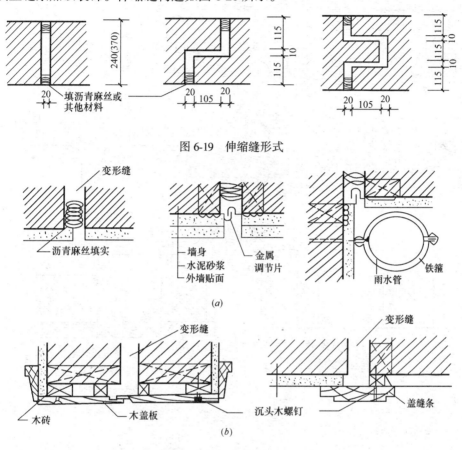

图 6-19　伸缩缝形式

图 6-20　墙身伸缩缝
（a）外墙伸缩缝处理；（b）内墙伸缩缝处理

（2）沉降缝

当建筑物的地基承载力差别较大或建筑物相邻部分的高度、荷载或结构形式有较大不同时，为了防止建筑物因不均匀沉降而破坏，应设置沉降缝。沉降缝应自基础底面开始，将上部结构全部断开。

沉降缝宽度的确定与地基情况和建筑物的高度等因素有关，一般不小于 50mm。墙身沉降缝与伸缩缝构造基本相同，但外墙沉降缝常用金属调节片盖缝，它要求调节片能允许在垂直方向保证建筑物的两个独立单元能自由下沉而不致破坏。构造做法如图 6-21 所示。

（3）防震缝

为了防止建筑物的各部分在地震时相互撞击造成变形和破坏而设置的缝称防震缝。通常在建筑平面体型复杂、高差变化较大或建筑物各部分的结构刚度及荷载相差悬殊时应考虑设置防震缝。防震缝的宽度与建筑的结构形式和地震设防烈度等因素有关，一般不小于 50mm。墙身防震缝构造与伸缩缝基本相同，防震缝应沿建筑全高设置，但基础一般不设缝。防震缝两侧的承重墙或柱通常做成双墙或双柱，缝内不允许有砂浆、碎砖或其他硬杂物掉入。防震缝构造如图 6-22 所示。

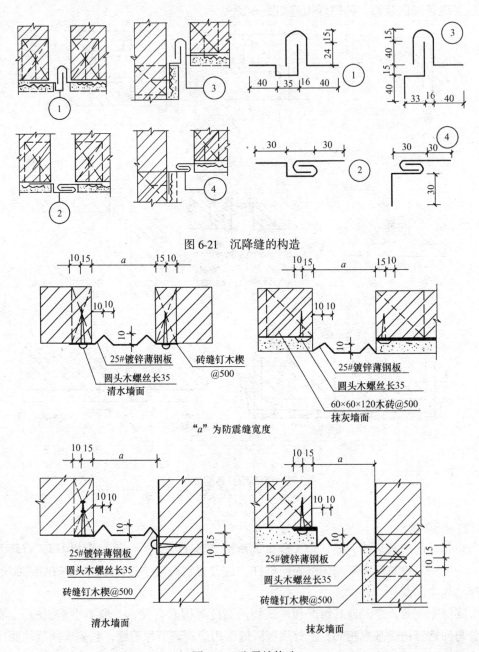

图 6-21　沉降缝的构造

"a" 为防震缝宽度

图 6-22　防震缝构造

第三节　隔　墙　构　造

建筑物中不承重，只起分隔室内空间作用的墙体称为隔断墙。通常人们把到顶板下皮的隔断墙称为隔墙；不到顶只到半截的墙称为隔断。

一、隔墙的类型

按构造方式的不同，隔墙可分为以下几种：

块材隔墙：是指用普通砖、空心砖或其他轻质砌块砌筑的隔墙。

立筋隔墙：是由木质骨架或金属骨架与墙体面材两部分构成，如板条隔墙。

板材隔墙：是采用工厂生产的预制条形板材，现场裁切，再用砂浆粘合剂固定而成，如钢筋混凝土夹心板隔墙。

二、常用隔墙的构造

（1）普通砖隔墙

普通砖隔墙分 1/2 砖和 1/4 砖两种。

1/2 砖隔墙，即 120 墙。可采用全顺式砌筑，到顶后改为斜砌式，以保证与顶部楼盖的有效连接。为提高墙体的稳定性，一般沿高度每隔 10～15 皮砖放 1φ6 钢筋、或用 5mm×20mm 扁钢 2 根，并使墙体两端与主体墙连牢，砌砖用砂浆强度等级不低于 M5 水泥砂浆。构造如图 6-23 所示。

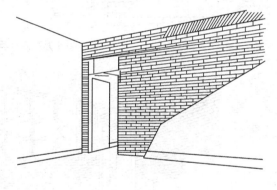

图 6-23　1/2 砖厚隔墙

1/4 砖隔墙采用单砖侧立砌，砌砖用砂浆为不低于 M5 水泥砂浆并双面粉刷，为提高稳定性，可沿隔墙高度每隔 500mm 压砌 2φ4 钢丝，并保证钢丝与主墙间的有效拉结。如图 3-24 所示。

（2）砌块隔墙

砌块隔墙的砌块有粉煤灰硅酸盐砌块、加气混凝土砌块、水泥炉渣空心砌块等。墙的厚度由砌块尺寸而定、一般为 100mm 或 125mm，砌块隔墙和普通砖隔墙构造一样，当采用防潮性能较差的砌块时，宜在墙下部砌 3～5 皮黏土砖作垫层。构造如图 6-25 所示。

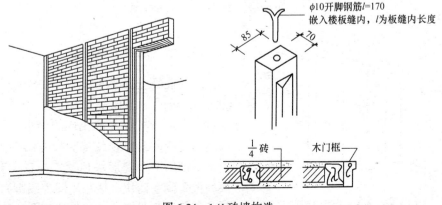

图 6-24　1/4 砖墙构造

三、灰板条隔墙

灰板条隔墙由上槛、下槛、立筋（也称龙骨或墙筋）、斜撑或横档组成骨架，然后将板条钉在骨架上，最后在板条两侧抹灰而成。

上、下槛与立筋断面一般为 50mm×70mm，或 50mm×100mm。立筋间距为 500mm 左右，斜撑间距为 1.5m 左右，断面同立筋断面。板条断面有 30mm×7.5mm、36mm×9mm 和 45mm×6mm 几种，长度分别为 800、1000、1200、1500、2000mm 几种。安装时先形成骨架，然后在其两侧钉板条。板条应分段交错钉，板条横向缝隙为 3～5mm，竖向缝隙为 6～10mm，以利抹灰层的嵌入，增加抹灰同板条的咬合力。构造如图 6-26 所示。

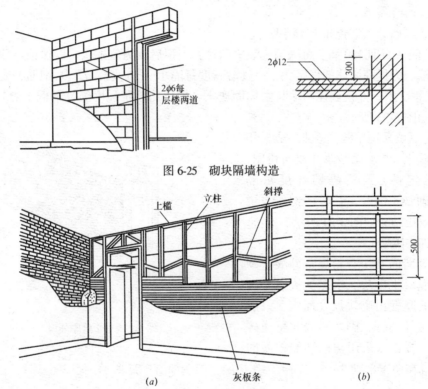

图 6-25　砌块隔墙构造

图 6-26　板条抹灰隔墙
（a）板条构造示意图；（b）板条的钉法

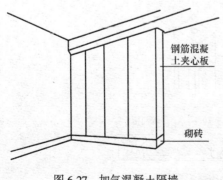

图 6-27　加气混凝土隔墙

四、加气混凝土隔墙板

加气混凝土板厚度为 125～250mm，宽度为 600mm，长度一般比隔墙净高小 100～150mm，安装时，把与板块上部相连的梁板等下口剔出沟槽，把板的上口顶住梁、板等结构下部沟槽内，下部用两个楔形块顶紧，并在没有楔形木块的位置砌上砖块（抹灰后即为踢脚），再修补腻子粉刷即为隔墙。构造做法如图 6-27 所示。

除上述隔墙外，还有石膏板隔墙、泰柏板隔墙等多种形式隔墙，在此不一一介绍。

第四节 复 合 墙 体

一、复合墙体的类型

复合墙体是由两种或两种以上材料组成的。复合墙的复合方式一般有 3 种：
(1) 在墙的内侧敷设保温材料。
(2) 在墙中间填充保温材料。
(3) 在墙中间设置空气间层。
在产石材的地区用石材砌墙时，还可用石材和砖砌成复合墙。

二、复合墙的构造

在砖墙或钢筋混凝土墙体的内侧复合轻质保温板材时，常用的材料有充气石膏板（体积质量小于等于 510kg/m³）、水泥聚苯板（体积质量 280～320kg/m³）、粘合珍珠岩板（体积质量 360～400kg/m³）、纸面石膏聚苯复合板（体积质量 870～970kg/m³）、纸面石膏岩棉复合板（体积质量 930～1030kg/m³）、纸面石膏玻璃复合板（体积质量 882～982kg/m³）、无筋石膏聚苯复合板（体积质量 870～970kg/m³）、纸面石膏聚苯板（体积质量 870～970kg/m³）等。

主体结构为砖墙时，其厚度为 180mm 或 240mm；为钢筋混凝土墙时，其厚度为 200mn，或 250mm，保温板材的厚度为 50～90mm，若作空气间层时，其厚度为 200mm。复合墙体的构造做法如图 6-28 所示。

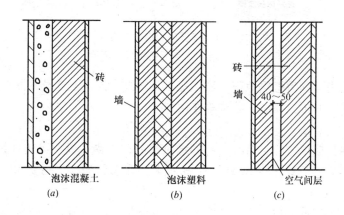

图 6-28 复合墙体的构造
(a) 保温层在外侧；(b) 夹芯构造；(c) 利用空气间层

第七章　楼板层与地面

楼板层与地面是房屋的重要组成部分，是为人们从事学习、工作、休息等方面必需的设施。

楼板是房屋楼层间的水平承重、分隔构件，地面是直接承受其表面上的人和设备的各种物理、化学作用的面层，并通过它传给其下部的地基。

第一节　楼板层的组成及设计要求

一、楼板层的组成

楼板层主要由面层、结构层、顶棚三部分组成，如图 7-1 所示。

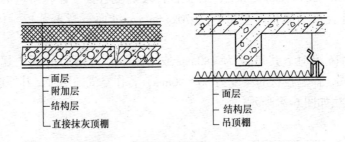

图 7-1　楼板层的构造与组成

1. 面层

楼板层的上表面称为楼层地面，简称楼面。直接与人、家具设备等直接接触，并起到保护结构层、承受并传递荷载、装饰等作用。

2. 结构层

位于面层和顶棚层之间，是楼板层的承重部分，由梁、板承重构件组成，简称楼板。它承受楼板层的全部荷载并传给墙或柱，故应具有足够的强度、刚度和耐久性。

3. 顶棚

位于楼板最下表面，也是室内空间上部的装修层，称为顶棚，俗称天花板。起到保护结构层和装饰等作用，构造做法有直接抹灰和吊顶等形式。

此外，有时根据楼板层的具体功能要求还应设置功能层（附加层），如保温层、隔热层（改善热工性能的构造层）、防水层（用来防止水渗透的构造层）、防潮、防腐（用来保证工作、学习和生活所需的环境）、隔声层（为了隔绝撞击声而设的构造层）等。它们位于面层与结构层或结构层与顶棚之间。

二、楼板层的设计要求

为保证楼板层的结构安全和正常使用，楼板层设计应满足下列要求：

1. 具有足够的强度和刚度

楼板作为承重构件应具有足够的强度以承受楼面传来的荷载作用。为满足正常使用要求，楼板层必须具有足够的刚度，以保证结构在荷载作用下的变形在允许范围之内。

2. 具有防火、隔声、保温、隔热、防潮、防水等能力

楼板层应对应建筑物的等级和防火要求来设计，以避免和减少火灾引起的危害。为避免噪声影响相邻房间，楼板层必须具有一定的隔声能力。同时，为保证正常使用要求，楼板层还应具有足够的保温、隔热、防潮、防水等各方面功能。

3. 具有经济合理性

由于楼板层的造价占整个建筑造价的比例较高，故应保证楼板层质量与房屋的等级标准、房间的使用要求相适应，尽量降低其造价。

第二节　楼板的类型与构造

一、楼板的类型

按使用的材料，楼板可分为：木楼板、砖拱楼板、钢筋混凝土楼板和钢衬板组合楼板。

1. 木楼板

木楼板构造简单、自重轻、保温性能好，但防火、耐久性差，而且木材消耗量大，故目前应用较少。如图 7-2（a）所示。

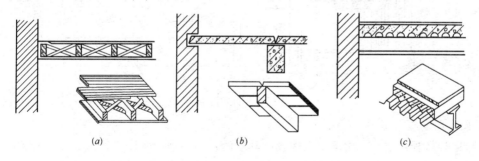

图 7-2　楼板的类型
（a）木楼板；（b）钢筋混凝土楼板；（c）钢衬组合楼板

2. 钢筋混凝土楼板

钢筋混凝土楼板具有强度高、刚度大、耐久性好、防火及可塑性能好，便于工业化施工等特点，是目前采用极为广泛的一种楼板。根据施工方法的不同又可分为现浇整体式、预制装配式、装配整体式三种类型。如图 7-2（b）所示。

3. 钢衬板组合楼板

利用压型钢板代替钢筋混凝土楼板中的一部分钢筋，同时兼起施工用模板而形成的一

种组合楼板，具有强度高、刚度大、施工快等优点，但钢材用量较大，是目前正推广的一种楼板。如图7-2（c）所示。

二、现浇钢筋混凝土楼板构造

现浇钢筋混凝土楼板是经现场支设模板、绑扎钢筋（一般用光圆钢筋，目前正在推广冷拔带肋刻痕钢丝，具有强度高且与混凝土有较好的粘结力等优点）、浇筑并振捣混凝土、养护等工序而制成的楼板。具有整体性好、抗震性强、防水抗渗性好，适应各种建筑平面形状变化等优点，但仍存在模板用量多，钢筋易锈蚀，故应有足够的保护层厚度（一般不小于15mm），现场湿作业量大，受季节影响等不足。目前施工中已采用大规格模板，并通过组织好施工，加强流水作业等方法逐步改善，所以目前被广泛地应用。

现浇钢筋混凝土楼板可分为板式楼板、肋梁楼板、无梁楼板、钢衬板组合楼板。

1. 板式楼板

板式楼板是直接支承在墙上，厚度相同的平板。荷载直接由楼板传给墙体，不需另外设梁，由于采用大规格模板，板底平整，有时顶棚可不另外抹灰（模板间混凝土的"接缝"需打磨平整），目前现浇楼板被较多采用（适用于居住类建筑）。

2. 肋梁楼板

肋梁楼板适用于开间、进深尺寸大的房间，如果仍然采用板式楼板，必然要加大板的厚度，增加板内配筋，致使自重加大，不经济，在此情况下可在适当位置设置肋梁，故称为肋梁楼板，如图7-3所示。肋梁楼板具体又可分为单向板楼板、双向板楼板、井式楼板。

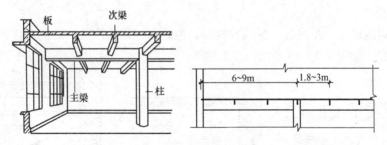

图7-3 肋梁楼板

（1）单向板楼板

单向板楼板由主梁、次梁、板构成，其板的长边与短边跨度之比大于2。主梁跨度一般为6~9m，截面高度为主梁跨度的1/14~1/8，宽度为梁高的1/3~1/2。次梁的跨度（即主梁间距）一般为4~7m，截面高度为次梁跨度的1/18~1/12，宽度为梁高的1/3~1/2。板的跨度（即次梁的间距）一般为1.8~3.0m，板厚不小于其跨度的1/40（一般取70~100mm），板内受力钢筋沿短边方向布置（在板的受拉一侧，并留出保护层厚度）、分布筋沿长边方向布置（在受力钢筋的内侧）。受力与传力方式如图7-4（a）所示。楼板直接承受荷载并传递给次梁、次梁承受荷载并传给主梁、主梁将荷载传给柱或墙体。

（2）双向板楼板

双向板楼板由板、肋梁构成，其板的长边与短边跨度之比小于等于2。对于单跨简支板，板厚不小于短边跨度的1/45，对于连续双向板的板厚不小于短边跨度的1/50，板的两个方向均布置受力钢筋（短边方向的受力钢筋放在外侧）。如图 7-4（b）所示。

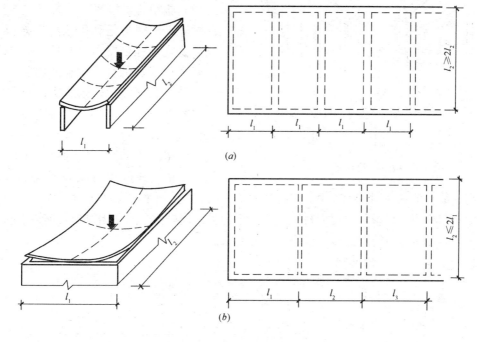

图 7-4　楼板的受力与传力形式
（a）单向板；（b）双向板

3. 井式楼板

房间平面形状为方形或接近方形（长边与短边之比小于 1.5）时，两个方向上的梁正放正交或斜放正交，梁的截面尺寸相同等距离布置而形成方格，方格上布置楼板，这种形式的楼板称为井式楼板，如图 7-5 所示。梁跨可达 30m，板跨一般为 3m 左右。井式楼板一般井格外露，产生结构带来的自然美感，房间内不设柱，适用于门厅、大厅、会议室、小型礼堂等。

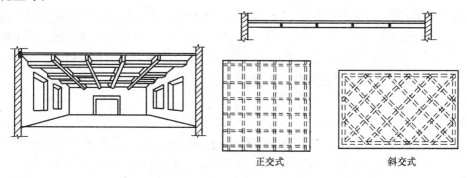

正交式　　　　　　斜交式

图 7-5　井式楼板

4. 无梁楼板

无梁楼板是将板直接支承在柱和墙上而不设梁的楼板，如图 7-6 所示。一般在柱顶设置柱帽，以增大柱对楼板的支承面积和减小板的跨度，柱网一般为间距不大于 6m 的方形网格，板厚不小于 120mm。无梁楼板顶棚平整，楼层净空大、采光、通风好，多用于楼板

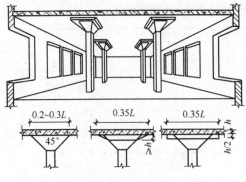

图7-6 无梁楼板

上活荷载较大的商店、仓库、展览馆等建筑。

5.钢衬板组合楼板

钢衬板组合楼板是利用压型钢衬板，分单层或双层支承在钢梁上，然后在其上现浇钢筋混凝土而形成的整体式楼板结构，主要用于大空间的高层民用建筑或大跨度的工业建筑。如图7-7所示。由于压型钢板作为混凝土永久性模板，简化了施工程序，加快了施工进度，压型钢板的肋部空间可穿设电力管线，悬吊管道，或制作吊顶棚的支托。但造价较高，故目前在我国较少采用。其构造由楼面层、组合板和钢梁三部分组成，构造形式有单层钢衬板组合楼板和双层钢衬板组合楼板两类，钢衬板之间和钢衬板与钢梁之间的连接，一般采用焊接、螺栓连接、铆钉连接等方法。

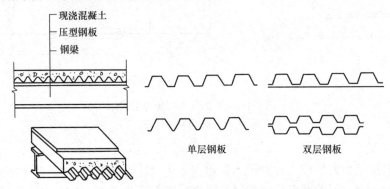

图7-7 钢衬板组合楼板

三、预制装配式钢筋混凝土楼板构造

预制钢筋混凝土楼板是指在预制厂或施工现场制作并在工地进行安装的楼板。这种楼板可提高工业化施工水平，节约模板，缩短工期，尤其是采用预应力楼板时可减小构件的变形、裂缝。但整体性较差，故近几年在抗震区的应用范围受到很大限制。

1．预制钢筋混凝土楼板的种类

（1）实心平板

预制实心平板跨度一般较小，不超过2.4m，预应力实心平板可达到2.7m，板厚为跨度的1/30，一般为60～100mm，宽度为600mm或900mm。预制实心平板板面平整，制作简单，安装方便。由于跨度较小，通常用作走道板、架空隔板、地沟盖板等。如图7-8所示。

（2）槽形板

在实心平板的两侧或四周设边肋而形成的槽形板，属于梁、板组合构件。由于有小肋承担板上全部荷载，故板厚仅为25～40mm，槽形板的跨度可达7.2m，宽度有600、900、1200mm等，肋高为板跨的1/25～1/20，通常为150～300mm。如图7-9所示。槽形板具有自重轻、受力合理等优点。

槽形板依具体安装不同可分为正槽板（板肋朝下）和反槽板（板肋朝上）两种，如图7-9所示。正槽板由于板底不平，通常须设吊顶。反槽板受力不如正槽板合理，安装后楼面不平整，可在肋与肋之间填放松散材料，解决隔声、保温、隔热等问题。

（3）空心板

空心板是把板的内部做成孔洞，与实心平板相比，在不增加钢筋和混凝土用量的前提下，可提高构件的承载能力和刚度，减轻自重，节省材料，其孔洞有方孔和圆孔两种。空心板制作较方便，自重轻，隔热、隔声效果好，但板面不能随便开洞，以避免破坏板肋，影响承载能力。板厚依其跨度大小有120、180、240mm等，板宽有600、900、1200mm等。如图7-10所示。

图 7-8　实心板　　　　　　　图 7-9　槽形板　　　　　　　图 7-10　空心板

空心板在安装前，板端孔洞应用预制混凝土块或砖块砂浆堵严（安装后要穿导线，上部无墙体板除外）以提高承受上部墙体传来的各种荷载（墙体自重、上部各层楼板的自重和活荷载等）时的板端抗压能力、传载能力和避免传声、传热、灌浆材料渗入等。

2. 预制装配式钢筋混凝土楼板的构造

（1）安装的一般要求

1）支承楼板的墙或梁表面应平整，其上用M5水泥砂浆坐浆，厚度为20mm，以避免板缝的产生和发展。

2）板支承在墙上搁置长度不小于100mm，支承在钢筋混凝土梁上的搁置长度不小于80mm，以满足传递荷载、墙体抗压的要求。

3）预制板一般为单向受力构件，不得把预制板搭在与长边平行的墙上，也不能当作悬臂板使用，以避免无筋一侧受拉而破坏。

4）预制板上不得凿孔，板端不得开口，板端钢筋不得剪断，否则会因受损而严重影响承载能力，甚至造成板体破坏。

5）板缝用C20细石混凝土灌实，以加强板与板的联系，增强建筑刚度。

（2）安装节点构造

1）板支承在梁上。因梁的断面形状不同有3种情况。当板搁置在梁顶，梁板的高度较大，如图7-11（a）所示；当梁的截面形状为花篮形、T形时，可把板搁置在梁侧挑出部分，板不占用高度，当层高不变时，故此种安装形式可以提高梁底标高，增大净空高度，如图7-11（b）、图7-11（c）所示。

2）板支承在墙上。用拉接筋将板与墙连接起来。非地震区，拉接筋间距不超过4m，地震区依设防要求而减小，如图7-12（a）、（b）、（c）、（d）所示。

3）板边与外墙平行。板不得深入平行墙内以免"自由"边受力而破坏，其构造做法如图7-12（e）、（f）所示。

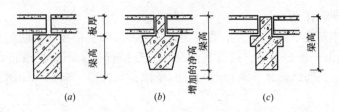

图 7-11 板在梁上的搁置

4) 板边与内墙平行。其构造做法如图 7-12（g）、（h）所示。

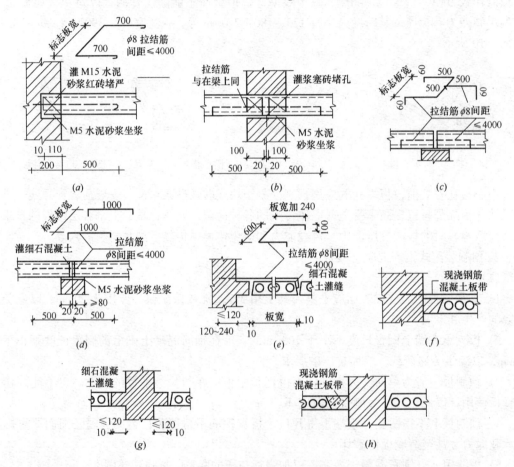

图 7-12 预制板安装节点构造

（a）板支撑在外墙；（b）板支撑在内墙上；（c）内墙上两侧板的位置；（d）内墙上两侧板的位置相对；（e）板的平行外墙砌挑砖；（f）板与平行外墙间设现浇板带；（g）板的平行内墙砌挑砖；（h）板与平行内墙

（3）板缝的调整

预制钢筋混凝土板一般均为标准的定型构件，具体布置时数块板的宽度尺寸之和（含板缝）可能与房间的净宽（或净进深）尺寸间出现一个小于一个板宽的空隙。此时可按下列措施解决。

1) 调整板缝宽度：一般板缝宽为 10mm，必要时可把板缝加大到 20mm 或更宽。但当超过 20mm 时，板缝内应计算配筋，支模板并用 C20 以上的混凝土浇筑板缝。

2）挑砖：由平行于板长边的墙砌出长度不超过 120mm 与板上下表面平齐的挑砖，以此来调整板缝。此法由于浪费工时，应用较少。

3）交替采用不同宽度的板：通过计算，选择不同规格的板进行组合，以避免出现大于 20mm 的板缝。

4）采用调缝板：制作相应数量（经计算）的宽度为 400mm 的拼缝板，用以调整板的空隙。

5）现浇板带：将板间大于 20mm 的板缝内（按预制板的配筋）做现浇板带，可调整任意宽度板缝，同时也增强了板与板之间的连接，可避免在使用阶段产生板缝，故此法应用较多。

（4）楼板层的细部构造

1）楼板层的防水与排水。为了便于排出室内积水，楼面应有 1% ~ 1.5% 的坡度，并坡向地漏。同时为防止室内积水外溢，有水房间（如厨房、卫生间等）楼地面标高应比其他房间及走廊低 20 ~ 30mm，或设相同高度的门槛。有水房间楼板应采用现浇楼板并设一道防水层，一般采用防水卷材、防水砂浆或防水涂料等。防水层沿房间四周墙边向上深入 150mm，同屋面泛水构造做法，如图 7-13 所示。给排水管道穿过楼板处的防渗漏有两种方法：一种对于冷水管道，可在管道穿过楼板处用 C20 干硬性细石混凝土填实，再用防水涂料或防水砂浆作密封处理；另一种对于热水管道穿过楼板处，考虑热胀冷缩的变化影响，在管道与楼板相交处安装直径稍大的套管，并高出楼地面 30mm 以上，套管与管道间缝隙内填塞弹性防水材料，如沥青麻丝上嵌防水油膏。如图 7-14 所示。

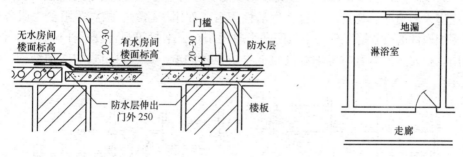

图 7-13　楼板层的防水与排水

2）楼板与隔墙。隔墙若设置在楼板上时，一定要使隔墙沿楼板的受力方向布置，以保证安全适用。尽量选轻质材料隔墙以减小楼板受力，且尽量避免由一块板承受隔墙。另外，可以在隔墙对应的楼板下设梁，如图 7-15（a）所示；或将隔墙设在槽形板的纵肋

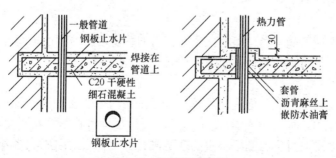

图 7-14　管道穿过楼板

上，如图7-15（b）所示；或将隔墙设在板缝间的暗梁上，如图7-15（c）所示。

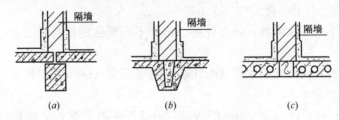

图 7-15　隔墙在楼板上的搁置
（a）板下设梁；（b）槽形板纵肋；（c）板缝设暗梁

第三节　阳台与雨篷

一、阳台

阳台是楼房各层与房间相连的室外平台，为人们提供的室外活动空间，可起到纳凉、观景、晒衣、储存物品、养花、装饰建筑立面等作用。

1. 阳台的类型

阳台按其与外墙的相对位置分为挑阳台、凹阳台、半凹半挑阳台；按其在建筑物平面位置可分为中间阳台和转角阳台；按其使用功能可分为生活性阳台和服务性阳台，如与居室等相连供人们纳凉、观景的阳台为生活性阳台，如用于储物、晒衣等阳台为服务性阳台；依围护构件的设置情况分为半封闭和全封闭阳台，半封闭阳台设栏杆只起安全保护、装饰作用。在北方冬季有时考虑温度较低常设栏板和窗，形成封闭式的围护结构。如图7-16 所示。

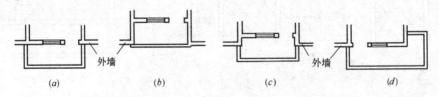

图 7-16　阳台的类型
（a）挑出阳台；（b）凹阳台；（c）半凸半凹阳台；（d）转角阳台

2. 阳台的结构布置

（1）墙承式

将阳台板（可预制或现浇）支承在墙上，板的跨度通常与相连房间开间一致，其结构简单、施工方便，多用于凹阳台，如图7-17（a）所示。

（2）挑板式

一般外挑长度以 1~1.5m 为宜，是较为广泛采用的一种结构布置形式。一种可利用预制楼板延伸外挑作阳台板，如图7-17（b）所示；另一种可将阳台板与过梁、圈梁整浇一起而形成，此时要求与过梁、圈梁垂直的现浇阳台托梁伸入房间的横墙内，或者是将相连房间的楼板一定宽度或全部现浇作为阳台板的配重平衡构件，托梁伸入墙内的长度和房间现浇板宽不得小于阳台悬挑长度的 1.5 倍，如图 7-17（c）所示。

（3）挑梁式

在与阳台相连房间的两道内墙设预制（或现浇）挑梁，在挑梁上铺设预制（或现浇）的阳台板。有时考虑挑梁端部外露，影响美观，可在端部设一道横梁（面梁），如图 7-17（d）所示。

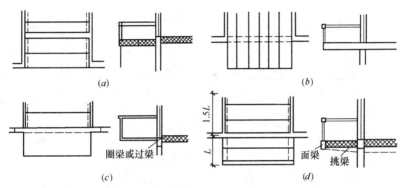

图 7-17　阳台的结构形式
（a）墙承式；（b）挑板式；（c）悬挑式；（d）挑梁式

3. 阳台的构造

（1）阳台栏杆与扶手

栏杆扶手作为阳台的围护构件，应具有足够的强度和高度，其高度不应低于 1.05m，中、高层住宅阳台栏杆不应低于 1.1m，但考虑装饰、美观效果也不宜大于 1.2m。栏杆形式有空花栏杆、实心栏板及二者组合而成的组合式栏杆，如图 7-18 所示。

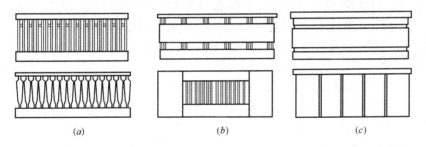

图 7-18　阳台栏杆形式
（a）空心花栏；（b）空心栏板；（c）实心栏板

空花栏杆大多采用金属栏杆，并与金属扶手及阳台板上对应的预埋件焊接，扶手为非金属不便直接焊接时，可在扶手内设预埋件与栏杆焊接。在阳台板上部侧端设高出阳台板 60~100mm 的二次浇筑的混凝土挡水板，且内设预埋件与栏杆焊接。砖砌栏板可直接砌在面梁或阳台板上，目前已较少采用，预制的钢筋混凝土栏板可在其内设预埋件（或伸出钢筋）与阳台板上的预埋件焊接。北方考虑保温可在内侧加一层 40~50mm 厚的泡沫苯板，有时亦可采用三拓板两侧抹水泥砂浆作为阳台栏板。栏板侧部利用钢筋与阳台板内设预埋件焊接，阳台两端侧部栏板与墙体内设混凝土预制块上的预埋件焊接或预埋短钢筋（不少于 $2\phi 8$）焊接。

（2）阳台排水

为避免落入阳台的雨水流入室内，一般阳台标高应低于室内楼、地面 30 ~ 60mm，并在面层作 5% 的排水坡，坡向泄水管，泄水管用 $\phi 50$ 的镀锌钢管或 PVC 管，外挑不小于 80mm，防止排水溅到下层阳台，如图 7-19（a）所示。对于高层或高标准建筑，可在阳台端部内侧靠外墙处设地漏和排水立管，将水直接排出，使建筑立面保持美观、洁净，如图 7-19（b）所示。

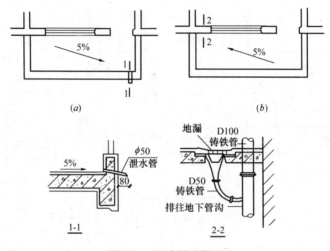

图 7-19　阳台排水构造
（a）排水坡向泄水管；（b）排水坡向地漏

二、雨篷

雨篷是设置在建筑物入口处上方用以遮挡雨水、保护外门免受雨水侵袭并有一定装饰作用的水平构件。雨篷大多为悬挑式，其悬挑长度一般为 1 ~ 1.5m。

雨篷有板式和梁板式两种。对于建筑物规模、门洞尺寸较大的雨篷，常在雨篷板下加立柱，形成门廊，其结构形式多为梁板式。

板式雨篷多为变截面，主要考虑受力（悬臂构件根部所受内力最大）和排水坡度的形成，一般根部厚度不小于 70mm，板的端部厚度不小于 50mm。梁板式雨篷，为使板底平整、美观，通常采用翻梁形式。

雨篷的顶面应做好防水和排水处理，常采用防水砂浆抹面并沿至墙面不小于 250mm 高度形成泛水，沿排水方向做出排水坡。对于翻梁式梁板结构雨篷，根据立面排水需要，沿雨篷外缘做挡水边坎，并在一端或两端设泄水管，其构造同阳台泄水管。如图 7-20 所示。

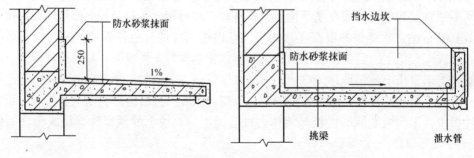

图 7-20　雨篷构造

第八章 窗 与 门

第一节 窗的作用与分类

一、门窗的作用

（1）采光。各类房间都需要一定的照度，实验证明，通过窗的自然采光有益于人的健康，同时也节约能源，所以要合理设置窗来满足不同房间室内的采光要求。

（2）通风、调节温度。设置窗来组织自然通风、调换空气，可以使室内空气清新，同时在炎热的夏季也可以起到调节室内温度作用，使人舒适。

（3）观察、传递。通过窗可以观察室外情况和传递信息，有时还可以传递小物品，如售票、售物、取药等。

（4）围护。窗不仅开启时可通风，关闭时还可以起到控制室内温度，如冬季减少热量散失，避免自然侵袭，如风、雨、雪等。窗还可起防盗等围护作用。

（5）装饰。窗占整个建筑立面比例较大，对建筑风格起到至关重要的装饰作用。如窗的大小、形状布局、疏密、色彩、材质等直接体现了建筑的风格。

二、窗的分类

1. 按使用材料分类

分为木窗、钢窗、铝合金窗、塑钢窗、玻璃钢窗等。木窗制作方便、经济、密封性能好、保温性高，但相对透光面积小、防火性很差、耐久性能低、易变形损坏。钢窗密封性能差、保温性能低、耐久性差、易生锈。故目前木窗、钢窗应用很少，而被铝合金窗和塑钢窗所取代，因为它们具有质量轻、耐久性好、刚度大、变形小、不生锈、开启方便、美观等优点，但成本较高。

2. 按开启方式分类

窗的开启方式有平开、推拉、立转等，如图 8-1 所示。

（1）平开窗：有内开和外开之分，构造简单，制作、安装、维修、开启等都比较方便，是目前常见的一种开启方式。但平开窗有易变形的缺点。如图 8-1（a）所示。

（2）推拉窗：窗扇沿导槽可左右推拉、不占空间、但通风面积减小，目前铝合金窗和塑钢窗普遍采用这种开启方式。如图 8-1（f）、（g）所示。

（3）悬窗：依悬转轴的位置不同分为上悬窗、中悬窗和下悬窗三种。为防雨水飘入室内，上悬窗必须外开，中悬窗上半部内开、下半部外开，下悬窗必须内开。中悬窗有利通风、开启方便，适于高窗，下悬窗开启时占用室内较多空间。如图 8-1（b）、（c）、（d）所示。

（4）立转窗：窗扇可以绕竖向轴转动，竖轴可设在窗扇中心也可以略偏于窗扇一侧，通风效果较好。如图 8-1（e）、（c）所示。

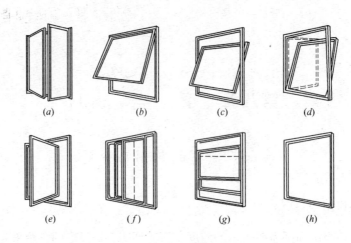

图 8-1 窗的开启方式

（5）固定窗：仅用于采光、观察、围护。如图 8-1（h）所示。

3．窗的尺寸

窗的尺寸大小是由建筑的采光、通风要求来确定，具体取决于采光系数即窗地比（采光面积与房间地面面积之比）。不同房间根据使用功能的要求，有不同的采光系数，如居住房间为 1/8～1/10、教室为 1/4～1/5、会议室为 1/6～1/8、医院手术室为 1/2、走廊和楼梯间为 1/10 以下等。窗的尺寸一般以 300mm 为模数。

第二节 窗 的 构 造

一、平开木窗的组成与构造

木窗的组成如图 8-2 所示，构造如图 8-3 所示。

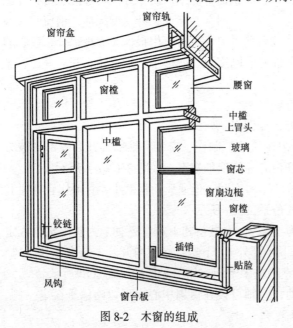

图 8-2 木窗的组成

1．窗框

窗框断面尺寸主要依材料强度、接榫需要和窗扇层数（单层、双层）来确定。安装方式有立口和塞口两种。施工时先将窗框立好后砌于窗间墙，称为立口；在砌墙时先留出洞口，再用长钉将窗框固定在墙内预埋的防腐木砖上，也可用膨胀螺栓直接固定于墙上的施工方法称为塞口。其每边至少有两个固定点、且间距不应大于 1.2m。窗框相对外墙位置可分为内平、居中、外平三种情况。窗框与墙间缝隙用水泥砂浆或油膏嵌缝。为防腐耐久、防蛀、防潮变形，通常木窗框靠近墙面一侧开槽作防腐处理。为使窗扇开启方便，又要关闭严

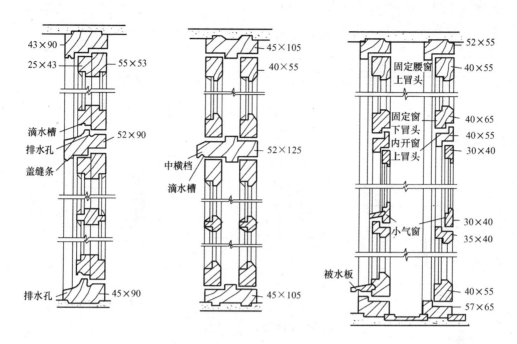

图 8-3 双层平开木窗构造

密，通常在窗框上做约为 10 ~ 12mm 的裁口，在与窗框接触的窗扇侧面做斜面。

2.窗扇

扇料断面与窗扇的规格尺寸和玻璃厚度有关。为了安装玻璃且保证严密，在窗扇外侧做深度为 8 ~ 12mm 且不超过窗扇厚度 1/3 为宜的裁口，将玻璃用小铁钉固定在窗扇上，然后用玻璃密封膏镶嵌成斜三角。

二、铝合金窗、塑钢窗及其构造

铝合金窗、塑钢窗的开启方式大多采用水平推拉窗，根据特殊需要也可以上下推拉或平开。目前还有将水平推拉与平开相互转换的较复杂构造的塑钢窗，可弥补推拉窗通风面积小的不足，但造价较高。

1.铝合金窗的安装

一般采用塞口法施工。安装前用木楔、垫块临时固定，在窗的外侧用射钉、塑料膨胀螺钉或小膨胀螺栓固定厚度不小于 1.5mm、宽度不小于 15mm 的 Q235-A 冷轧镀锌钢板（固定板）于洞口砖墙上，并不得固定在砖缝处。若为加气混凝土洞口时，则应采用木螺钉固定在胶粘圆木上；若设有预埋件可采用焊接或螺栓连接。固定片离中竖框、横框的档头不小于 150mm，每边固定片至少有 2 个且间距不大于 600mm，交错固定在窗所在平面两侧的墙上。窗框与洞口用与其材料相容的闭孔泡沫塑料、发泡聚苯乙烯等填塞嵌缝（不得填实）。窗框安装时一定要保证窗的水平精度和垂直精度，以满足开启灵活的要求。洞口被窗分成的内、外两侧与窗框之间采用水泥砂浆填实抹平，洞口内侧与窗框之间还应该用嵌缝臂密封。窗框下方设排水孔。窗框与墙体连接如图 8-4 所示。

2.铝合金窗扇

一般由组合件与内设连接件间用螺丝连接，并选用符合标准的中空玻璃、单层玻璃组

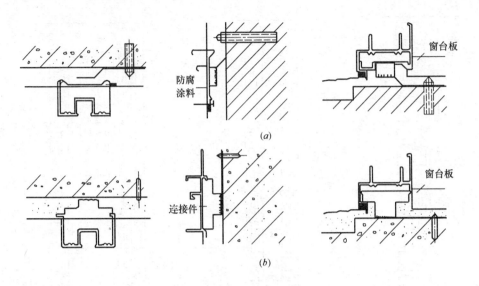

图 8-4　窗框与墙体的连接

(a) 膨胀螺栓固定；(b) 射钉固定

装而成。玻璃尺寸应比相应的框、扇（挺）内口尺寸小 4~6mm，安装时先用长度不小于 80~150mm，厚度依间隙而定（宜为 2~6mm）的硬橡胶或塑料垫块塞严，然后用密封条或用玻璃胶密封固定。窗扇间、窗扇与窗框的接缝处用安装在窗扇上的密封条密封以满足保温、隔声等要求。窗框与墙体连接，推拉式铝合金窗的构造如图 8-5 所示。

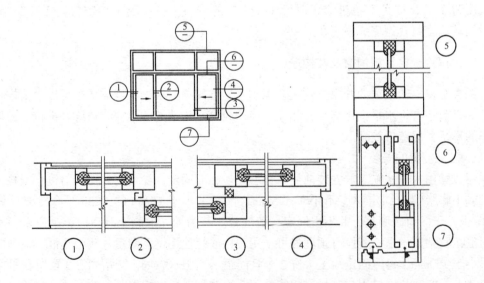

图 8-5　推拉式铝合金窗的构造

3. 塑钢窗

是用塑钢型材焊接而成，焊口质量一定要保证其安装构造同铝合金窗，具体构造如图 8-6 所示。

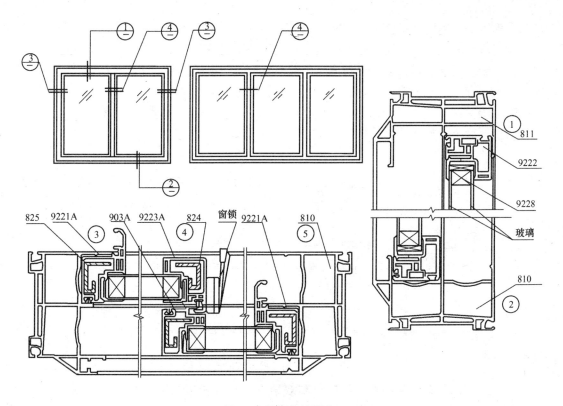

图 8-6　塑钢窗的构造

第三节　门的作用与分类

一、门的作用

（1）通行。门是人们进出室内外和各房间的通行口，它的大小、数量、位置、开启方向都要按有关规范来设计。

（2）疏散。当有火灾、地震等紧急情况发生时，人们必经门尽快离开危险地带，起到安全疏散的作用。

（3）围护。门是房间保温、隔声及防自然侵害的重要配件。

（4）采光通风。半玻璃门、全玻璃门或门上设小玻璃窗（亮子），可用作房间的辅助采光，也是与窗组织房间自然通风的主要配件。

（5）防盗、防火。对安全有特殊要求的房间要安设由金属制成，经公安部门检查合格的专用防盗门，以确保安全。防火门能阻止火势的蔓延，用阻燃材料制成。

（6）美观。门是建筑入口的重要组成部分，所以门设计的好坏直接影响建筑物的立面效果。

二、门的分类

1. 按门所使用材料的分类

分为木门、钢门、铝合金门、塑钢门、玻璃钢门、无框玻璃门等。

木门应用较广泛，轻便、密封性能好、较经济，但耗费木材；钢门多用作防盗功能的门；铝合金门目前应用较多，一般适于门洞口较大时使用；玻璃钢门、无框玻璃门多用于大型建筑和商业建筑的出入口，美观、大方，但成本较高。

2. 按开启方式分类

门的开启方式如图 8-7 所示。

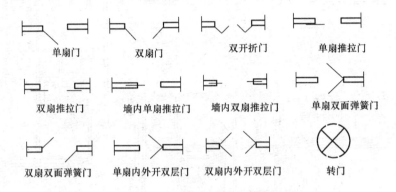

图 8-7　各类开启方式的门

（1）平开门：有内开和外开，单扇和双扇之分。其构造简单，开启灵活，密封性能好，制作和安装较方便，但开启时占用空间较大。

（2）推拉门：分单扇和双扇，能左右推拉且不占空间，但密封性能较差。可手动和自动，推拉门多用于办公、商业等公共建筑，较多采用光控。

（3）弹簧门：多用于人流多的出入口，开启后可自动关闭，密封性能差。

（4）旋转门：由四扇门相互垂直组成十字形，绕中竖轴旋转。其密封性能好，保温、隔热好，卫生方便，多用于宾馆、饭店、公寓等大型公共建筑。

（5）折叠门：多用于尺寸较大的洞口，开启后门扇相互折叠占用空间较少。

（6）卷帘门：有手动和自动，正卷和反卷之分，开启时不占用空间。

（7）翻板门：外表平整、不占空间，多用于仓库、车库。此外，门按所在位置又可分为内门和外门。

三、门的尺寸

门的宽度和高度尺寸是由人体平均高度、搬运物体（如家具、设备），人流走数、人流量来确定。门的高度一般以 300mm 为模数，特殊情况可以 100mm 为模数。常见 2000mm、2100mm、2200mm、2400mm、2700mm、3000mm、3300mm 等。当高超过 2200mm 时，门上加设亮子。门宽一般以 100mm 为模数，当大于 1200mm 以上时，以 300mm 为模数。辅助用门宽为 700 ~ 800mm，门宽为 800 ~ 1000mm 时常做单扇门，门宽为 1200 ~ 1800mm 时做双扇门，门宽为 2400mm 以上时做四扇门。

第四节　门　的　构　造

一、平开木门的组成与构造

平开木门是普通建筑中最常用的一种，它主要由门框、门扇、亮子、五金配件等组成，如图 8-8 所示。

1. 门框

门框由上框、边框组成，当设门的亮子时应加设中横档。三扇以上的门则加设中竖框，每扇门的宽度不超过 900mm。门框截面尺寸和形状取决于门扇的开启方向、裁口大小等，一般裁口深度为 10～12mm，单扇门框断面为 60mm×90mm，双扇门 60mm×100mm。其断面如图 8-9 所示。门框安装分为立口和塞口两种，其构造处理同木窗框一致。如图 8-10 所示。

2. 门扇

依门扇构造不同，民用建筑中常见的有夹板门扇、镶板门扇、拼板门扇等，门也因此被称为夹板门、镶板门和拼板门。

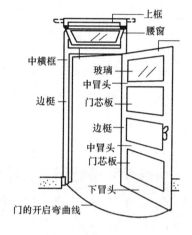

图 8-8　平开木门的组成

（1）夹板门扇

是用方木钉成横向和纵向的密肋骨架，在骨架两面贴胶合板、硬质纤维板、塑料板等而成。为提高门的保温、隔声性能，在夹板中间填入矿物毡等。如图 8-11 所示。

（2）镶板门扇

是由上冒头、下冒头、中冒头、边梃组成骨架，在骨架内镶入门芯板（木板、胶合板、纤维板、玻璃等）而成。木板作为门芯板的门扇通常又称为实木门扇。门芯板端头与

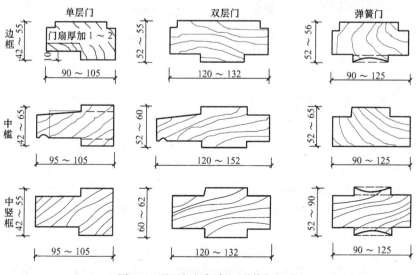

图 8-9　平开门门框断面形状与尺寸

骨架裁口内留一定空隙以防板吸潮膨胀鼓起，下冒头比上冒头尺寸要大，主要是因为靠近地面易受潮破损。门扇的底部要留出 5mm 空隙，以保证门的自由开启。如图 8-12 所示。

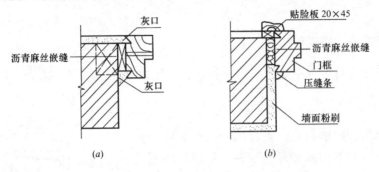

图 8-10　门框的安装与接缝处理

（a）墙中预埋木砖用圆钉固定；（b）灰缝处加压缝条和贴脸板

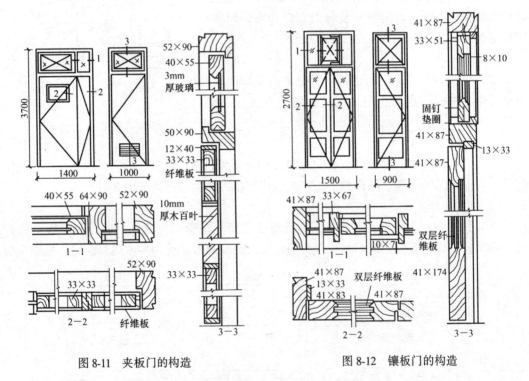

图 8-11　夹板门的构造　　　　图 8-12　镶板门的构造

（3）拼板门扇

其构造类似于镶板门，只是芯板规格较厚，一般为 15 ~ 20mm，坚固耐久、自重大，中冒头一般只设一个或不设，有时不用门框，直接用门铰链与墙上预埋件相连。

此外，有时还可以用钢、木组合材料制成钢木门。用于防盗时，可利用型钢作成门框，门扇是钢骨架，外用 1.5mm 厚钢板经高频焊接在钢骨架上，内设若干个锁点。

3. 五金零件及附件

平开木门上常用五金另附件有铰链（合页）、拉手、插锁、门锁、铁三角、门碰头等，五金另附件与木门间采用木螺丝固定，门把手和把手门锁如图 8-13（a）所示。各类闭门器，如图 8-13（b）。门碰见图 8-13（c）。

门附件主要有木质贴脸板、筒子板等。

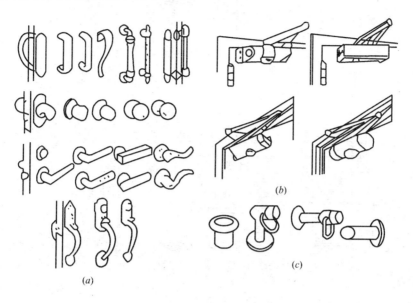

图 8-13　门的五金
（a）拉手；（b）闭门器；（c）门碰

二、铝合金门及其构造

铝合金门的门框、门扇均用铝合金型材制作，避免了其他金属门容易锈蚀、密封性能差、保温性能差的不足。为改善铝合金门的热桥散热，可在其内部夹泡沫塑料等材料。由于生产厂家不同，门框、门扇及配件型材种类繁多。门可以采用推拉开启和平开，为了便于安装，一般先在门框外侧用螺钉固定钢质锚固件，另一侧固定在墙体四周，其构造与铝合金窗基本类似，如图 8-14 所示。门扇的构造以及玻璃的安装同铝合金窗的构造，如图 8-15 所示。

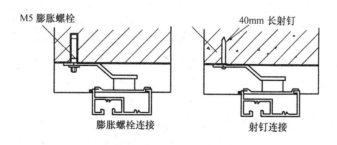

图 8-14　门框与墙体连接构造

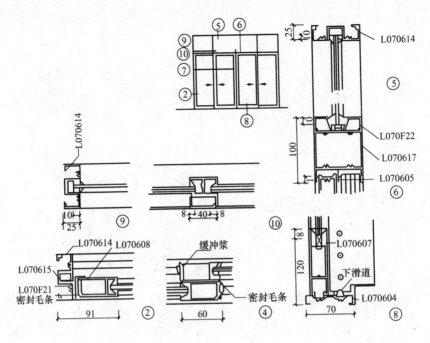

图 8-15　铝合金门的构造

第九章　楼梯与电梯

两层以上的房屋就需要有上、下的垂直交通设施。楼梯和电梯是联系房屋上下各层的垂直交通设施。有些建筑，如医院、疗养院、幼儿园等，由于特殊需要（如医院在没有电梯的情况下，疗养人员、幼儿行走楼梯不方便等），常设置坡道联系上下各层，所以坡道是楼梯的一种特殊形式。在房屋中同一层地面有高差或室内外地面有高差时，要设置台阶联系同一层中不同标高的地面，因此台阶也是楼梯的一种特殊形式。

高层建筑上下各层的联系主要靠电梯，在人流较大的公共建筑中可设置自动扶梯。设有电梯或自动扶梯的建筑，也必须同时设置楼梯。

第一节　楼梯的组成及形式

一、楼梯的组成

楼梯一般由楼梯段、楼梯平台、楼梯栏杆（板）及扶手等部分组成（图9-1）。

1. 楼梯段

楼梯段由踏步和斜梁组成。斜梁支承踏步荷载，传至平台梁及楼面梁上，它是楼梯的主要承重构件。踏步的水平面叫踏面，垂直面叫踢面。每一个楼梯段的踏步数量一般不应超过18级，由于人行走的习惯，楼梯段踏步数也不宜少于3级。

2. 楼梯平台

楼梯平台位于两个楼梯段之间，主要用来缓解疲劳，使人们在上楼过程中得到暂时的休息。楼梯平台也起着楼梯段之间的联系作用。

3. 栏杆与栏板

栏杆在楼梯段和平台的临空边缘设置，保证人们在楼梯上行走的安全。在栏杆或栏板上的上端安设扶手，做上下楼梯时依扶之用，同时也增加楼梯的美观。

二、楼梯的形式

楼梯的形式很多，主要是根据使用要求确定的。由于楼梯段形式与平台的

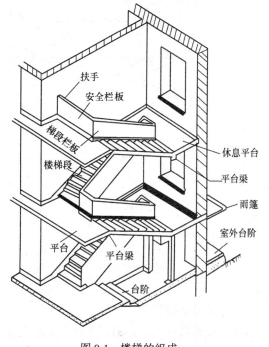

图9-1　楼梯的组成

115

相对位置的不同，形成了不同的楼梯形式，如图 9-2 所示。

当楼层层高较小时，常采用单跑楼梯，即从楼下第一个踏步起一个方向直达楼上，它只有一个楼梯段，中间没有休息平台，因此踏步不宜过多。楼梯所占楼梯间的宽度较小，长度较大，不适用于层高较大的房屋。

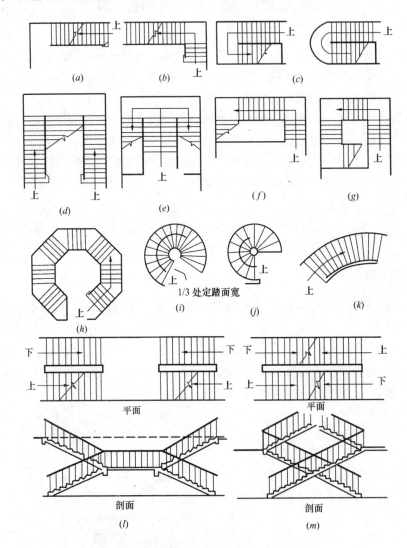

图 9-2 楼梯形式

(a) 直跑式；(b) 曲尺式；(c) 双分式；(d) 双合式；(e) 双跑式；
(f) 三跑式；(g) 四跑式；(h) 八角式；(i) 圆形；
(j) 螺旋形；(k) 弧形；(l) 桥式；(m) 交叉式

双跑楼梯是一般建筑物中普遍采用的一种形式。它是双梯段并列式楼梯，又称双折式楼梯。由于第二跑楼梯折回，所以占用楼梯间的长度较小，与一般房间的进深大体一致，便于进行房屋平面布置。

双分式和双合式楼梯相当于两个双跑式楼梯并在一起，一般用于公共建筑。

曲尺式楼梯常用于住宅户内，适于布置在房间的一角，楼梯下的空间可以充分利用。

三跑式、四跑式楼梯，一般用于楼梯间接近正方形的公共建筑。这种楼梯形式构成了较大的楼梯井，所以不能用于住宅、小学校等儿童经常上下楼梯的建筑，否则，应有可靠的安全措施。

弧线形、圆形、螺旋形等曲线形楼注采用较少，一般公共建筑可根据需要选用。

桥式楼梯相当于两个双跑式楼梯对接，多用于公共建筑。交叉式楼梯相当于两个单跑式楼梯交叉设置，个别居住建筑有时采用这种楼梯形式。

第二节 楼 梯 设 计

楼梯设计必须符合一系列的有关规范的规定，例如与建筑物性质、等级、防火有关的规范等等。在进行设计前必须熟悉规范的要求。

一、楼梯坡度和踏步尺寸

楼梯的坡度是指梯段中各级踏步前缘的假定连线与水平面形成的夹角。楼梯的坡度大小应适中，坡度过大，行走易疲劳；坡度过小，楼梯占用的面积增加，不经济。楼梯的坡度范围在 23°~45° 之间，最适宜的坡度为 30° 左右。坡度较小时（小于 10°）可将楼梯改坡道，坡度大于 45° 改为爬梯。楼梯、爬梯、坡道等的坡度范围如图 9-3 所示。

楼梯坡度应根据使用要求和行走舒适性等方面来确定。公共建筑的楼梯，一般人流较多，坡度应较平缓，常在 26°34′ 左右。住宅中的公用楼梯通常人流较少，坡度可稍陡些，多用 33°42′ 左右。楼梯坡度一般不宜超过 38°，供少量人流通行的内部交通楼梯，坡度可适当加大。

用角度表示楼梯的坡度虽然准确、形象，但不宜在实际工程中操作，因此我们经常用踏步的尺寸来表述楼梯的坡度。

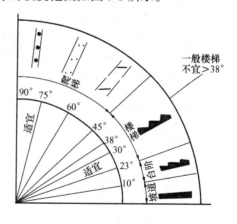

图 9-3　楼梯、爬梯以
及坡道的坡度范围

踏步是由踏面（b）和踢面（h）组成 [图 9-4（a）]，踏面（踏步宽度）与成人男子的平均脚长相适应，一般不宜小于 250mm，常用 260~320mm。为了适应人们上下楼时脚的活动情况，踏面宜适当宽一些。在不改变梯段长度的情况下，为加宽踏面，可将踏步的前缘挑出，形成突缘，突缘挑出长度一般为 20~30mm，也可将踢面做成倾斜 [图 9-4（b）、（c）]。踏步高度一般宜在 140~175mm 之间，各级踏步高度均应相同。在通常情况下可根据经验公式来取值，常用公式为：

$$b + 2h = 600\text{mm}$$

式中　b——踏步宽度（踏面）；

　　　h——踏步高度（踢面）；

　600mm——女子的平均步距。

b 与 h 也可以从表 9-1 中找到较为适合的数据。

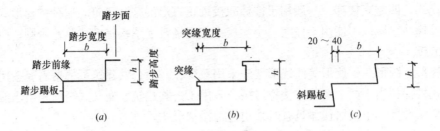

图9-4 踏步形式与尺寸

（a）无突缘；（b）有突缘（直踢板）；（c）有突缘（斜踢板）

常用适宜踏步尺寸　　　　　　　　　表9-1

名　　称	住　　宅	学校、办公楼	剧院、会堂	医院（病人用）	幼儿园
踏步高 h（mm）	150～175	140～160	120～150	150	120～150
踏步宽 b（mm）	250～300	280～340	300～350	300	260～300

对于诸如弧形楼梯这样踏步两端宽度不一，特别是内径较小的楼梯来说，为了行走的安全，往往需要将梯段的宽度加大。即当梯段的宽度≤1100mm时，以梯段的中线为衡量标准，当梯段的宽度＞1100mm时，以距其内侧500～550mm处为衡量标准来作为踏面的有效宽度。

二、梯段和平台的尺寸

梯段的宽度取决于同时通过的人流股数及是否有家具、设备经常通过。有关的规范一般限定其下限，对具体情况需作具体分析，其中舒适程度以及楼梯在整个空间中尺度、比例合适与否都是经常考虑的因素。表9-2提供了梯段宽度的设计依据。

楼梯梯段宽度（单位：mm）　　　　　　表9-2

计算依据：每股人流宽度为550＋（0～150）		
类　别	梯段度	备　　注
单人通过	＞900	满足单人携物通过
双人通过	1100～1400	
三人通过	1650～2100	

为方便施工，在钢筋混凝土现浇楼梯的两梯段之间应有一定的距离，这个宽度叫梯井，其尺寸一般为150～200mm。

梯段的长度取决于该段的踏步数及其踏面宽。平面上用线来反映高差，因此如果某梯段有 n 步台阶的话，该梯段的长度为 $b×(n-1)$。在一般情况下，特别是公共建筑的楼梯，一个梯段不应少于3步（易被忽视），也不应多于18步（行走疲劳）。

平台的深度应不小于梯段的宽度。另外，在下列情况下应适当加大平台深度，以防碰撞。

（1）梯段较窄而楼梯的通行人流较多时。

（2）楼梯平台通向多个出入口或有门向平台方向开启时。

（3）有突出的结构构件影响到平台的实际深度时（图9-5）。

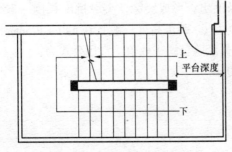

图9-5　结构对平台深度的影响

三、楼梯栏杆扶手的尺寸

楼梯栏杆扶手的高度是指从踏步前缘至扶手上表面的垂直距离。一般室内楼梯栏杆扶手的高度不宜小于900mm（通常取900mm），室外楼梯栏杆扶手高度（特别是消防楼梯）应不小于1100mm。在幼儿建筑中，需要在600mm左右高度再增设一道扶手，以适应儿童的身高（图9-6）。另外，与楼梯有关的水平护身栏杆应不低于1650mm。当楼梯段的宽度大于1650mm时，应增设靠墙扶手。楼梯段宽度超过2200mm时。还应增设中间扶手。

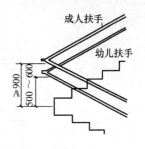

图9-6　栏杆扶手高度

四、楼梯下部净高的控制

楼梯下部净高的控制不但关系到行走安全，而且在很多情况下涉及到楼梯下面空间的利用以及通行的可能性，它是楼梯设计中的重点也是难点。楼梯下的净高包括梯段部位和平台部位，其中梯段部位净高不应小于2200mm，若楼梯平台下做通道时，平台中部位下净高应不小于2200mm〔图9-7（a）、（b）〕。为使平台下净高满足要求，可以采用以下几种处理方法：

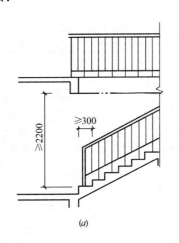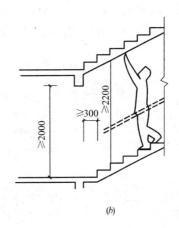

(a)　　　　　　　　　　　　　(b)

图9-7　楼梯下面净空调度控制
(a)平台梁下净高；(b)梯段下净高

（1）降低平台下地坪标高

充分利用室内外高差，将部分室外台阶移至室内，为防止雨水流入室内，应使室内最低点的标高高出室外地面标高不小于0.1m。

（2）采用不等级数

增加底层楼梯第一个梯段的踏步数量，使底层楼梯的两个梯段形成长短跑，以此抬高底层休息平台的标高。当楼梯间进深不够布置加长后的梯段时，可以将休息平台外挑（图9-8）。

在实际工程中，经常将以上两种方法结合起来统筹考虑，解决楼梯下部通道的高度问题。

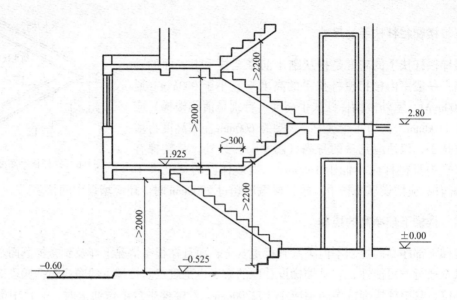

图 9-8　采用不同梯级数的梯段

（3）底层采用直跑楼梯

当底层层高较低（不大于 3000mm）时，可将底层楼梯由双跑改为直跑，二层以上恢复双跑。这样做可将平台下的高度问题较好地解决，但应注意其可行性（图 9-9）。

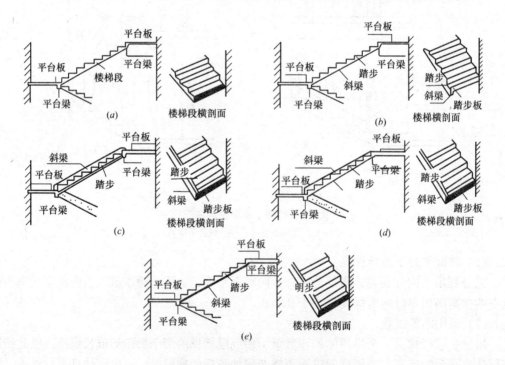

图 9-9　现浇板式、梁板式楼梯

（a）板式楼梯；（b）梁式楼梯（梁在板下）；（c）梁式楼梯（梁在板中）；

（d）梁式楼梯（梁在板上）；（e）梁式楼梯（单斜梁式）

第三节　钢筋混凝土楼梯

钢筋混凝土楼梯按施工方式可分为现浇式和预制装配式两类。

一、现浇钢筋混凝土楼梯

现浇钢筋混凝土楼梯是在施工现场支模板、绑扎钢筋、浇筑混凝土而形成的整体楼梯。其具有整体性好、刚度好、坚固耐久等优点，但耗用人工、模板较多，施工速度较慢，因而多用于楼梯形式复杂或抗震要求较高的房屋中。

现浇钢筋混凝土楼梯按梯段特点及结构形式的不同，可分为板式楼梯和梁板式楼梯，如图 9-9 所示。

1. 板式楼梯

板式楼梯是将楼梯段做成一块板底平整，板面上带有踏步的板，与平台、平台梁现浇在一起。作用在楼梯段上和平台上的荷载同时传给平台梁，再由平台梁传到承重横墙上或柱上。板式楼梯也可不设平台梁，将楼梯段板和平台板现浇为一体，楼梯段和平台上的荷载直接传给承重横墙。这种楼梯构造简单，施工方便，但自重大，材料消耗多，适用于荷载较小，楼梯跨度不大的房屋。

2. 梁板式楼梯

梁板式楼梯是指在板式楼梯的楼梯段板边缘处设有斜梁的楼梯。作用在楼梯段上的荷载通过楼梯段斜梁传至平台梁，再传到墙或柱上。根据斜梁与楼梯段位置的不同，分为明步楼梯段和暗步楼梯段。明步楼梯段是将斜梁设在踏步板之下；暗步楼梯段是将斜梁设在踏步板的上面，踏步包在梁内。这种楼梯传力线路明确，受力合理，适用于荷载较大，楼梯跨度较大的房屋。

二、预制装配式钢筋混凝土楼梯

装配式钢筋混凝土楼梯是将组成楼梯的各个部分分成若干个小构件，在预制厂或现场预制，再到现场组装。其具有提高建筑工业化程度、减少现场湿作业、加快施工速度等特点。

装配式钢筋混凝土楼梯按构件尺寸的不同和施工现场吊装能力的不同，可分为小型构件装配式楼梯和中型及大型构件装配式楼梯两类。

1. 小型构件装配式楼梯

小型构件包括踏步板、斜梁、平台梁、平台板等单个构件。预制踏步板的断面形式通常有一字形、"Γ"形和三角形三种。楼梯段斜梁通常做成锯齿形和 L 形，平台梁的断面形式通常为 L 形和矩形。

2. 装配式楼梯形式

小型构件装配式楼梯常用的形式有悬挑式、墙承式和梁承式。

（1）悬挑式楼梯

悬挑式楼梯是将单个踏步板的一端嵌固于楼梯间侧墙中，另一端自由悬空而形成的楼梯段。踏步板的悬挑长度一般在 1.2m 左右，最大不超过 1.8m。踏步板的断面一般采用 L

形，伸入墙体不小于 240mm。伸入墙体的部分截面通常为矩形。这种构造的楼梯不宜在地震区使用。如图 9-10 所示。

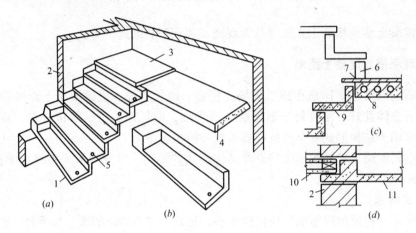

图 9-10　预制悬挑踏步楼梯

（a）透视图；（b）预制踏步板；（c）平台处节点构造；（d）踏步板砌入墙内节点构造

1—踏步板；2—墙体；3—平台地面；4—平台板；5—预留栏杆孔；6—砌砖；

7—平台地面；8—钢筋混凝土空心板；9—踏步板；10—钢筋混凝土空心板；11—踏步板

（2）墙承式楼梯

墙承式楼梯是将一字形或 L 形踏步板直接搁置于两端墙上，这种楼梯最适宜于直跑式楼梯。当采用平行双跑楼梯时，需在楼梯间中部加设一道墙以支承两侧踏步板。由于楼梯间中部增设墙后，会阻挡行人视线，对搬运物品也不方便。为保证采光并解决行人视线被阻问题，通常在加设的墙上开设窗洞。墙承式楼梯构造如图 9-11 所示。

（3）梁承式楼梯

梁承式楼梯的楼梯段由踏步板和楼梯段斜梁组成。楼梯段斜梁通常做成锯齿形或矩形。锯齿形斜梁支承厂形踏步板，矩形斜梁支承三角形踏步板，三角形踏步与斜梁之间用

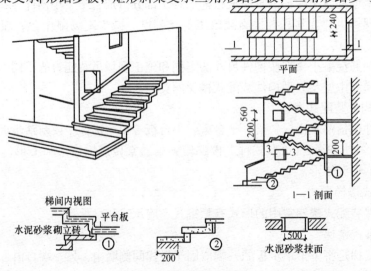

图 9-11　预制墙承式楼梯

水泥砂浆由下而上逐个叠砌，如图9-12所示。

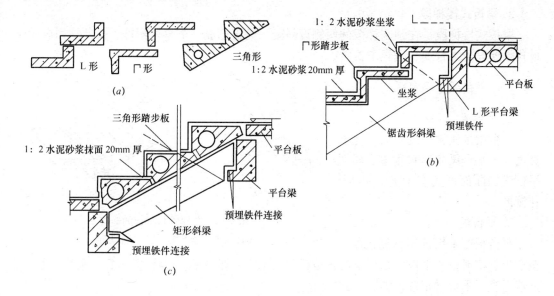

图 9-12　预制梁承式楼梯构造

（a）踏步板的类型；（b）锯齿形斜梁；（c）矩形斜梁

第四节　中型及大型构件装配式楼梯

中型构件装配式楼梯是由楼梯段、平台梁、中间平台板几个构件组合而成。大型构件装配式楼梯是将楼梯段与中间平台板一起组成一个构件。从而可以减少预制构件的种类和数量，简化施工过程，减轻劳动强度，加快施工速度，但施工时需用中型及大型吊装设备。大型构件装配式楼梯主要用于装配式工业化建筑中。

一、楼梯段

楼梯段按其构造形式的不同可分为板式和梁板式两种。如图9-13所示。

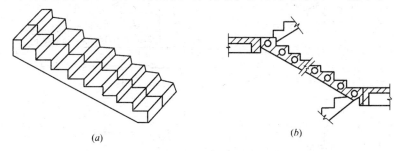

图 9-13　预制梁承式楼梯构造

（a）实心板式梯段；（b）空心板式梯段

1. 板式楼梯段

板式楼梯段为一整块带踏步的单向板。为了减轻楼梯段板的自重，一般沿板的横向抽孔，形成空心楼梯段。

2. 梁板式楼梯段

梁板式楼梯段是在预制梯段的两侧设斜梁，梁板形成一个整体构件。这种结构形式比板式楼梯段受力合理、减轻了自重，

二、平台梁及平台板

1. 平台梁

平台梁是楼梯中的主要承重构件之一。平台梁的形式很多，常见平台梁的断面形式有Γ形、矩形、花篮形。

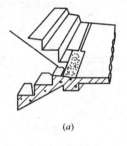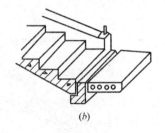

图 9-14　楼梯段与平台的连接
（a）预埋钢板焊接；（b）插筋套接

2. 平台板

平台板可采用预制钢筋混凝土空心板、槽形板或平板。采用空心板或槽形板时，一般平行于平台梁布置；采用平板时，一般垂直于平台梁布置，如图 9-14 所示。

3. 楼梯段与平台梁及楼梯基础的连接

（1）楼梯段与平台梁的连接

楼梯段与平台梁的连接通常采用先坐浆并将楼梯段与平台梁内的预埋钢板焊接，以保证接缝处的密实牢固。也可采用承插式连接，将平台或平台梁上的预埋筋插入楼梯段的预留孔内，然后再灌浆，如图 9-14 所示。

（2）楼梯段与楼梯基础的连接

房屋底层第一梯段的下部应设基础，其基础的形式一般为条形基础，可采用砖石砌筑或浇筑混凝土，也可采用平台梁代替。如图 9-15 所示。

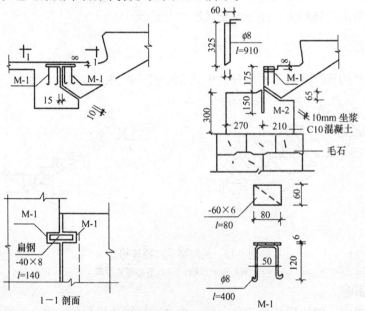

图 9-15　楼梯与基础的连接

第五节 楼梯的细部构造

一、踏步面层

楼梯踏步面层应满足坚固、耐磨、便于清洁、防滑和美观等方面的要求。根据楼梯的使用性质和装修标准的不同，踏步面层常采用水泥砂浆、水磨石、各种人造石材及天然石材等。如图 9-16 所示。

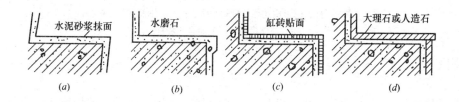

图 9-16　楼梯踏步面层的构造
(a) 水泥砂浆踏步面层；(b) 水磨石踏步面层；
(c) 缸砖踏步面层；(d) 大理石或人造石踏步面层

为了保证人们上下楼行走方便，避免滑倒，应在踏步前缘做 2 或 3 条防滑条。防滑条采用粗糙、耐磨且行走方便的材料，常用做法有：做防滑凹槽，抹水泥金刚砂，镶嵌金属条或硬橡胶条、缸砖等块料包口。如图 9-17 所示。

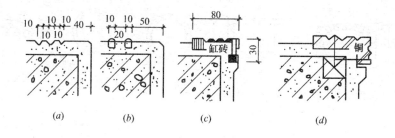

图 9-17　楼梯踏面防滑构造
(a) 防滑凹槽；(b) 金刚砂防滑条；(c) 缸砖防滑条；(d) 金属材料包角

二、栏杆（板）扶手构造

1. 栏杆（板）的形式与构造

栏杆通常采用空花栏杆。空花栏杆多采用扁钢、圆钢、方钢及钢管等金属型材焊接而成，空花栏杆的间距一般不大于 110mm。在住宅、幼儿园、小学等建筑中不宜作易攀登的横向栏杆。如图 9-18 所示。

实心栏板一般采用砖钢丝网水泥、钢筋混凝土、有机玻璃及钢化玻璃等材料制作。当采用砖砌栏板时，应在适当部位加设拉筋，并在顶部现浇钢筋混凝土把它连成整体，以加

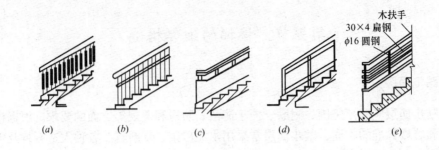

木扶手
30×4 扁钢
φ16 圆钢

图 9-18　楼梯栏杆形式

（*a*）空花栏杆；（*b*）空花栏杆带幼儿扶手；（*c*）钢筋混凝土栏板；
（*d*）玻璃栏板；（*e*）组合式栏杆

强其刚度。

2. 扶手

楼梯扶手位于栏杆顶面，供人们上下楼梯时扶持之用。扶手一般由硬木、钢管、铝合金管、塑料、水磨石等材料做成。如图 9-19 所示。

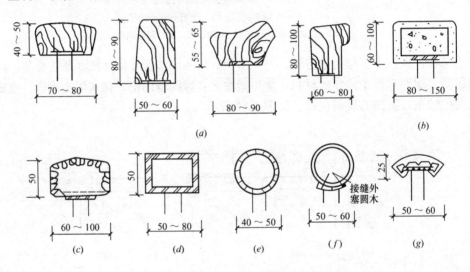

图 9-19　扶手的形式与固定

（*a*）木扶手；（*b*）混凝土；（*c*）水磨石；（*d*）角钢或扁钢；
（*e*）金属管；（*f*）聚氯乙烯管；（*g*）聚氯乙烯板条

3. 栏杆与扶手及栏杆与梯段、平台的连接

（1）栏杆与扶手的连接

当采用金属栏杆与金属扶手时，一般采用焊接；当采用金属栏杆，扶手为木材或硬塑料时，一般在栏杆顶部设通长扁钢，用螺钉与扶手底面或侧面固定连接。如图 9-19 所示。

（2）栏杆与梯段及平台的连接

一般是在梯段和平台上预埋钢板焊接或预留孔插接。为了保护栏杆增加美观，可在栏

杆下端增设套环。如图9-20所示。

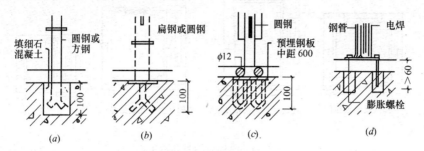

图 9-20 栏杆与梯段的连接构造
（a）留孔插入灌浆；（b）预埋钢板焊接；（c）与圆钢焊接；（d）膨胀螺栓锚接

4. 扶手与墙的连接

扶手与墙应有可靠的连接。当墙体为砖墙时，可在墙上预留洞，将扶手连接件伸入洞内，然后用混凝土嵌固；当墙体为钢筋混凝土时，一般采用预埋钢板焊接。靠墙扶手及顶层栏杆与墙面连接，如图9-21所示。

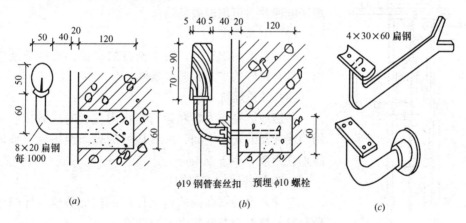

图 9-21 靠墙扶手的固定
（a）圆木扶手；（b）条木扶手；（c）扶手铁脚

第六节 电梯与自动扶梯

一、电梯

1. 电梯的类型与组成

电梯的类型很多，按使用性质分有客梯、观光电梯、货梯、病床梯及消防电梯等；按电梯运行速度分有低速电梯、中速电梯和高速电梯；按控制电梯运行的方式分有手动电梯、半自动电梯和自动电梯。

电梯主要由轿厢、起重设备和平衡重等部分组成。如图9-22所示。

2. 电梯对建筑物的要求

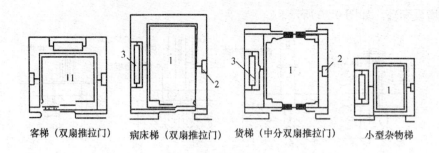

客梯（双扇推拉门）　病床梯（双扇推拉门）　货梯（中分双扇推拉门）　小型杂物梯

图 9-22　电梯分类与井道平面

1—电梯箱；2—导轨及撑架；3—平衡重

为保证电梯的正常运行，要求在建筑物中设有电梯井道、电梯机房和地坑等。如图9-23所示。

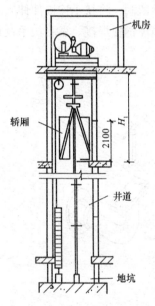

图 9-23　井道与机房剖面

（1）电梯井道

井道的尺寸应根据所选用的电梯类型确定。井道多采用钢筋混凝土现浇而成，当总高度不大时，也可采用砖砌井道，观光电梯井道可用玻璃幕墙。

（2）电梯机房

机房要求面积适当，便于设备的布置，有利于维修和操作，具有良好的采光和通风条件。

（3）井道地坑

井道地坑是作为轿厢运行至极限位置时起减速、减震作用的缓冲器的安装空间，一般地坑的表面距离底层地面标高的垂直距离不小于 1.4m。

3.电梯井道的细部构造

电梯井道的细部构造包括厅门的门套装修、厅门牛腿处理和导轨撑架与井壁的固定处理等。

厅门门套装修根据建筑装修标准的不同，可选用不同的材料，如水泥砂浆抹面、水磨石、大理石、花岗石、木材及金属板材等。如图9-24所示。

厅门牛腿位于电梯门洞下缘，即人们进入轿厢的踏板。牛腿一般采用钢筋混凝土现浇或预制构件，挑出长度通常由电梯厂家提供的数据确定。如图9-25所示。

导轨撑架与井道内壁的连接构造如图9-26所示。

二、自动扶梯

自动扶梯适用于大量人流上下的建筑物，如火车站、航空站、大型商业建筑及展览馆等，自动扶梯由电动机械牵动，梯级踏步与扶手同步运行，机房设在楼板下面。自动扶梯可以正逆方向运行，既可提升又可下降，在机器停止运行时，可作为普通楼梯使用。如图9-27所示。

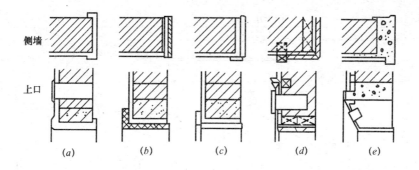

图 9-24　电梯厅门套构造

（*a*）水泥砂浆抹面；（*b*）水磨石；（*c*）大理石、花岗石；

（*d*）木材；（*e*）金属板材

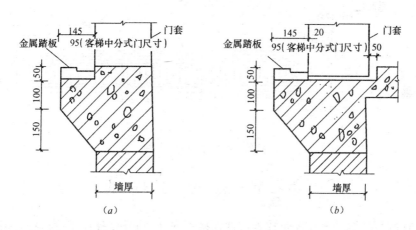

图 9-25　电梯厅门牛腿构造

（*a*）预制钢筋混凝土；（*b*）现浇钢筋混凝土

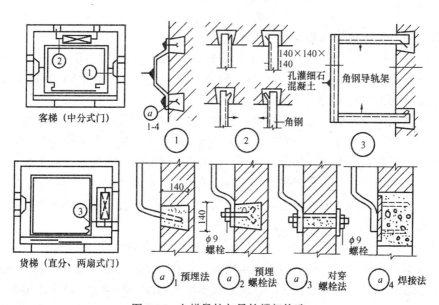

图 9-26　电梯导轨与导轨撑架构造

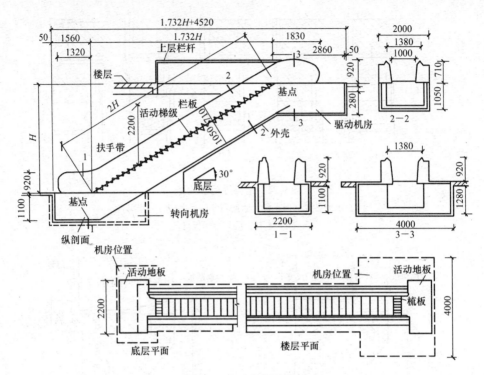

图 9-27 自动扶梯的构造

第七节 台阶与坡道

室外台阶与坡道都是在建筑物入口处连接室内外不同标高地面的构件。其中台阶更为多用,当有车辆通行或室内外高差较小时采用坡道。

一、室外台阶

室外台阶一般包括踏步和平台两部分。台阶的坡度应比楼梯小,通常踏步高度为100~150mm,踏步宽度为300~400mm。平台设置在出入口与踏步之间,起缓冲过渡作用。平台深度一般不小于1000mm,为防止雨水积聚或溢入室内,平台面宜比室内地面低20~60mm,并向外找坡1%~4%,以利排水。

室外台阶应坚固耐磨,具有较好的耐久性、抗冻性和抗水性。台阶按材料不同有混凝土台阶、石台阶、钢筋混凝土台阶等。混凝土台阶应用最普遍,它由面层、混凝土结构层和垫层组成。面层可用水泥砂浆或水磨石,也可采用马赛克、天然石材或人造石材等块材面层,垫层可采用灰土(北方干燥地区)、碎石等 [图 9-28 (a)]。台阶也可用毛石或条石,其中条石台阶不需另做面层 [图 9-28 (b)]。当地基较差或踏步数较多时可采用钢筋混凝土台阶,钢筋混凝土台阶构造同楼梯 [图 9-28 (c)]。

为防止台阶与建筑物因沉降差别而出现裂缝,台阶应与建筑物主体之间设置沉降缝,并应在施工时间上滞后主体建筑。在严寒地区,若台阶下面的地基为冻胀土,为保证台阶稳定,减轻冻土影响,可采用换土法,换上保水性差的砂、石类土,或采用钢筋混凝土架空台阶。

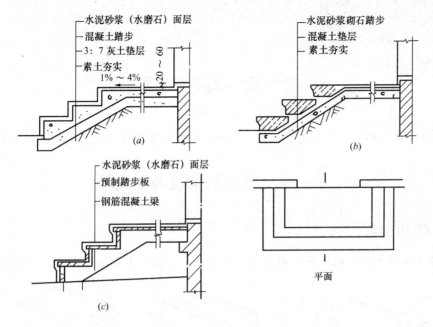

图 9-28　台阶类型及构造
(*a*) 混凝土台阶；(*b*) 石台阶；(*c*) 钢筋混凝土架空台阶

二、坡道

坡道的坡度与使用要求、面层材料及构造做法有关。坡道的坡度一般为 1:6～1:12，面层光滑的坡道坡度不宜大于 1:10，粗糙或设有防滑条的坡道，坡度稍大，但也不应大于 1:6，锯齿形坡道的坡度可加大到 1:4。对于残疾人通行的坡道其坡度不大于 1:12，同时还规定与之匹配的每段坡道的最大高度为 750mm，最大水平长度为 9000mm。

与台阶一样，坡道也应采用耐久、耐磨和抗冻性好的材料，其构造与台阶类似，多采用混凝土材料 [图 9-29 (*a*)]。坡道对防滑要求较高或坡度较大时可设置防滑条或做成锯齿形 [图 9-29 (*b*)]。

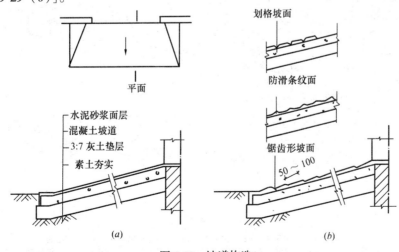

图 9-29　坡道构造
(*a*) 混凝土坡道；(*b*) 混凝土防滑坡道

第十章 屋 顶

屋顶是房屋上面的构造部分。屋顶由屋面、屋顶承重结构、保温隔热层和顶棚组成。

第一节 屋顶的类型与组成

一、屋顶的类型

由于不同的屋面材料和不同的承重结构形式，形成了多种屋顶类型，一般可归纳为

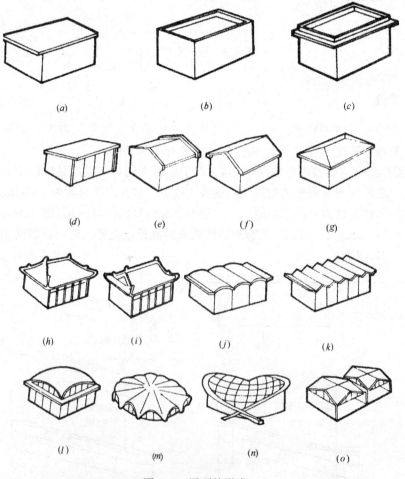

图 10-1 屋顶的形式

（a）挑檐；（b）女儿墙；（c）女儿墙带挑檐；（d）单坡顶；（e）硬山顶；
（f）悬山顶；（g）四坡顶；（h）庑殿顶；（i）歇山顶；（j）筒壳顶；（k）折板顶；
（l）扁壳顶；（m）抛物面壳顶；（n）鞍形悬索顶；（o）扭壳顶

四大类，即为：平屋顶、坡屋顶、曲面屋顶和多波式折板屋顶。

1. 平屋顶

承重结构为现浇或预制的钢筋混凝土板，屋面上做防水、保温或隔热处理。平屋顶的坡度很小，一般采用3%以下，上人屋顶坡度在2%左右。

2. 坡屋顶

坡度较陡，一般在10%以上，用屋架作为承重结构，上放檩条及屋面基层。坡屋顶有单坡、双坡、四坡、歇山等多种形式。

3. 曲面屋顶

由各种薄壳结构或悬索结构作为屋顶的承重结构，如双曲拱屋顶、球形网壳屋顶等。在拱形屋架上铺设屋面板也可形成单曲面的屋顶。这类屋顶结构内力分布合理，能充分发挥材料的力学性能，但施工复杂，一般用于大跨度的大型建筑。

屋顶的形式如图10-1所示。

二、屋顶的组成

屋顶的形式与类型虽然很多，但通常是由以下四个部分组成（图10-2）。

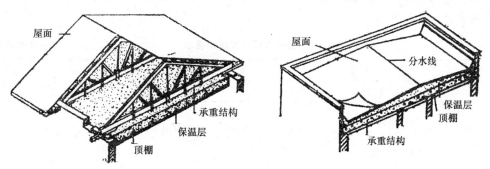

图10-2　屋顶的组成

1. 屋面

屋面是屋顶的面层，它直接承受大自然的长期侵袭，并应承受施工和检修过程中加在上面的荷载，因此屋面材料应具有一定的强度和很好的防水性能。还应考虑屋面能尽快排除雨水，就要有一定的坡度，坡度的大小与材料有关，不同的材料有不同的坡度，如图10-3所示。

2. 屋顶承重结构

不同的屋面材料要有相应的承重结构。承重结构的类型很多，按材料分有木结构、钢筋混凝土结构、钢结构等。承重结构应承受屋面所受的活荷载、自重和其他加于屋顶的荷载，并将这些荷载传到支承它的承重墙或柱上。

3. 保温层、隔热层

组成屋顶前两部分的材料即屋面材料和承重结构材料，保温和隔热性能都很差，在寒冷的北方必

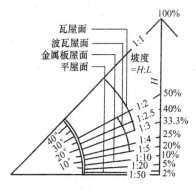

图10-3　不同屋面
材料适应的坡度

须加保温层，在炎热的南方则必须加设隔热层。保温层或隔热层的材料大都是由一些轻质、多孔的材料做成的，通常设置在屋顶的承重结构层与面层之间，常用的材料有膨胀珍珠岩、沥青珍珠岩、加气混凝土块等。

4．顶棚

对于每个房间来说，顶棚就是房间的顶面，对于房间的楼层或顶层来说，顶棚也就是楼层或屋顶的底面。当屋顶结构的底面不符合使用要求时，就需要另做顶棚。顶棚结构一般吊挂在屋顶承重结构上，称为吊顶。顶棚结构也可单独设置在墙上、柱上，和屋顶不发生关系。

坡屋顶顶棚上的空间叫闷顶，如利用这个空间作为使用房间时，叫作阁楼，在南方可利用阁楼通风降温。

三、屋顶的构造要求

屋顶是房屋最上层的外围护部件，构造设计应重点解决屋顶的防水以及防火、保温、隔热等问题。对于屋顶防水，按《屋面工程技术规范》（GB 50345—2004）规定：屋面工程应根据建筑物的性质、重要程度、使用功能要求及防水层耐用年限等，要求将屋面防水分等级设防，见表 10-1。

屋面防水等级和设防要求　　　　　　　表 10-1

项目	屋 面 防 水 等 级			
	I	II	III	IV
建筑物类别	特别重要的民用建筑和对防水有特殊要求的工业建筑	重要的工业与民用建筑、高层建筑	一般的工业与民用建筑	非永久性的建筑
防水层耐用年限	25 年	15 年	10 年	5 年
防水层选用材料	宜选用合成高分子防水卷材、高聚物改性沥青防水卷材、合成高分子防水涂料、细石防水混凝土等材料	宜选用高聚物改性沥青防水卷材、合成高分子防水卷材、合成高分子防水涂料、高聚物改性沥青防水涂料、细石防水混凝土、平瓦等材料	应选用三毡四油沥青防水卷材、高聚物改性沥青防水卷材、合成高分子防水卷材、高聚物改性沥青防水卷材、合成高分子防水涂料、沥青基防水涂料、刚性防水层、平瓦、油毡瓦等材料	可选用二毡三油沥青防水卷材、高聚物改性沥青防水涂料、沥青基防水涂料、波形瓦等材料
设防要求	三道或三道以上防水设防，其中应有一道合成高分子防水卷材，且只能有一道厚度不小于 2mm 的合成高分子防水涂膜	二道防水设防，其中应有一道卷材。也可采用压型钢板进行一道设防	一道防水设防，或两种防水材料复合使用	一道防水设防

第二节 平屋顶的构造

平屋顶的构造应考虑上人屋顶还是不上人屋顶，有无隔汽层，是结构找坡还是材料找坡，有无保温隔热层等，如图 10-4 所示。

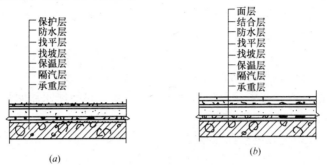

图 10-4 平屋顶的构造层次
（a）不上人；（b）上人

一、平屋顶的承重结构

平屋顶的承重结构有钢筋混凝土梁板承重、网架承重等方式。多数民用建筑采用钢筋混凝土梁板承重，

1. 钢筋混凝土梁板承重

其构造做法与楼面板基本相似。

2. 平面网架承重

当建筑物跨度较大时，可采用网架承重，其上可以直接铺设钢筋混凝土板或彩钢板等屋面材料。

二、平屋顶的屋面防冰构造

平屋顶的防水方式根据所用材料及施工方法的不同可分为两种：柔性防水和刚性防水。

1. 柔性防水构造

柔性防水是指将柔性的防水卷材或片材用胶结材料粘贴在屋面上，形成一个大面积的封闭防水覆盖层。柔性防水又称"卷材"防水。这种防水层具有一定的延伸性，能适应温度变化而引起的屋面变形，并且冷施工、弹性好、寿命长。

（1）常用的卷材和涂料防水材料

1）合成高分子防水卷材。包括合成橡胶卷材，如三元乙丙橡胶防水卷材（EPDM）；合成树脂类卷材，如聚氯乙烯（PVC）防水卷材等。合成高分子卷材，用于Ⅰ级防水屋面时，应大于 1.5mm 厚；用于Ⅰ、Ⅱ级防水屋面时应大于或等于 1.2mm 厚；用于Ⅲ级屋面复合使用时，应大于或等于 1.0mm 厚。

2）高聚物改性沥青防水卷材。包括 SBS 弹性体防水卷材，APP 塑性体防水卷材等。

高聚物改性沥青防水卷材，用于Ⅰ、Ⅱ级防水屋面复合使用时，应大于或等于 3mm 厚；用于Ⅲ级防水屋面单独使用时，应大于或等于 4mm 厚；用于Ⅲ级防水屋面复合使用时，应大于或等于 2mm 厚。

3）合成高分子防水涂料。包括聚氨酯防水涂料、水乳型聚氯乙烯（PVC）防水涂料等。合成高分子防水涂料一般应为 2mm 厚，用于Ⅲ级防水屋面复合使用时，应大于或等于 1.0mm 厚，反应型防水涂料一般应至少涂刷 3 遍，溶剂型、水乳型防水涂料一般应至少涂刷 5 遍，薄质型防水涂料宜涂刷 5 遍。

4）高聚物改性沥青防水涂料。包括溶剂型 SBS 改性沥青防水涂料、水乳型 SBS 改性沥青防水涂料等。高聚物改性沥青防水涂料，一般应大于或等于 3mm 厚，应至少涂刷 5 遍，或一布五六涂，或二布六涂，二布六～八涂。用于Ⅲ级防水屋面复合使用时，应大于或等于 1.5mm 厚。

5）沥青基防水涂料。包括水性石棉沥青防水涂料，膨润土沥青厚质涂料。沥青基防水涂料一般应大于或等于 4mm 厚，用于Ⅲ级防水屋面单独使用时应大于或等于 8mm 厚。

（2）卷材防水构造做法

1）找坡层。当屋顶为材料找坡时，应选用轻质材料形成排水坡度，一般采用 1:1:6（体积比）水泥:砂子:焦碴，振捣密实，表面抹光，最低处 30mm 厚，或 1:0.2:3.5（质量比）水泥:粉煤灰:浮石，最薄处为 30mm 厚，或 1:0.2:3.5（质量比）水泥:粉煤灰:页岩陶粒。当建筑物跨度为 18m 以上时，应选用结构找坡。

2）找平层。通常在结构层或找坡层上做找平层，一般采用 20mm 厚 1:3 水泥砂浆抹平。

3）隔汽层。一般在湿度较大的房间设置，目的是隔除水蒸气，避免保温层吸收水蒸气而产生膨胀变形，为防止龟裂，通常做在保温层下面。常用 2.0mm 厚 SBS 改性沥青防水涂料，1.2mm 厚聚氨酯防水涂料，或 1.2mm 厚聚氯乙烯防水涂料。

4）防水层。目的是防止屋顶雨水渗漏。卷材可采用空铺法、点粘法、条粘法和满粘法铺贴。铺贴卷材时，应从屋檐开始平行于屋脊由下向上铺设，上下边搭接 80～120mm，左右边搭接 100～150mm。如图 10-5 所示。

5）保护层。保护层是防止防水层直接受风吹日晒后开裂、漏雨而铺设的，如果是不上人屋顶，采用铝银粉涂料保护层。如果是上人屋顶，可用水泥砂浆铺贴块材，如水泥花砖、缸砖、混凝土预制块等，也可用现浇 40mm 厚的 C20 细石混凝土等。

2. 刚性防水构造

平屋顶除了采用柔性材料做防水层外，还可以采用刚性材料做防水层，具体做法是用适当级配的豆石混凝土，使其尽量达到最大密实度，并在其中

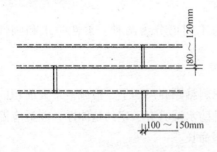

图 10-5 卷材的搭接

配 $\phi 4@200mm$ 的双向钢筋网。豆石混凝土常用配比:水泥:砂子:石子的质量比为 1:1.5～2.0:3.5～4.0。使用这种密实的混凝土做防水层时，其厚度为 50mm，并按 2m 长进行分块，分块缝隙要布置在梁上、板缝或墙上。缝口做成上大下小，缝宽为 20mm 左右。如图 10-6 所示。

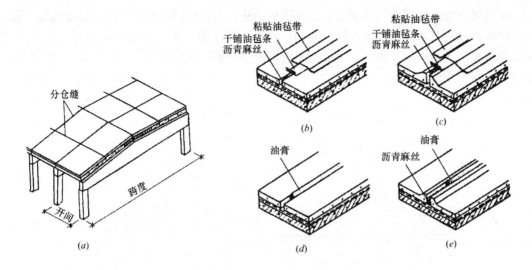

图 10-6　刚性防水屋面分仓缝的布置和做法

（a）分仓缝的布置；（b）平缝油毡盖板；（c）凸缝油毡盖缝；

（d）平缝油膏嵌缝；（e）凸缝油膏嵌缝

三、平屋顶的保温与隔热

1. 保温屋面的材料

作为保温材料必须是空隙多、表观密度小、导热系数小的材料，一般分散料、板块料和现场浇筑的混合料等三大类。

（1）散料保温层

主要有膨胀蛭石（粒径 3～15mm），膨胀珍珠岩（粒径宜大于 0.15mm）。

（2）板块料保温层

如泡沫塑料、泡沫玻璃加气混凝土、水泥膨胀蜂石板、水泥珍珠岩板等。

（3）现浇轻质混凝土保温层

一般为轻骨料混凝土，如陶粒混凝土、水泥膨胀蛭石、水泥膨胀珍珠岩、泡沫混凝土等。

其中以板块料保温层应用较多，分干铺和粘贴板块保温材料两种作法。干铺的板块保温材料，要求紧贴在需保温的基层表面上，并应铺平垫稳；分层铺设的板块上下层接缝应错缝，板块间隙用同类材料填密实；粘贴的板块保温材料应贴严、铺平，采用配套胶水刮缝粘贴。

在现场浇筑的混合料保温作法中，水泥膨胀蛭石和水泥膨胀珍珠岩不宜用于整体现浇封闭式保温层中，以后将逐渐淘汰。因为施工中用水量较大，含水率常达 100% 以上，且未及蒸发即做找平层，以致影响保温效果。当需要采用时，必须采用排汽屋面，使保温层内的水分排出，从而降低保温层的含水量，以保证保温屋面工程的质量。

2. 保温屋面构造

设计保温屋面，对选用何种性能的保温材料及确定保温层的厚度，应根据当地气候条件，并通过热工计算确定。

保温层一般设在屋面防水层之下，其构造做法：先在屋面找平层上做一层隔汽层，隔汽层材料可以用防水涂料或沥青粘贴油毡，然后铺设保温材料，上做细石混凝土找平层，最后做防水层及保护层。构造上要求找平层均设分格缝；保温屋面要设排汽道，并做到纵横贯通；同时按屋面面积每 36m² 左右设置一个排汽孔，排汽孔顶部做好防水处理（图10-7）。

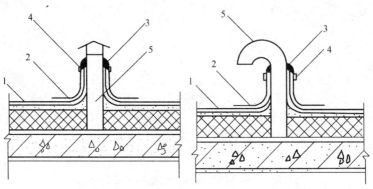

图 10-7　保温屋面排汽出口构造
1—防水层；2—附加防水层；3—密封材料；4—金属箍；5—排气管

也有将保温层设在防水层之上，称为倒置式保温屋顶。其构造层次由下往上依次为结构层、找平层、柔性或拒水粉防水层、保温层、保护层等，保护层可以是钢筋混凝土预制薄板或铺地面砖，也可铺设 50mm 厚砾石层，砾石直径 15～30mm。倒置式屋面对延缓、保护防水层起到了较好的作用，绝热效能好，而且对保证屋面质量和使用年限也较有利。为保证工程质量，构造上除找平层须设置分格缝外，保温材料的性能应选用憎水性好、吸水率低、容重轻、导热系数小的块状保温材料，以防止季节转换因保温材料吸水而使保温效果降低和冻坏屋面（图10-8、图10-9）。

根据建筑节能要求，屋面保温材料铺设力求"深入到位"，如天沟、檐沟部位与屋面交接处保温层的铺设应延伸到不小于墙厚的 1/2 处，以此避免墙体与屋面交接处产生冷桥、降低热工效能。当屋面坡度较大时，屋面保温材料的铺设要采取防滑措施。

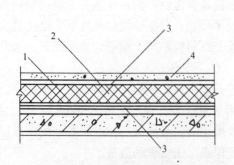

图 10-8　倒置屋面板材保护层
1—防水层；2—保温层；3—砂浆找平层；
4—保护层（水泥砂浆或块材）

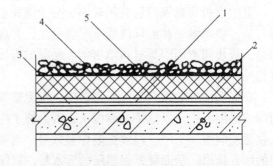

图 10-9　倒置屋面卵石保护层
1—防水层；2—保温层；3—砂浆找平层；
4—卵石保护层；5—纤维织物

3. 屋面隔热层构造

在炎热地区，为防止夏季室外热量通过屋面传到室内，使室内温度过高，屋面构造设计一般在防水层上面采用架空、蓄水和无土种植等隔热屋面形式。不同地区、不同条件的建筑物，其屋面的隔热形式是有区别的，设计应根据所在地的环境条件，建筑物的使用要求及屋面结构形式等进行选用。

（1）架空隔热层构造

在平屋顶上一般采用预制薄板用架空方式搁在屋面防水层之上，它对屋顶的结构层和防水层起有保护作用。架空隔热层的高度应根据屋面宽度和坡度大小来决定。采用架空隔热屋面的坡度不宜大于5%。当屋面较宽时，风道中阻力增加，宜采用较高的架空层；当屋面宽度大于10m时，还应设置通风屋脊；而当屋面坡度较小时，进出风口之间的温差相对较小，为使风道空气流通，也应采用较高的架空层，反之，可采用较低的架空层。按规范规定：架空隔热屋面的架空隔热层高度宜为100～300mm；架空板与女儿墙的距离不宜小于250mm，间距过宽将降低架空隔热的作用。同时，在架空层中为达到散热效果，不能有堵塞现象。架空隔热层的进风口宜设置在当地夏季主导风向的正压区；出风口设在负压区。北方严寒地区不宜采用（图10-10）。

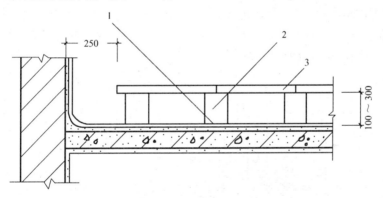

图 10-10　架空隔热屋面构造
1—防水层；2—支座；3—架空板

（2）蓄水隔热屋面构造

蓄水屋面主要在我国南方地区使用，它对太阳辐射有一定反射作用，热稳定性和蒸发散热效果也较好。但不宜在地震区和震动较大的建筑物上使用，否则一旦屋面产生裂缝会造成渗漏。

蓄水屋面的蓄水深度一般为150～200mm，其屋面坡度不宜大于0.5%。当屋面较大时，蓄水屋面应划分成若干蓄水区，每边的边长不宜大于10m；遇有变形缝处，应在变形缝的两侧分成两个互不连通的蓄水区；当长度超过40m的蓄水屋面，还应在横向设置一道伸缩缝。为便于检修，在蓄水屋面上还应考虑设置人行通道。在蓄水屋面上要求将防水层高度高

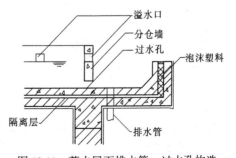

图 10-11　蓄水屋面排水管、过水孔构造

出溢水口 100mm；对各种排水管、溢水口设计均应预留孔洞；管道穿越处应做好密封防水。每个蓄水区的防水混凝土必须一次浇筑完成，并经养护后方可蓄水。在使用过程中不可断水，并防止排水系统堵塞，造成干涸之后极易造成刚性防水层产生裂缝、渗漏（图10-11、图10-12）。

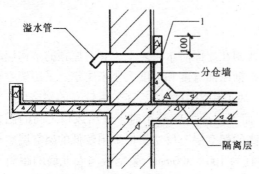

图 10-12　蓄水屋面溢水口构造
1—溢水口

（3）种植隔热屋面构造

种植屋面也是隔热屋面的一种形式。种植屋面的构造可根据不同的种植介质确定。种植介质分有土种植（包括炉渣与土的混合）和无土种植（蛭石、珍珠岩、锯末）等两类。种植屋面覆盖土层的厚度、重量要符合设计要求。用于种植屋面的坡度不宜大于 3%。

种植屋面四周应设置砖砌挡墙，挡墙下部设泄水孔和天沟。当种植屋面为柔性防水层时，上部还应设置一层刚性保护层，种植屋面泛水的防水层高度应高出溢水口 100mm。为方便维修，设计还应考虑设置人行通道。在种植屋面覆土前，为确保屋面防水质量应进行一次蓄水试验，其静置时间不小于 24h，当确认无渗漏时方可覆土（图 10-13）。

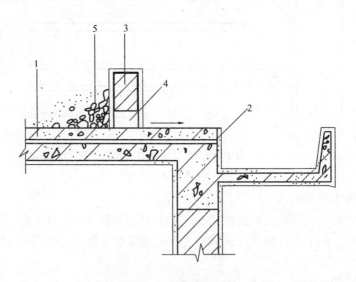

图 10-13　种植屋面构造
1—细石混凝土防水层；2—密封材料；3—砖砌挡墙；
4—泄水孔；5—种植介质

四、平屋顶的排水

排水方式分为无组织排水和有组织排水两类。

1．无组织排水

雨水顺着屋面流下并从屋檐直接落到地面上的排水方式称为无组织排水或自由落水。无组织排水的屋面檐部要挑出，做成挑檐，这种排水方式的屋面构造简单，造价较低，排水顺畅，但雨水易飘落到墙面上沿墙漫流，使墙面污染。故适用于雨水量较少（年降雨量≤900mm）的地区，且屋檐高度不大（槽口高度不超过10m）的地区。无组织排水示意如图10-14所示。

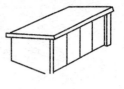

图 10-14 无组织排水屋面

2. 有组织排水

当房屋较高或年降雨量较大时，应采用有组织排水，以避免因雨水自由下落对墙面冲刷，影响房屋的耐久性和美观。

有组织排水就是指雨水经屋面分水线有组织地疏导至落水口排至落水管，再经敷设于外墙或室内的落水管排到地面或排入地下管道。

依雨水管的位置不同，有组织排水分外排水和内排水两种方式。

（1）外排水

纵向坡度外排水是在屋顶设排水坡，把雨水排至屋檐外天沟或女儿墙内天沟（纵向坡度0.5%左右）流至各个落水口，再沿敷设在外墙表面的雨水管排至地面散水或明沟（暗沟），雨水管离开墙面20~25mm，沿墙高设间距为1000~1200mm管卡，并与墙体牢固连接。雨水管可选用26号镀锌钢板管、PVC塑料管、玻璃钢管、铸铁管、石棉水泥管等。雨水管直径有50、75、100、125、150mm等，最常用雨水管直径为100mm。如图10-15所示。

图 10-15 有组织外排水屋面

（2）内排水

内排水是指雨水顺坡汇集到檐沟或天沟中后，经落水口和设置于室内的排水管排到地下管道的排水方式。适合于多跨房屋或高层房屋。有组织内排水屋面如图10-16所示。

（3）雨水管的布置

雨水管的布置与屋面集水面积大小、每小时最大降雨量、排水管管径等因素有关。即：

$$F = \frac{438D^2}{H}$$

式中 F——单根雨水管允许集水面积（水平投影面积，单位：m^2）；

D——雨水管直径（cm）；

H——每小时最大降雨量（mm/h）。

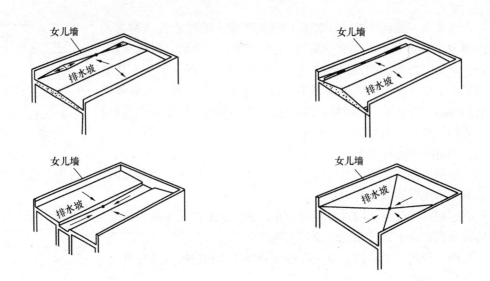

图 10-16　有组织内排水屋面

但是，在工程实践中，雨水管间的距离以 10 ~ 15m 为宜。当计算间距大于适用间距时，应按适用间距设置雨水管，否则按计算间距设置雨水管。

五、平屋顶的细部构造

平屋顶屋面的细部构造包括屋面泛水构造、槽口构造、屋面变形缝防水构造、雨水口构造、屋面突出物构造等。

1. 泛水构造

屋面与垂直墙面交接处的防水构造处理称为泛水。如女儿墙与屋面、烟囱与屋面等的交接处构造。

泛水高度应自保护层算起，高度不小于 250mm，屋面与墙的交界处，先用水泥砂浆抹成圆弧（$R = 50 ~ 100mm$），也可以做成 45°的斜面，以防止在卷材粘贴时折断，然后再铺贴卷材，将卷材沿垂直墙面上卷，上卷高度不小于 250mm，并将卷材收口固定（图10-17）。

2. 檐口构造

（1）无组织排水的檐口构造

挑檐板由屋面板直接挑出，也可以由现浇钢筋混凝土梁挑出，其防水构造与屋面防水构造相同，但要处理好防水层在挑檐处的收口（图10-18）。

（2）有组织排水的檐口构造

有组织排水的檐口，有外挑檐沟、女儿墙内檐沟、女儿墙外檐沟三种形式（图10-19）。

（3）落水口构造

落水口分檐沟底部的水平落水口和设在女儿墙上的垂直落水口两种。落水口分直管式和弯管式两类。构造如图10-20和图10-21所示。

（4）女儿墙压顶

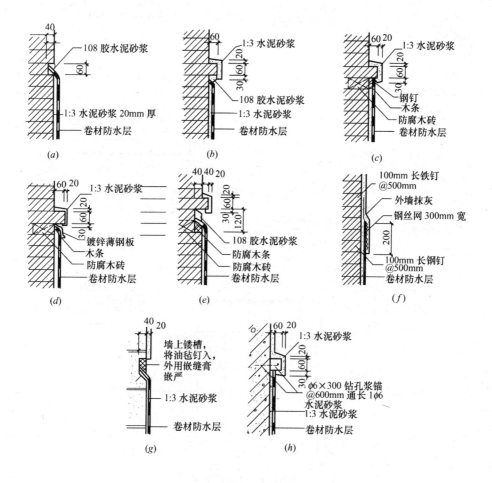

图 10-17　卷材屋面泛水构造

（a）~（f）砖墙泛水；（g）加气混凝土墙泛水；（h）钢筋混凝土墙泛水

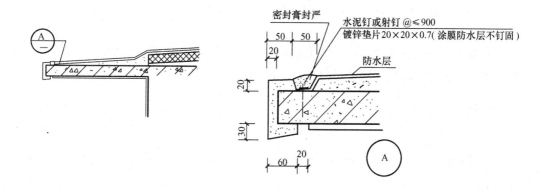

图 10-18　无组织排水檐口构造

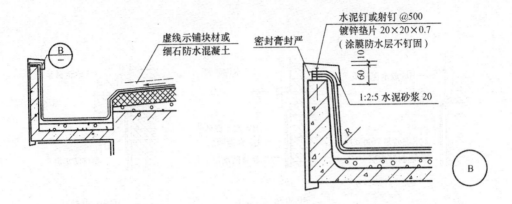

图 10-19　有组织排水檐口构造

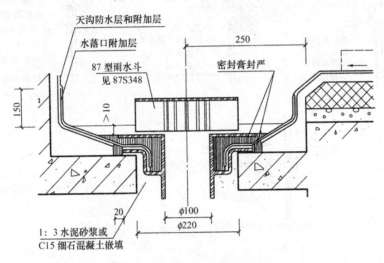

图 10-20　直管式落水口

女儿墙是外墙在屋顶以上的延续，也称压檐墙。墙厚一般为 240mm，高度视屋面上人还是不上人而定，上人屋面女儿墙的高度不小于 1300mm，不上人屋面女儿墙的高度不小于 800mm。压顶有现浇和预制两种。构造如图10-22所示。

（5）屋面变形缝构造

屋面变形缝有两种情况：一是变形缝两侧的屋面等高，构造如图10-23所示。另一种是变形缝两侧屋面不等高，构造如图 10-24 所示。

六、屋面突出物构造

1. 屋面检查孔构造

为方便检修屋面，需在房屋走道或楼梯间处的屋顶上设屋面检查孔，孔内径不得小于700mm × 700mm。构造如图 10-25 所示。

2. 管道、烟囱穿屋面构造

为防止雨水渗漏，构造上应将屋面基层与管子的交接处抹成圆弧，卷材上卷，高度不小于 300mm。构造如图 10-26 所示。

144

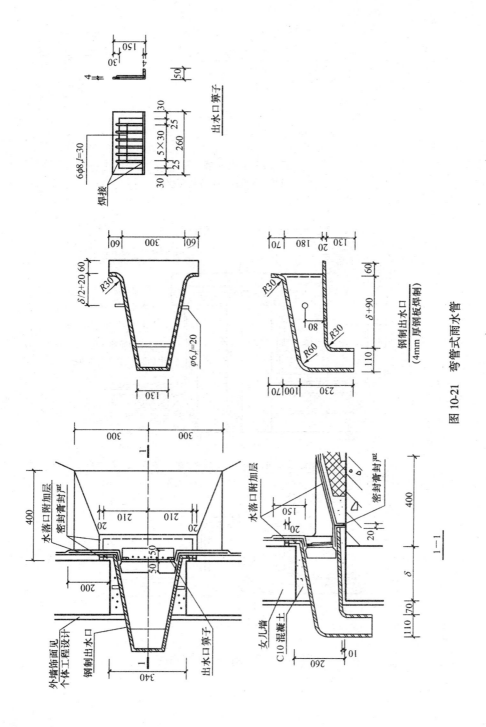

出水口箅子

钢制出水口
(4mm 厚钢板焊制)

图 10-21　弯管式雨水管

1—1

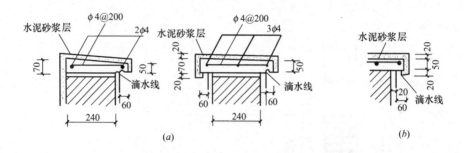

图 10-22　女儿墙压顶

（a）预制压顶板；（b）现浇压顶板

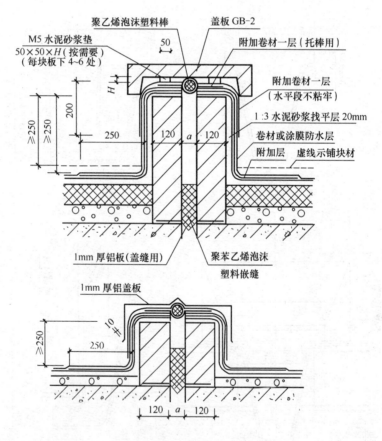

图 10-23　等高屋面变形缝构造

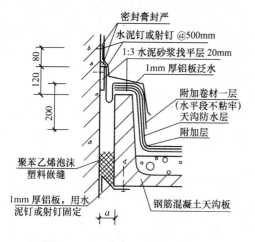

图 10-24 不等高屋面变形缝构造

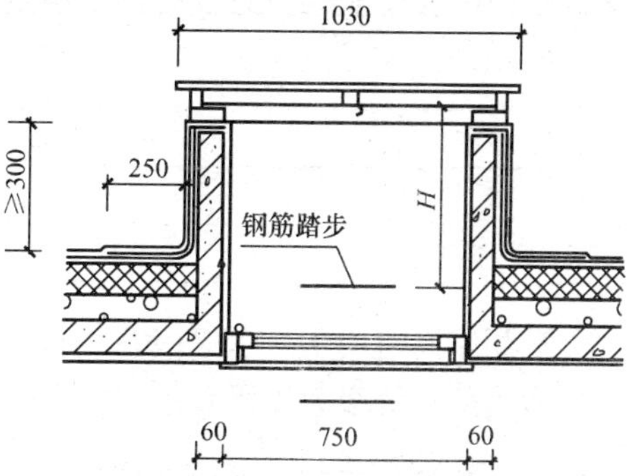

图 10-25 屋面人孔构造

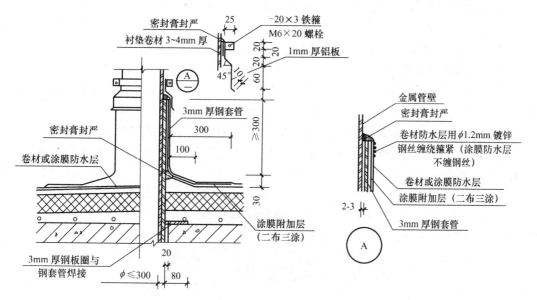

图 10-26 管道穿屋面构造

第三节 坡屋顶构造

一、传统坡屋顶的形式与排水坡度

坡屋顶一般有双坡、单坡和四坡屋顶等形式，分别由屋面和承重结构等两部分组成，必要时屋面还要设置顶棚、保温层、隔热层等其他功能层。

1. 传统坡屋顶的承重结构

包括屋架、檩条、椽子等。

2. 屋面

包括屋面板、防水卷材、顺水条、挂瓦条和瓦等构件。

3．瓦屋面的排水坡度

应结合屋架形式、屋面基层类别、防水构造形式、材料性能以及当地气候条件等因素，作一综合技术经济比较后再予确定，见表10-2。

瓦屋面的排水坡度   表 10-2

材料种类	屋面排水坡度（%）	材料种类	屋面排水坡度（%）
平　　瓦	20～50	油毡瓦	≥20
波形瓦	10～50	压型钢板	10～35

平瓦屋面适用于防水等级Ⅱ、Ⅲ、Ⅳ级；压型钢板瓦屋面适用防水等级Ⅱ级；波形瓦屋面适用防水等级为Ⅳ级。

二、传统坡屋顶细部构造设计

坡屋顶的细部构造主要分承重结构和屋面两大部分。

1．坡屋顶承重结构的形式与构造

坡屋顶的承重结构体系具体分为檩式屋顶结构和椽式屋顶结构。

（1）檩式屋顶结构

以檩条支承屋顶结构的一种结构形式。檩条的材料有木材、钢材或钢筋混凝土等几种。檩条的间距，有椽子时1000～1500mm，无椽子时700～900mm。檩条的断面，用圆木时直径100～120mm；方木宽度75～100mm，高度200～250mm。檩条的搁置方式常见的可分为墙承式、屋架支承式和我国传统的梁架支承式（也称立帖式）三种（图10-27、图10-28、图10-29）。

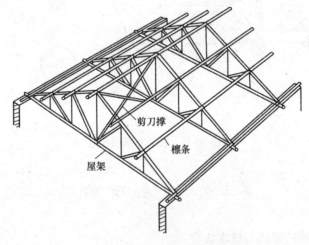

图 10-27　屋架支撑檩条的屋顶

（2）椽式屋顶结构

椽式屋顶结构主要以布置小间距人字形的椽架（400～800mm）支承屋顶结构形式，也称缘架式屋顶。椽架用料小，重量轻，平面布置比较灵活（图10-30）。

2．坡屋顶细部构造

以平瓦屋面为主的坡屋顶细部构造层次，分别由屋面板、防水卷材、顺水条、挂瓦

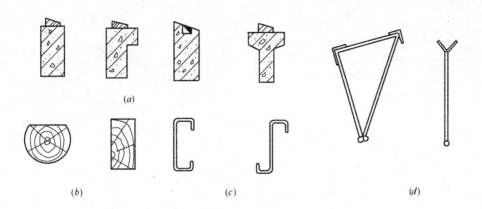

图 10-28　檩条的类型

（a）钢筋混凝土檩条；（b）木檩条；（c）薄壁钢檩条；（d）钢桁架檩条

条、平瓦等材料所组成。

（1）屋面板

屋面板厚 15 ~ 20mm，板的长度应搭过三根檩条或椽子，直接钉在檩条或椽子上。

（2）防水卷材

采用于铺油毡一层，一般自下而上平行于屋脊方向铺贴，上下层油毡搭接不小于 100mm。

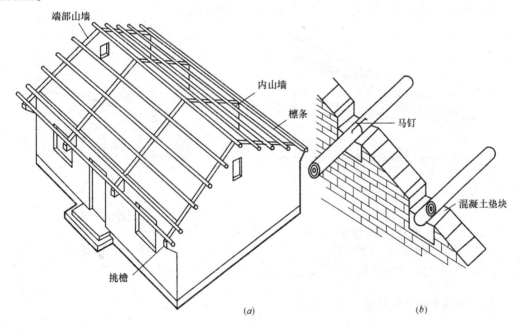

图 10-29　山墙支承檩条屋面及檩条形式

（a）山墙支檩屋顶；（b）檩条在山墙上的搁置形式

（3）顺水条

用以固定防水卷材，应沿顺水流方向布置，材料一般采用灰板条。

（4）挂瓦条

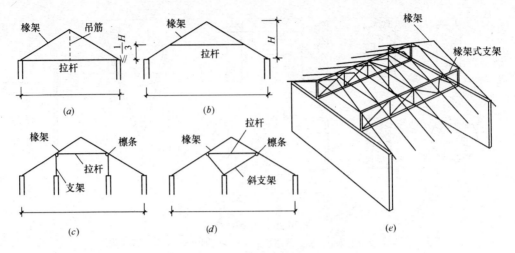

图 10-30 椽架式屋顶

挂瓦条断面尺寸 25mm × 30mm，挂瓦条间距为 280～310mm，视瓦的长度而定。挂瓦条起到挂住瓦片防止瓦片下滑作用，一般均平行于屋脊方向布置。

（5）平瓦

平瓦基本尺寸长为 380～420mm，宽约 240mm，厚为 50mm，（净厚约 20mm）。

有关坡屋顶檐口、天沟、烟囱泛水及现浇坡屋顶上铺彩色水泥平瓦等部位具体构造做法，可参照国家和地方有关规范资料（图10-31、图10-32）。

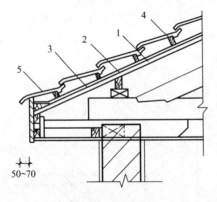

图 10-31 平瓦檐口

1—木基层；2—平铺油毡；

3—顺水条；4—挂瓦条；5—平瓦

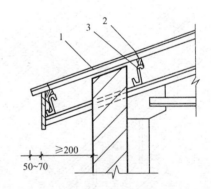

图 10-32 波形瓦檐口

1—波形瓦；2—镀锌螺钉；3—檩条

三、钢筋混凝土坡屋顶

由于建筑技术的进步，传统坡屋顶已很少在城市建筑中采用。但因坡屋顶具有其特有的造型特征，因此近年来民用建筑中多采用钢筋混凝土坡屋顶。

1. 屋面构造

目前流行的坡屋顶屋面构造主要有砂浆卧瓦、挂瓦条挂瓦和块瓦形钢板彩瓦等三种，其中挂瓦条挂瓦又分为钢挂瓦条挂瓦和木挂瓦条挂瓦二种，如图10-33、图10-34、图10-35所示。

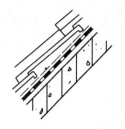

①块瓦；②1:3 水泥砂浆卧瓦层最薄处 20mm（配 φ6@500×500 钢筋网）；③高聚物改性沥青防水卷材 3mm；④1:3 水泥砂浆找平层 15mm；⑤钢筋混凝土屋面板

图 10-33　砂浆卧瓦块瓦屋面构造（无保温隔热层）

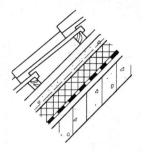

①块瓦；②挂瓦条 30×25（mm），中距按瓦材规格；③顺水条 30×25（mm），中距 500mm；④C15 细石混凝土找平层 35mm（配 φ6@500×500 钢筋网）；⑤保温或隔热层；⑥高聚物改性沥青防水卷材 3mm；⑦1:3 水泥砂浆找平层 15mm；⑧钢筋混凝土屋面板

图 10-34　木挂瓦条块瓦屋面构造

外墙与屋顶交接处为檐口，挑出檐口要保持与屋面相一致的坡度。檐口距地面较高时应做檐沟，檐沟可使屋面雨水有组织的排向地面。在北方，冬春交替季节还可以防止檐口形成冰溜落下伤人，如图10-36、图10-37所示。

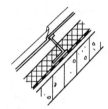

①块瓦形钢板彩瓦；②冷弯型钢挂瓦条，中距按瓦材规格；③保温或隔热层 8mm；④高聚物改性沥青防水卷材 3mm（合成高分子防水涂膜≥2mm）；⑤1:3 水泥砂浆找平层 15～20mm；⑥钢筋混凝土屋面板

图 10-35　块瓦形钢板彩瓦屋面构造

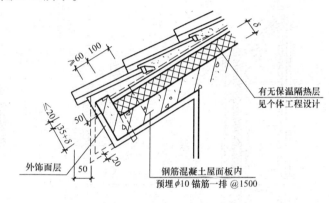

图 10-36　屋面檐口构造

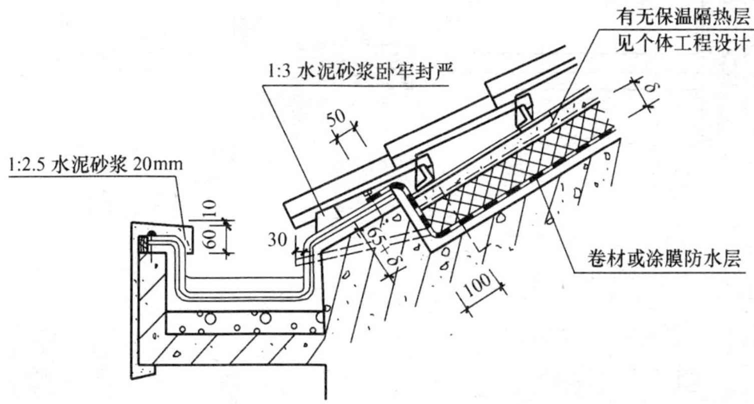

图 10-37　屋面檐沟构造

2. 天窗和老虎窗

天窗的采光量约为普通窗采光量的 3 倍。随着建筑技术的提高，已逐渐解决了除雪、防雹、清洗等难题，虽因造价一直居高不下使其应用受到一定限制。但天窗已开始在民用建筑中得到采用。

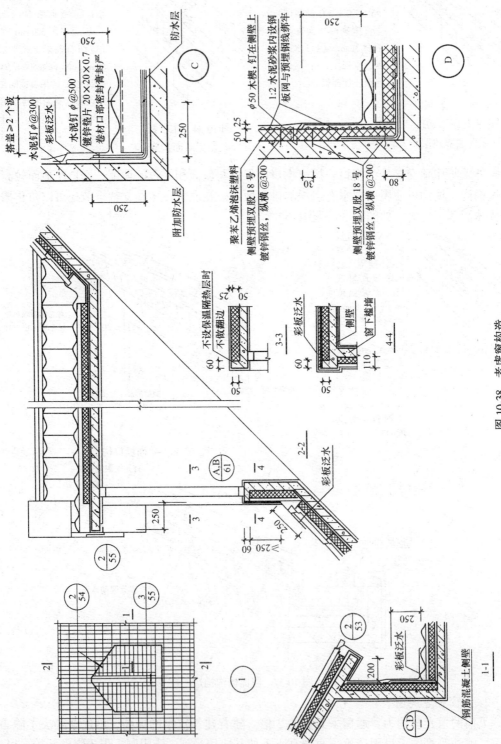

图 10-38　老虎窗构造

152

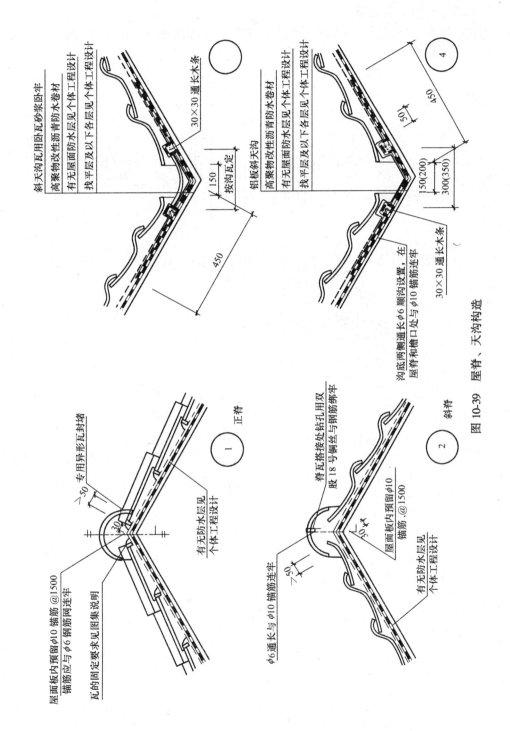

斜天沟瓦用卧瓦砂浆卧牢
高聚物改性沥青防水卷材
有无屋面防水层见个体工程设计
找平层及以下各层见个体工程设计

30×30通长木条

150 按沟瓦定

450

① 正脊

≥50 专用异形瓦封堵

30

有无防水层见
个体工程设计

屋面板内预留φ10锚筋 @1500
锚筋应与φ6钢筋网连牢
瓦的固定要求见集图图集说明

铝板斜天沟
高聚物改性沥青防水卷材
有无屋面防水层见个体工程设计
找平层及以下各层见个体工程设计

150(200)
300(350)
450

50

④

30×30通长木条

沟底两侧通长φ6顺沟设置，在
屋脊和檐口处与φ10锚筋连牢

② 斜脊

脊瓦搭接处钻孔用双
股18号铜丝与钢筋绑牢

≥50

屋面板内预留φ10
锚筋，@1500

有无防水层见
个体工程设计

φ6通长与φ10锚筋连牢

图 10-39 屋脊、天沟构造

153

老虎窗具有独特的造型功能，并能抬高局部的室内高度，提高面积利用率，因此在民用建筑中常有采用，但施工比较复杂，老虎窗构造实例如图10-38所示。

3．天沟、屋脊、管道泛水

天沟、屋脊、管道泛水都是坡屋顶构造中较难处理的地方，需注意局部加强，如图10-39、图10-40所示。

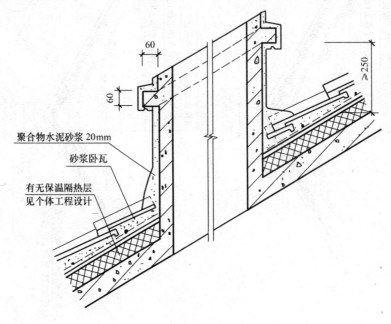

图 10-40　管道泛水构造

第三部分 建筑力学基本知识

第十一章 静力学基础知识

第一节 力的概念及基本规律

一、力的概念

1. 力和它的作用效果

在生产劳动中用手推车、起吊重物和锻压工件等等都离不开"力"。力对物体的作用产生两种效应：

（1）改变物体的运动形态——运动效应。

（2）使物体产生变形。如弹簧受拉力会伸长，起重机梁在起吊重物时要弯曲——变形效应。

总之，力是物体与物体之间的相互相机械作用，所以力不能离开相互作用的物体而单独存在。力是物体改变形状和运动状态的原因。

2. 力的三要素

力对物体作用的效应与力的大小、力作用的方向和力作用点有关。如这三者中任何一个有改变时，力的作用效果也就不同。因此，通常把力的大小、方向和作用点叫做力的三要素。

力是既有大小又有方向的量，这样的量称为矢量。按照力的三要素可用一条有向线段表示力，如图 11-1 所示。沿力的方向画一直线，这条直线叫做力的作用线（图中虚线）；在作用线上顺力的方向按适当比例尺取一定长短的线段表示力的大小，这个有一定方向和一定长度的带箭头的线段，这就是力的表示方法。

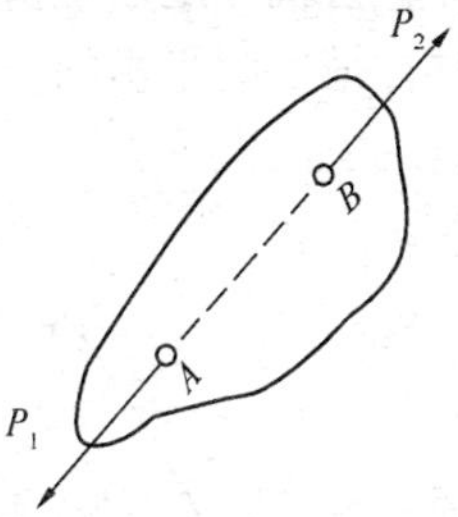

为度量力的大小，必须首先确定力的单位。在国际单位制中，力的单位是牛顿（N）或千牛顿（kN）。

有时物体上有若干力作用，就把作用在指定物体上的一组力称为力系。力系可分为平面力系和空间力系。在本书中只是解决平面力系的问题。

图 11-1 力作用线

如果物体在某一力系作用下保持平衡，则该力系称为平衡力系。

一个力系对物体的作用效果如果能用一个力代替时，这个力就叫作该力系的合力。这个力系中的每一个力都是合力的分力。用一个力代替一个力系的过程叫力系的合成；用一个力系代替一个力的过程叫力的分解。

二、静力学的基本规律

静力学的几个基本规律是静力分析和计算的基本依据。

1. 作用力和反作用力原理

根据牛顿第三定律，任何一个物体对其他物体有力作用时，它必定受到一个反作用力。如推车时，对车施加作用力 F，手上则受到车的反作用力 F' 的作用（图 11-2）。作用力和反作用力总是同时出现的，它们大小相等，方向相反，作用在同一直线上；分别作用在两个不同的物体上。

图 11-2　力和反作用力

如图 11-2 中，当我们分析小车的受力情况时，其上只有力 F，没有 F'，它不是作用在小车上的力。

2. 二力平衡条件

在刚体上受 $P_1 P_2$ 两个力作用，要使刚体平衡，其必要和充分条件是这两个力大小相等，方向相反，作用在一直线上（图 11-3），即

$$P_1 = - P_2 \tag{11-1}$$

二力平衡条件是力系平衡中最简单、最基本的情况。对于刚体，只要满足了这个条件，它就一定是平衡的，但对于非刚体来说，有时就未必能成立。如绳索在两端受压力时，是不能平衡的。

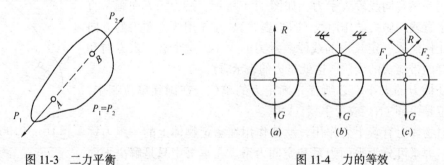

图 11-3　二力平衡　　　　　　　　　图 11-4　力的等效

3. 力的平行四边形法则

作用在物体上的一个力系，如果可用另一个力系来代替，而不改变原力系对物体的作用，而这两个力系称为等效力系。如图 11-4 中，重量为 G 的小球，用一根绳悬挂，小球处于平衡状态。如用两根绳悬挂，两根绳的角度各有不同时也可以达到使小球平衡的同样效果。也就是说，两个力 F_1、F_2 对小球的作用效果，与一个力 R 对小球的作用效果完全相同。于是我们说，R 是 F_1、F_2 的合力，F_1、F_2 是 R 的两个分力。

作用在物体同一点的两个力可以合成为一个合力，合力的作用点也在该点上，其大小和方向都可以由这两个力为邻边所构成的平行四边形的对角线确定，如图11-5所示。这称为力的平行四边形法则。

根据这个法则作出的平行四边形，叫力的平行四边形。

力的平行四边形法则是力系合成或简化的基础。

实际上，两个相交力的合力，也可用这样的方法来确定，如图11-6（c）所示，在平面上任取一点，先作力 P_1，再自 P_1 的终点作力 P_2，最后由第一个力的始点到第二个力的终点的连线，所得矢量 R 就是它们的合力。这种求合力的作图法，称为三角形法则。

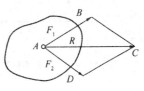

图11-5 力的合成

4. 加减平衡力系公理

在作用于刚体的任意力系中，加上或去掉任何一个平衡力系，并不改变原力系对刚体的作用效果。

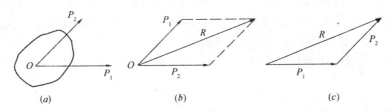

图11-6 力三角形法则

这个公理可以这样粗略的理解：因为平衡力系不会改变刚体原来的运动状态（静止或作匀速直线运动），也就是说，平衡力系对刚体的运动效果为零。所以在刚体上加上或去掉一个平衡力系，不会改变刚体原来的运动状态。

5. 力的可传性原理

作用于刚体上的力可沿其作用线移动到刚体内任意一点，而不会改变该力对刚体的作用。

上述力的可传性原理很容易为实践所验证。例如，用绳拉车，或者沿绳子同一方向，以同样大小的力作用手推车，对车产生的运动效果相同。如图11-7所示。

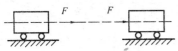

图11-7 力的可传性原理

应当指出，力的可传性只适用于一个刚体，不适用于两个刚体（不能将作用于一个刚体上的力随意沿作用线移至另一个刚体上）。如图11-8（a）所示，两平衡力 F_1、F_2 分别作用在两物体 A、B 上，能使物体保持平衡（此时物体之间有压力），但是，如果将 F_1、F_2 各沿其作用线移动成为图11-8（b）所示的情况，则两物体各受一个拉力而将被拉开失去平衡。力的可传性也不适用于变形体。如一个变形体受反向拉力作用将产生伸长变形，如图11-9（a）所示，若将 F_1 与 F_2 沿其作用线移动到另一端，如图11-9（b）所示，物体将产生压缩变形，变形形式发生变化，作用效果发生改变。

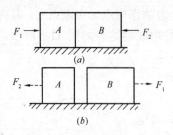

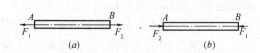

图 11-8 二力对不同物体作用　　　　　　　　图 11-9 物体受拉、压力变形

第二节　平面汇交力系

力系按各力作用线分布情况分为平面力系和空间力系两大类。各力的作用线均在同一平面上的力系叫平面力系；作用线不全在同一平面上的力系称为空间力系。

在平面力系中，最简单的力系是各力的作用线均在同一平面内且汇交于一点的力系，叫平面汇交力系。在实际中，起重机的吊钩〔图 11-10（a）〕、结构的铰结点、桁架的结点〔图 11-10（b）〕等就是平面汇交力系的例子。

为了能够用代数方法进行力学计算（通常称为解析法），需要引入力在坐标轴上投影的概念。

一、力在坐标轴上的投影

设力 P 作用在物体上某点 A 处，用 P 表示。通过力 P 所在的平面的任意点 O 作直角坐标系 xoy，如图 11-11 所示。从力 P 的起点 A 及终点 B 分别作垂直于 x 轴的垂线，得垂足 a 和 b，并在 x 轴上得线段 ab，线段 ab 的长度加以正负号称为力 P 在 x 轴上的投影，用 X 表示。同样方法也可以确定力 P 在 y 轴上的投影为线段 $a_1 b_1$，用 Y 表示。并且规定：从投影的起点到终点的指向与坐标轴正方向一致时，投影取正号；从投影的起点到终点的指向与坐标轴正方向相反时，投影取负号。

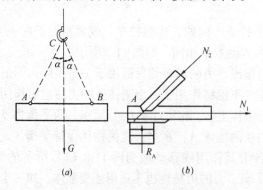

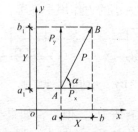

图 11-10　平面汇交力系例子　　　　　图 11-11　力在坐标轴投影

从图 11-11 中的几何关系得出投影的计算公式为

$$\left.\begin{array}{l} X = \pm P\cos a \\ Y = \pm P\sin a \end{array}\right\} 或 \left.\begin{array}{l} P_x = \pm P\cos a \\ P_y = \pm P\sin a \end{array}\right\} \tag{11-2}$$

式中，a 为力 P 与轴所夹的锐角；X 和 Y 的正负号可按上面提到的规定直观判断得出。

如果力 P 在 x 轴和 y 轴上的投影 X 和 Y 已知，则图 11-12 中的几何关系可用下式确定力 P 的大小和方向

$$\left.\begin{array}{l} P = \sqrt{X^2 + Y^2} \\ \tan\alpha = \dfrac{|Y|}{|X|} \end{array}\right\} \tag{11-3}$$

P 的具体方向可由 X、Y 的正负号确定；式中的 a 角为 P 与 x 轴所夹的锐角。

特别要指出的是当力 P 与 x 轴（或 y 轴）平行时，P 的投影 Y（或 X）为零；X（或 Y）的值与 P 的绝对值 P 相等，方向按上述规定的符号规则确定。例如在图 11-12 中，$F_3 = 200N$，它在两轴上的投影分别为：

$$X_3 = 0$$

$$Y_3 = -200N$$

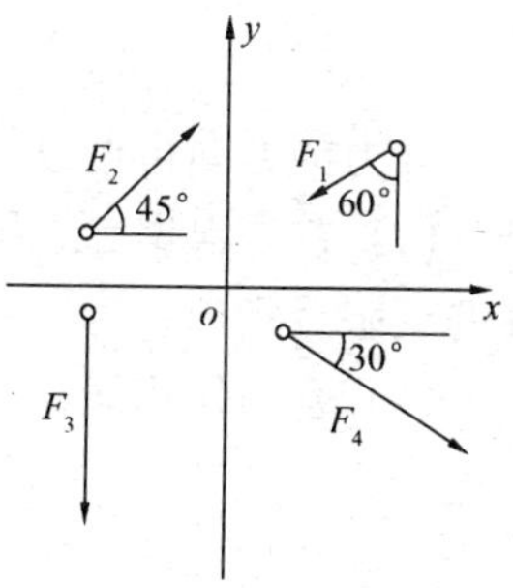

另外，在图 11-11 中可以看出 P 的分力 P_x 与 P_y 的大小与 P 在对应的坐标轴上的投影的绝对值相等。要注意：分力是矢量，而力在坐标轴上的投影是代数量，所以不能将它们混为一谈。

图 11-12 P 与 x 轴平行时投影

二、合力投影定理

图 11-13 表示作用于物体上某一点 A 的两个力 P_1 和 P_2，用力的平行四边形法则求出它们的合力为 R。在力的作用面内作一直角坐标系 xoy，力 P_1 和 P_2 及合力 R 在坐标轴上的投影分别为：

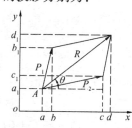
图 11-13 合力投影

$$X_1 = ab; Y_1 = a_1b_1$$
$$X_2 = ac; Y_2 = a_1c_1$$
$$R_x = ad; R_y = a_1d_1$$

从图中几何关系可以看出，$ab = cd, a_1c_1 = b_1d_1$。

$$R_x = ad = ac + cd = X_1 + X_2$$
$$R_Y = a_1d_1 = a_1b_1 + b_1d_1 = Y_1 + Y_2$$

如果某平面汇交力系汇交于一点有 n 个力可以证明上述关系仍然成立，即

$$\left.\begin{array}{l} R_x = X_1 + X_2 + \cdots + X_n = \Sigma X \\ R_Y = Y_1 + Y_2 + \cdots + Y_n = \Sigma Y \end{array}\right\} \tag{11-4}$$

由此可见，合力在任一轴上的投影，等于各分力在同一轴上投影的代数和。这就是合力投影定理。

三、平面汇交力系的合成与平衡条件

1. 平面汇交力系的合成

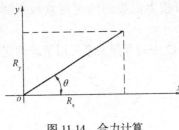
图 11-14　合力计算

当物体受到平面汇交力系作用时，可以用一个合力代替该力系，这个代替过程是平面汇交力系的合成。首先，求出力系中所有各力在两个坐标轴上的投影。再利用合力投影定理求出该力系的合力在两坐标轴上的投影为 $R_x = \Sigma X$, $R_y = \Sigma Y$, 式（11-4）再利用式（11-3）就可以算出合力的大小和方向（图 11-14）。

合力大小为：

$$R = \sqrt{R_x^2 + R_y^2} = \sqrt{(\Sigma x)^2 + (\Sigma y)^2} \tag{11-5a}$$

合力的方向可按以下两步来确定：

（1）首先根据 ΣX 和 ΣY 二者各自的正负号，确定合力 R（作用在 O 点）的作用线所在的象限及指向；

（2）合力作用线与 x 轴间的夹角 θ 按下式计算：

$$\tan\theta = \frac{|R_y|}{|R_x|} = \frac{|\Sigma P_y|}{|\Sigma P_x|} \tag{11-5b}$$

式中，$\tan\theta$ 是合力 R 与 X 轴之间夹角的正切值。由式（11-5b）可见，它总是正的。由此可进而通过三角函数表，由 θ 正切值 $\tan\theta$，反过来查角度 θ 的大小。根据式（11-5b）所查得的 θ 角均为锐角。取合力 R 作用线与 x 轴之间所夹的小于90°的角即为 θ。

根据 $R_y = \Sigma Y$ 及 $R_x = \Sigma X$ 二者正负号的不同，确定 R 所在的象限也不同，如图 11-15 所示。

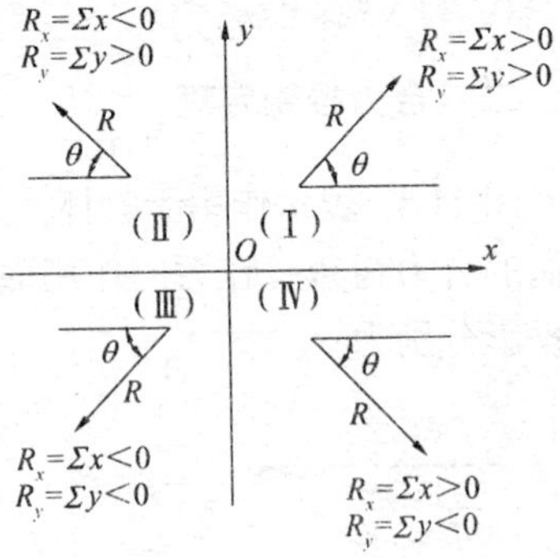

2. 平面汇交力系的平衡条件

作用在刚体上的平面汇交力系可以合成为一个合力，合力与原力系等效。当合力为零时，则原力系为平衡力系。所以，平面汇交力系平衡的必要而充分条件是该力系的合力为零，也即

$$R = \sqrt{R_x^2 + R_y^2} = \sqrt{(\Sigma X)^2 + (\Sigma Y)^2} = 0$$

由于 $(\Sigma X)^2$、$(\Sigma Y)^2$ 不可能为负值，则使 $R = 0$ 的条件，必须也仅需：

$$\left. \begin{array}{l} \Sigma X = 0 \\ \Sigma Y = 0 \end{array} \right\} \tag{11-6}$$

图 11-15　合力正负值判定

式（11-6）称为平面汇交力系的平衡方程。其中 $\Sigma X = 0$, $\Sigma Y = 0$，分别表明平面汇交力系在平衡时其合力沿 X、Y 两坐标轴方向的分力都为零，从而得出物体在平面汇交力系作用下处于平衡状态是指：或是沿 X、Y 方向都不运动；或是作匀速直线运动。

对于建筑结构来说，多是处于静止状态的。所以 $\Sigma X = 0$, $\Sigma Y = 0$，就意味着物体沿 X、Y 两个方向都是静止不动的。这是因为力系中的各分力对物体在 X、Y 两个方向的运动效果相互抵消了的缘故。

平面汇交力系有两个独立的平衡方程，所以只能解决未知量不超过两个的力系的平衡问题。

【例 11-1】　支架由杆 ABC 构成，A、B、C 三处都是铰链。在 A 点悬挂重量为 P 的

160

重物。如图 11-16 所示。试求 AB、AC 杆所受的力，杆的自重不计。

【解】 整个支架处于平衡状态，A 点受到平面汇交力系作用。

（1）取 A 点为研究对象。

（2）画 A 点受力图及选取坐标。AB、AC 杆均为二力杆，都设为拉杆。N_1、N_2 均背离 A 点。

（3）列平衡方程，求未知力 N_1、N_2。

$$\Sigma X = 0 \quad N_2\sin30° - P = 0 \quad N_2 = \frac{P}{\sin30°} = 2P$$

$$\Sigma X = 0 \quad - N_2\cos30° - N_1 = 0$$

$$N_1 = N_2\cos30° = -1.73P$$

N_2 得正值，说明 AC 杆受拉力。N_1 得负值，说明 AB 杆受压力。

通过上述各例，可看出用解析法求解平面汇交力系平衡的方法步骤是：

（1）选取正确的研究对象。

（2）选取适当的坐标系。尽量使坐标轴与某一未知力重合，以简化解联立方程。

（3）画出研究对象的受力图。作受力分析时注意作用与反作用的关系，正确应用二力杆的性质。

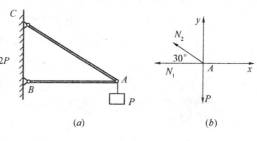

图 11-16　支架及受力简图

（4）根据平衡条件列出平衡方程，解方程求出未知力。注意当求出的未知力带负号时，说明假设力的方向与实际方向相反。

第三节　平面力偶系

一、力对点的矩，合力矩定理

力对点的矩

一个力作用在物体上，能使物体发生移动。当物体上某一点的位置被固定不动时，则物体在力的作用下不能移动，有时只能绕定点转动，如用扳手旋转螺丝帽（图 11-17），用撬棍拔钉子等等。扳手和撬棍（物体）所围绕旋转的那个点，称为转动中心。

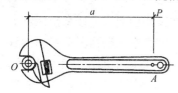

图 11-17　扳手旋转螺钉

力 P 使物体绕 O 点的转动效果完全由以下两个因素决定：

（1）力的大小与力臂（由 O 点到力作用线的垂直距离）大小的乘积 $P \times a$；

（2）力使物体绕定点 O 的转动方向。

力对点的矩是一代数量。它的绝对值等于力的大小与力臂的乘积。它的正负号可规定为：当力使物体围绕矩心（即定点或转转中心）逆时针旋转或有逆时针旋砖趋势时为正，反之为负。

力 P 对 O 点的力矩表示为 $M_0(P)$，等于：

$$M_0\ (P)\ =\ \pm\ P\times a \tag{11-7}$$

力对点之矩具有以下的主要性质：

(1) 当力沿其作用线移动时，它对定点（矩心）的力矩不变；

(2) 当力等于零，或力臂为零即力的作用线通过矩心时力矩都等于零。

力矩的单位是[力]×[长度]，工程上以 N·mm，或 kN·mm 等为单位。

二、力偶及其基本性质

1. 力偶及力偶矩

在生产实践中，为了使物体发生转动，常常在物体上施加两个大小相等、方向相反、不共线的平行力。例如，司机用双手加力在方向盘上；钳工用丝锥攻螺纹时两手加力在扳手上（图 11-18）；用手开关水龙头等等。

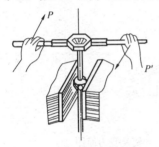

图 11-18 扳手套螺丝

由于力偶的二力并不共线，故不能平衡，其效果是使物体发生转动。力偶以记号（P_1、P_2）表示。二力作用线间的垂直距离 d 称为力偶臂。

为了度量力偶对物体的作用效果强弱，由实践可知，组成力偶的力越大，或力偶臂越大，则力偶使物体转动的效应越强；反之，就越弱。这说明力偶的转动效应不仅与两个力的大小有关，而且还与力偶臂的大小有关。与力矩类似，我们用力和力偶臂的乘积并冠以适当正负号（以示转向）来度量力偶对物体的转动效应，称为力偶矩，用 m 表示。

一般规定：力偶用一带箭头的弧线表示，箭头表示转向。使物体逆时针方向转动时，力偶矩为正；反之为负。如图 11-20 所示。所以力偶矩是代数量，即

$$m = \pm\ Fd \tag{11-8}$$

力偶矩的单位与力矩的单位相同，常用 N·m。

力偶不能再简化为更简单的形式，所以力偶与力一样被看成是组成力系的基本元素。

从图 1-19 可以看出，$P'd = 2\triangle ABC$，所以力偶矩大小可用三角形 ABC 面积的两倍来表示，即

$$m = \pm\ 2\triangle ABC$$

2. 力偶的性质

（1）力偶没有合力，所以不能用一个力来代替。

从力偶的定义和力的合力投影定理可知，力偶中的二力在其作用面内的任意坐标轴上的投影的代数和恒为零，所以力偶对物体只有转动效应，而一个力在一般情况下对物体有移动和转动两种效应。因此，力偶与力对物体的作用效应不同。力偶不能用一个力代替，也就是说力偶不能和一个力平衡，只能和转向相反的力偶平衡。

（2）力偶对其作用面内任一点之矩恒等于力偶矩，而与矩心位置无关。

如图 11-20 所示，已知力偶（F、F'）的力偶矩 $m = Fd$。现在其作用平面内任取一点 O 为矩心，设 F 到 O 的垂直距离为 x，力偶（F、F'）中的二力对 O 点之矩为：

$$M_0(F) + M_0(F') = F'(x + d) - Fx$$

$$= F \cdot d = m$$

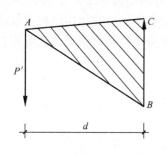

图 11-19　三角形面积表示力偶

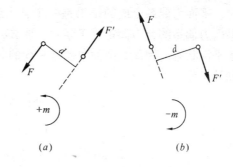

图 11-20　力偶值表示

O 点是任意选取的，所以力偶对其平面内任一点的力矩为一常数，且恒等于力偶本身的力偶矩（包括大小和转向）。

力偶可以在其作用平面内任意移转，而不改变它对物体的作用，称为力偶的可移转性。

只要保持力偶矩不变，可以同时改变力偶中力的大小和力偶臂的长短，而不改变力偶对物体的作用，称为力偶的可调整性。

通常力偶就用一个弯箭头表示，并同时注明力偶矩的绝对值，如图 11-20 所示。

度量力偶转动效应的三要素是：力偶矩的大小、力偶的转动方向、力偶所作用的平面。三要素中任一要素的改变对物体的作用效应也随之变化。

三、平面力偶系的合成与平衡

1. 平面力偶系的合成

如在物体上的同一个平面内作用有几个力偶时，即称之为平面力偶系。如图 11-21 所示。$(Q_1、Q_1')、(Q_2、Q_2')、(Q_3、Q_3')$ 三个力偶，其力偶矩分别为 m_1、m_2 和 m_3。现把它们合成，根据力偶的可调性和可移转性，先来任意确定一个公共的力偶臂 d，使原来的三个力偶都按力偶臂 d 来调整各自的两力大小，经过调整后所得各新力偶的两力大小分别为 $F_1 = \dfrac{m_1}{d}$、

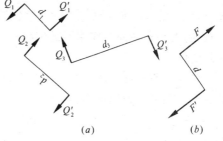

图 11-21　力偶的合成

$F_2 = \dfrac{m_2}{d}$、$F_1 = \dfrac{m_3}{d}$。再将这三个具有相同力偶臂的新力偶进行移转，使各自的二力作用线都移动到某一相同的方位上，如此 F_1、F_2 和 F_3 组成一共线力系，其合力为 $F_1 - F_2 - F_3 = F$。同理，

F_1'、F_2' 和 F_3' 组成的共线力系的合力为 $F_1' - F_2' - F_3' = F'$。由于 F 与 F' 二力平行，并且大小相等，方向相反，所以成为一合力偶 $(F、F')$。显然合力偶的力偶矩为：

$$m = F \cdot d = m_1 - m_2 - m_3$$

一般平面力偶系合成的合力偶矩为：

$$m = \Sigma m \tag{11-9}$$

2. 平面力偶系的平衡条件

总之，平面力偶系合成的结果是一个合力偶，合力偶的力偶矩等于各力偶矩的代数和。当平面力偶系的合力偶矩等于零时，那么各力偶对物体的转动作用将相互抵消，物体也就处于平衡状态。因此，平面力偶系平衡的必要和充分条件是力偶系中的所有各力偶矩的代数和等于零。

即 $$\sum m_i = 0 \qquad\qquad (11\text{-}10)$$

第四节　平面一般力系

一、力向已知点的平移

设有一力 F 作用在刚体上的 A 点，如图 11-22（a）所示。在刚体上任取一点 O，为将力 F 平移至 O 点，而又不改变对刚体的作用效果，可在 O 点上加一对平衡力 F'、F''，使 F'、F'' 平行于 F，令 $F' = F'' = F$，如图 11-22（b）所示。刚体在 F、F'、F'' 三力作用下的效果应和力 F 单独作用下的效果一样。现在 F 与 F'' 组成一力偶，其力偶矩 $m = Fd = m_0（F）$。于是图 11-22 中的三力作用可改为作用于 O 点的力 F' 和一个力偶 m，如图 11-22（c）所示。因 F' 平行于 F，且方向相同，故相当于将力 F 平移至 O 点，但同时应附加一力偶 m_0 才不至改变原力对刚体的作用效果。

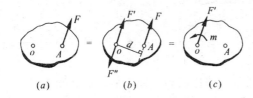

图 11-22　力的平移

在理论上归纳以上结论，即为力的平移定理：作用在刚体上的一个力 F，可以平移到同一刚体上的任一点 O，但必须同时附加一个力偶，其力偶矩等于原力对于新作用点 O 的矩。

应用力的平移定理时，须注意下列两点：

（1）平移力 F 的大小与作用点的位置无关。即 O 点可选择在刚体上的任意位置，而力的大小都与原力相同。但附加力偶矩 $m = \pm Fd$ 的大小和转向与作用点的位置有关，因为附加力偶矩的力臂 d 值因作用点位置的不同而变化。

（2）力的平移定理说明一个力可以和一个力加上一力偶等效。因此，也可将同平面内的一个力和一个力偶合为另一个力。

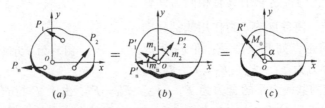

图 11-23　平面力系简化

二、平面一般力系向已知点的简化

设力 P_1、P_2、$\cdots$、P_n 为一平面任意力系，作用点分别为 A_1、A_2、$\cdots$、A_n，如图 11-23（a）所示。根据力向一点的平移定理，可将此力系进行平移简化。在力系所在的平面

内任取一点 O，该点称为简化中心。将各力分别平行移动到 O 点，由此可得汇交于 O 点的一个平面汇交力系 $(P'_1$、$P'_2 \cdots P'_n)$ 和一个附加平面力偶系 $(m_1$、m_2、$\cdots$、$m_n)$，如图 11-23 (b) 所示。然后，再将此平面汇交力系按力多边形法则合成为一个合力 R'，它等于力 P'_1、$P'_2 \cdots P'_n$ 的矢量和。因为 P'_1、$P'_2 \cdots P'_n$ 分别与力 P_1、P_2、$\cdots P_n$ 大小相等，方向相同，故

$$R' = P'_1 + P'_2 + \cdots + P'_n = P_1 + P_2 + \cdots + P_n = \Sigma P$$

作用在简化中心 O 的合力 R，称为原平面任意力系的主矢量。其大小和方向可用解析方法计算。先通过 O 点取座标轴 X、Y，再结合力投影定理得：

$$\left. \begin{array}{l} R'_x = P_{1x} + P_{2x} + \cdots + P_{nx} = \Sigma P_x \\ R'_y = P_{1y} + P_{2y} + \cdots + P_{ny} = \Sigma P_y \end{array} \right\} \tag{11-11}$$

主矢量大小为：

$$R' = \sqrt{(\Sigma p_x)^2 + (\Sigma p_y)^2} \tag{11-12}$$

主矢量作用线与 x 轴所夹锐角的正切为：

$$\tan\theta = \left| \frac{\Sigma p_y}{\Sigma p_x} \right|$$

从而
$$\theta = \arctan \left| \frac{\Sigma p_y}{\Sigma p_x} \right| \tag{11-13}$$

附加平面力偶系可以合成一个力偶，其力偶矩为 m，等于各个力偶的代数和。

$$m_o = m_o(P_1) + m_o(P_2) + Lm_o(P_n) = \Sigma m_o(P) \tag{11-14}$$

m_0 称为原力系对简化中心 O 点的主矩。

总之，平面一般力系向其作用平面内的任一点 O 简化，可得到一个力和一个力偶[图 11-23 (c)]。这个力等于原力系中各力的矢量和，作用在简化中心上，称为原力系的主矢量；这个力偶的力偶矩等于力系中各力对简化中心 O 点的力矩代数和，称为原力系对简化中心 O 点的主矩。因为主向量 R 等于各力的矢量和，所以简化中心 O 选择在平面的不同位置上，对于主矢量的大小、方向是没有影响的。但是，主矩 m_o 由于它等于各力对简化中心 O 的力矩代数和，显然，简化中心 O 的位置不同，各力对这一点的力臂将有所不同，因而主矩将随简化中心选择的位置不同而不同。

三、平面一般力系合成的几种情况

将平面一般力系向已知点简化后可以得出一个主矢量 R' 和一个主矩 m_0，可分别按式 (11-12)、式 (11-13) 和式 (11-14) 计算。在实际情况下，计算的结果可出现以下几种情况：

没有主矢量，只有主矩，即 $R' = 0$，$m_o \neq 0$；　　　(1)

有主矢量，没有主矩，即 $R' \neq 0$，$m_o = 0$；　　　(2)

既有主矢量，又有主矩，即 $R' \neq 0$，$m_o \neq 0$；　　　(3)

既无主矢量，又无主矩，即 $R' = 0$，$m_o = 0$；　　　(4)

四、平面一般力系的平衡方程式

对平面一般力系合成之后，可能得出的以上几种情况中，（1）、（2）、（3）都是不平衡的，最后它们或者合成一个力偶或者得出一个合力，对此就不作讨论。现在专门来讨论平面一般力系的平衡问题。

所谓力系的平衡是指力系对物体的运动效果为零，也就是力系的最后的合力，和最后的合力偶等于零。根据平面一般力系向某一点简化的结果可知，如果平面一般力系是一个平衡力系，它必须同时满足力系的主矢量和主矩都等于零。根据式（11-12）和式（11-13）可得：

$$\left.\begin{array}{l} \Sigma P_x = 0 \\ \Sigma P_y = 0 \\ \Sigma m_o(P) = 0 \end{array}\right\} \tag{11-15}$$

上式称作平面一般力系的平衡方程式。这组方程表示：力系中所有的力在 x 轴上投影的代数和等于零（即力系不使物体沿 x 轴方向有运动状态的改变）；力系中所有的力在 y 轴上投影的代数和等于零（即力系不使物体沿 y 轴方向有运动状态的改变）；力系中所有力对任意一点的力矩代数和为零（即力系不使物体绕任一点有转动状态的改变）。对于静止的物体来说，$\Sigma P_x = 0$ 和 $\Sigma P_y = 0$，表明物体在力系所在的平面中上、下、左、右都是不动的；$\Sigma m_o(P) = 0$，表明物体不转动。当然，反过来说，受平面一般力系作用的物体，如果是静止不动的，则式（11-15）中的三个方程必然同时成立。

由式（11-15）可见，平面一般力系的平衡方程，实际把平面汇交力系、平面力偶系和平面平行力系都包括在内了。

对于平面汇交力系的平衡来说，对应着式（11-15）中的前两上投影方程；对于平面力偶系平衡，对应着式（11-15）中的第三个即力矩方程。对于平面平行力系来说，可在力系作用平面内取一个与力系中各力平行的投影轴或力和任取一点 O 作矩心，当力系平衡时，必有以下二式成立：

$$\left.\begin{array}{l} \Sigma P_x = 0 (或 \Sigma P_y = 0) \\ \Sigma m_o(P) = 0 \end{array}\right\} \tag{11-16}$$

实际上，$\Sigma P_x = 0$（或 $\Sigma P_y = 0$）已说明力系无合力，再加上另 $\Sigma m_o(P) = 0$，又说明力系也不可能简化为一个合力偶。所以，平面平行力系的平衡方程只有式（11-15）中的一个投影方程和一个力矩方程。

习惯上称式（11-15）为平面一般力系的两轴（投影轴）一点（简化中心）式的平衡方程。

为使用方便起见，以上的平衡方程还有另外二种等价形式，即：

$$\left.\begin{array}{l} \Sigma P_x = 0 \\ \Sigma m_A(P) = 0 \\ \Sigma m_B(P) = 0 \end{array}\right\} \tag{11-17}$$

这是两点—轴式的平衡方程。但必须注意：其中投影轴，是不能与矩心 A、B 的连线垂直的。以及：

$$\left.\begin{array}{c} \Sigma\, P_G = 0 \\ \Sigma\, m_A(P) = 0 \\ \Sigma\, m_B(P) = 0 \end{array}\right\} \qquad (11\text{-}18)$$

这是三点式的方程，这时要求三个矩心 A、B、C 不能在一条直线上。

第十二章　建筑荷载及桁架的受力分析

第一节　建　筑　荷　载

使结构或构件产生运动或有运动趋势的主动力在工程上习惯地称为荷载。

一、荷载的分类

1. 按荷载作用时间的长短

分为"恒载"和"活荷载"。

恒载是指长期作用在结构上的不变荷载。例如，屋架、楼板、墙体、基础等构件的自重或土压力等。

活荷载是指作用在结构上的可变荷载。例如，风荷载、雪荷载，施工机械和人群对结构的作用力等。所谓"活"是说这种荷载有时存在，有时不存在；荷载的作用位置在结构中也可以移动。

2. 按荷载的作用范围

分为"集中荷载"和"分布荷载"。

如果荷载作用范围很小，可以看成全部作用力集中于一点加在受力结构上，叫做"集中荷载"或"集中力"。例如，车轮对轨道的压力，屋架或梁的端部对柱子或墙的压力等等。集点荷载的单位一般用 N 或 kN。

如果荷载是连续地作用在受力结构上，叫作"分布荷载"，例如自重、风荷载、雪荷载等。

有些荷载分布在结构体积内，叫体荷载，如重力等。体荷载的单位常用的是牛顿/米^3，（N/m^3）或千牛顿/米^3（kN/m^3）。

有些荷载分布在结构的表面，叫面荷载。如水坝上受到的水压力，楼面受到的风荷载等。面荷载的单位常用的是牛顿/米^2（N/m^2）或千牛顿/米^2（kN/m^2）。

在工程结构计算中，如果荷载是分布在一个狭长面积上或体积上，常常将体荷载、面荷载简化为沿构件轴线（构件横截面形心的连线）分布的荷载，称为线荷载。例如，矩形截面梁的自重可以简化为沿梁长分布的线荷载。线荷载的单位常用牛顿/米（N/m）或千牛顿/米（kN/m）。

分布荷载按其分布均匀与否，又可分为均布荷载和非均布荷载两种。

二、荷载的简化和计算

1. 等截面梁自重的计算

在工程结构计算中，通常用梁轴表示一根梁。等截面梁的自重总是简化为沿梁轴方向的均布线荷载 q。

一矩形截面梁（图 12-1）长 l（m），其截面宽度为 b（m），截面高度为 h（m）。设此梁的单位体积自重（重力密度）为 γ（kN/m³），则此梁的总重是：

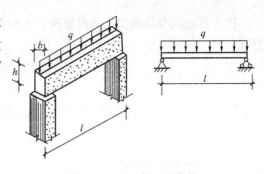

$$Q = bhL\gamma$$

梁的自重沿梁跨度方向是均匀分布的，所以沿梁轴每米长的自重 q 是：

$$q = Q/L$$

将 Q 值代入上式得

图 12-1　矩形截面梁荷载

$$q = bh\gamma \tag{12-1}$$

q 值就是梁自重简化为沿梁轴方向的均布线荷载值，均布线荷载 q 也称线荷载集度。

2. 均布面荷载化为均布线荷载的计算

在工程计算中，在板面上受到均布面荷载 q'（kN/m²）时，需要将它简化为沿跨度（轴线）方向均匀分布的线荷载来计算。

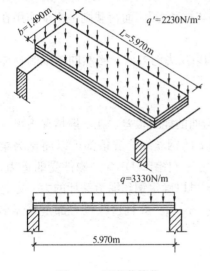

图 12-2　面荷载简化

设一平板上受到均匀的面荷载 q'（kN/m²）作用，板宽为 b（m）（受荷宽度）、板跨度为 L（m），如图 12-2 所示。那么，在这块板上受到的全部荷载 Q 是：

$$Q = q'bL$$

而荷载 Q 是沿板的跨度均匀分布的，于是，沿板跨度方向均匀分布的线荷载 q 为：

$$q = bq' \tag{12-2}$$

我们假设图 12-2 所示平板为一块 YWA-1 预应力钢筋混凝土屋面板，宽 $b = 1.490$m，跨度（长）$L = 5.970$m，自重 11kN，简化为沿跨度方向的均布线荷载。

自重均匀分布在板的每一小块单位面积上，所以自重形成的均布面荷载为：

$$q'_1 = \frac{11000}{5.970 \times 1.49} = 1230(\mathrm{N/m^2})$$

屋面防水层形成的均布面荷载为（查规范）：

$$q'_2 = 300\mathrm{N/m^2}$$

防水层上再加 0.02m 厚水泥砂浆找平，水泥砂浆重度 $\gamma = 20$kN/m³（按水泥强度等级查规范），则这一部分材料自重形成的均布面荷载为：

$$q'_3 = 20000 \times 0.02 = 400(\mathrm{N/m^2})$$

最后再考虑雪荷载（按地区查规范）：

$$q'_4 = 300\mathrm{N/m^2}$$

总计得全部面均布荷载为：

$$q' = q'_1 + q'_2 + q'_3 + q'_4 = 1230 + 300 + 400 + 300 = 2230(\mathrm{N/m^2})$$

把全部面均布荷载简化为沿板跨度方向的均布线荷载，即用均布面荷载大小乘以受荷宽度：

$$q = bq' = 1.49 \times 2230 = 3330 \ (\text{N/m})$$

第二节　物体受力分析

一、约束和约束反力

工程中物体的运动（位置）大都受到某些限制，如塔式起重机的运动受到铁轨的限制，只能沿轨道移动。这些限制物体运动（位置）的装置叫做约束。

在建筑结构中，每一个构件都要放在一定的支承物体上，其位置就被与它相联系的支承物体所限制。在工程上通常称构件（结构）的支承为支座。所以支座是被它所支承的构件的约束。由于约束限制了被约束物体的运动，在它们之间必有力的作用。把约束对于被约束物体的作用力称为约束反力。在工程中，支座对于它所支承的构件（结构）的作用力（即约束反力）叫做支座反力。它是由荷载引起的，是"被动力"。而荷载则是主动作用在构件（结构）上的力，是"主动力"。

约束（支座）既然限制了物体的某些运动，所以约束反力的方向，必然同被限制物体的运动或运动趋势的方向相反。

1. 柔性约束

柔软的绳索能够承受较大的拉力，而抵抗压缩和弯曲的能力很差。在一般情况下可以认为柔索只承受拉力，而不能承受压力和弯曲。工程上的钢丝绳、链条都可以简化为柔索。当物体受到柔索的约束时，例如用钢丝绳吊起一构件（图 12-3）G 是构件受的重力，根据柔索只限制物体沿着柔索伸长方向的运动的特性，可以确定钢丝绳给铁环的力一定是拉力（T、T_{AB}、T_{AC}），绳子给构件的力也是拉力（S_{BA}、S_{CA}）。并且这些拉力都是离开物体方向的。

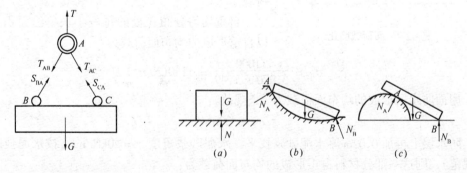

图 12-3　钢丝绳吊重物受力　　　　　　图 12-4　面接触

2. 光滑面约束

由光滑的接触面所构成的约束称为光滑面约束。实际上，当物体接触面间摩擦力很小，可以忽略不计时，接触面就可以认为是光滑的。物体所接触的光滑面可能是平面 [图 12-4（a）]，凹面 [图 12-4（b）] 或凸面 [图 12-4（c）]。但不论光滑面的形状以及物体同光滑面接触地方的形状如何，物体在这样的光滑支承表面上，只能是发生顺着光滑面（光滑面切线）方向，或者是离开光滑面方向的运动，不能有朝向光滑面内的运动，因为光滑面是不可挤压的。因此光滑面约束的反力方向，必是沿光滑面的法线或者是光滑面与物体接触面在接触点处的公法线；并指向物体一侧的方向。这种约束反力称为法向反力，用 N 表示。

3. 铰链约束

由圆柱形铰链所构成的约束，称为圆柱形铰链约束。圆柱形铰链是由两个端部带有圆孔的部件，用一销钉连接而成的，如图 12-5 所示。

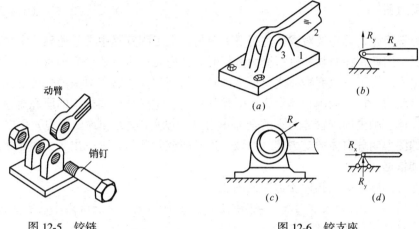

图 12-5　铰链　　　　　　　　　图 12-6　铰支座

装在门窗或家具上的合页就是这种约束。

铰链支座约束有以下两种：

（1）固定铰支座

如图 12-6（a）所示，它由固定底座 1 和杆 2 并用一销钉 3 连接而成。这种支座的简图如图 12-6（b）、（d）所示。它限制了杆 2 的上下、左右运动，但不能限制杆 2 绕铰的中心转动。

当杆 2 受外力作用时，销钉孔壁便紧压到销钉上的某处 [图 12-6（c）]，这样销钉将通过接触点给杆以一个反力 R，这个反力的作用线必定通过销钉的中心。固定铰支座的反力作用线必通过销钉中心，其方向和大小要根据物体的受力情况来确定。在画支座反力时，通常用两个方向相互垂直的分力 R 来代替 [图 12-6（b）] 或 [图 12-6（d）]。

（2）滚动铰支座约束

图 12-7（a）所示为桥梁上用的滚动铰支座，这种支座的下面有几个圆柱形滚子，支座可沿支承面滚动，以便当温度变化引起桥梁伸长或缩短时，允许桥两端支座的间距有微小的变化。在实际中，也可作成图 12-7（b）的形式。滚动铰支座的简图如图 12-7（c）、图 12-7（d）所示。显然，在不计摩擦的情况下，滚动铰支座反力的作用线必定通

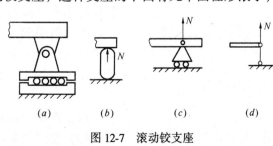

图 12-7　滚动铰支座

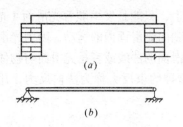

图 12-8　简支梁支座

过铰链中心。

4. 简支梁支座

在房屋建筑中，大梁一般是搁置在砖墙或柱子上的，如图 12-8（*a*）所示。梁在支承点不得有竖向和水平方向的运动，但可在两端有微小的转角。为了反映上述墙或柱子对梁端的此种约束性能，可简化为图 12-8（*b*）所示的支座简图：一端按固定铰支座，另一端按滚动铰支座考虑。这样的梁由于支承方式简单，工程中称简支梁。

二、受力图

研究力学问题，首先要对物体进行受力分析。在工程实际中常常遇到几个物体联系在一起的情况，因此，在对物体进行受力分析时，首先要设法将要研究的对象从它周围的物体中分离出来。为了不改变物体之间原来的相互作用和弄清研究对象的受力情况，必须以相应的约束反力来代替周围物体对研究对象的作用。这样被分离出来的研究对象称为分离体。在分离体上画出周围物体对它的全部作用力（包括主动力和约束反力）用以表示物体受力情况的图形叫分离体的受力图。选取合适的研究对象与正确画出受力图是解决力学问题的前提和依据。

下面通过例题来说明物体受力图的画法。

【**例 12-1**】　重量为 G 的小球，按图 12-9（*a*）所示放置，试画出小球的受力图。

【**解**】　（1）根据题意取小球为研究对象。

（2）受到的主动力为小球所受重力 G，作用于球心竖直向下。

（3）受到的约束反力为绳子的约束反力 T，作用于接触点 A，沿绳子的方向，背离小球；以及光滑面的约束反力 N_B，作用于小球面和支点的接触点 B，沿着接触点的公法线（G 半径，过球心），指向小球。

把 G、T、N_B 全部画在小球上，就得到小球的受力图，如图 12-9（*b*）所示。

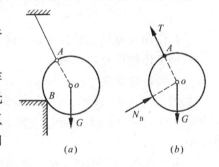

图 12-9　小球受力图

【**例 2-2**】　试画出如图 12-10（*a*）所示搁置在墙上的梁的受力图。

【**解**】　在实际工程结构中，要求梁在支承端处不得有竖向和水平方向的运动，但可在两端有微小的转动（由弯曲变形等原因引起）。为了反映上述墙对梁端部的约束性能，我们可按梁的一端为固定铰支座，另一端为可动铰支座来分析。简图如图 12-10（*b*）所示。在工程上称这种梁为简支梁。

（1）按题意取梁为研究对象。

（2）受到的主动力为梁的重量，为一均布荷载 q。

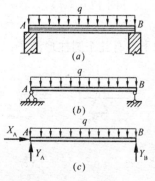

图 12-10　梁受力图

（3）受到的约束反力，在 B 点为可动铰支座，其约束反力 Y_B 与支承面垂直，指向假设为向上；在 A 点为固定铰支座，其约束反力过铰中心点，但方向未定，通常用互相垂直的两个分力 X_A 与 Y_A 表示，假设指向如图 12-10（c）所示。

把 q、X_A、Y_A、Y_B 都画在梁上，就得到梁的受力图如图 12-10（c）所示。

【例 12-3】 图 12-11（a）所示三角形托架中，节点 A、B 处为固定铰支座，C 处为铰链连接。不计各杆的自重以及各处的摩擦。试画出杆件 AD 和 BC 及整体的受力图。

【解】 （1）取斜杆 BC 为研究对象。杆的两端都是铰链连接，其受到的约束反力应当是通过铰中心，方向未定的未知力。但杆 BC 只受 R_B 与 R_C 这两个力的作用而且处于平衡，由二力平衡条件可知 R_B 和 R_C 必定大小相等，方向相反，作用线沿两铰链中心的连线，指向可先任意假定。本题中从主动力 P 分析，杆 BC 受压，因此 R_B 与 R_C 的作用线沿两铰中心连线指向杆件，画出 BC 杆受力图如图 12-11（b）所示。

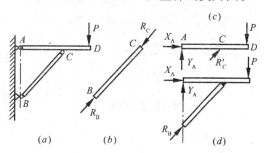

图 12-11 三角托架受力图

只受两个力作用而处于平衡的杆叫二力杆。链杆是二力杆中的一种。但二力杆不一定都是直杆，也可以是曲杆。

（2）取水平杆为研究对象。其上作用力有主动力 P、约束反力 R'_C、X_A 和 Y_A，其中力 R'_C 和 R_C 是作用力与反作用力关系，画出 AD 杆的受力图如图 12-11（c）所示。

（3）取整体为研究对象。只考虑整体外部对它的作用力，画出受力图，如图 12-11（d）所示。

通过以上各例的分析，我们将画受力图的方法步骤与注意事项归纳如下：

（1）明确研究对象。要根据题意首先明确要画哪个物体的受力图，然后把与其有相互作用的其他物体及约束全部去掉，单独画出要研究的对象。

（2）如实画出研究对象所受到的全部主动力。

（3）严格遵照约束的性质，把所有的约束逐个用对应的约束反力来代替。

（4）如果研究对象是物体系统时，系统内任何相联系的物体之间的相互作用力都不能画出。

（5）要注意作用与反作用的关系。作用力的方向一经确定（或假设），反作用力的方向和它的方向相反，不能随意假设。

第三节 平面静定桁架的内力分析

在工程实际中桥梁、屋盖、电视塔等一些结构经常采用桁架。图 12-12 所示桁架是一种由许多杆件在两端相互连接组成的结构，且之后它的几何形状保持不变。各个杆件相互连接的地方称为结点，桁架各部分的名称如图 12-12（b）所示。如果桁架各杆部位于同一平面内时，这样的桁架称为平面桁架。

在桁架结点处，各杆件实际上是用焊接、铆接的方法结合的，为了简化计算就将桁架

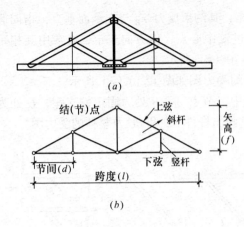

结(节)点　上弦　斜杆

矢高(f)

节间(d)　下弦　竖杆

跨度(l)

(b)

图 12-12　桁架

的结点看成是铰接的，如图 12-13 所示。

在计算中，通过以下的假设条件得出所谓理想桁架计算简图，按照这些假设条件桁架的杆件要么是受拉力，要么是受压力。这样的力由于与杆件轴线重合，称为轴向力（或轴力）。这些假设条件为：

（1）桁架中各杆都是直杆；

（2）各杆之间在结点处以理想的光滑铰链连接；

（3）所有外力（荷载和支反力）都位于桁架平面之内，并且作用在桁架的结点上，即为结点荷载。同时不计杆件的自重。

1. 结点法

结点法是计算简单桁架内力的基本方法之一。结点法是以桁架的结点为分离体，根据结点平衡条件来计算各杆的内力。因为桁架的各杆只承受轴力，所以，在每个结点上都作

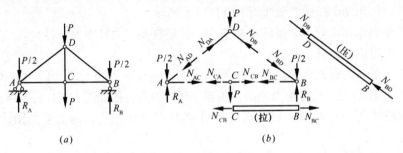

图 12-13　桁架受力计算

用有一个平面汇交力系。对每个结点可以列出二个平衡方程，求解出二个未知力。用结点法计算简单桁架时，可先由整体平衡求出支座反力，然后从二个杆件相交的结点开始，依次应用结点法，即可求出桁架各杆的内力。下面举例说明。

【例 12-4】 试计算图 12-14（a）所示桁架各杆内力。

【解】 先计算支座反力。以桁架整体为分离体，求得：

$$Y_A = 20kN, Y_B = 20kN$$

求出反力后，从包含二根杆的结点开始，逐次截取出各结点求出各杆的内力。画结点受力图时，一律假定杆件受拉，即杆件对结点的作用力背离结点。

结点 1：只有 S_{12}、S_{13} 是未知的，其分离体如图 12-14（b）所示。

由　$\Sigma Y = 0$，$20 - 5 + S_{13}\sin30° = 0$

得　$S_{13} = -30$（kN）

由　$\Sigma X = 0$，$S_{13}\cos30° + S_{12} = 0$

得　$S_{12} = 25.98$（kN）

结点 2：只有 S_{25} 是未知的，其分离体如图 12-14（c）所示。

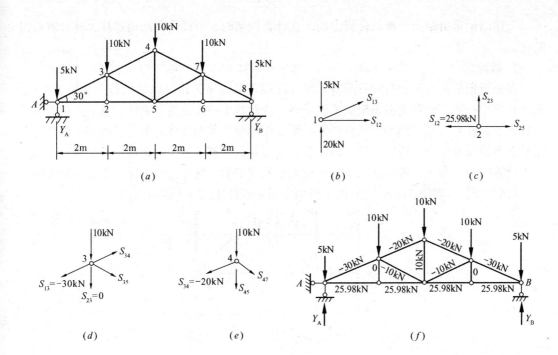

图 12-14 结点法计算

由 $\Sigma Y = 0$，得，$S_{23} = 0$

由 $\Sigma X = 0$，得，$S_{25} = S_{12} = 25.98$（kN）

结点 3：只有 S_{34}、S_{35} 是未知的，其分离体如图 12-14（d）所示。

$$\Sigma X = 0, \quad S_{34}\cos30° + S_{35}\cos30° - S_{13}\cos30° = 0$$

$$\Sigma Y = 0, \quad S_{34}\sin30° - S_{35}\sin30° - S_{13}\sin30° - 10 = 0$$

可得

$$S_{34} = -20 \text{（kN）}, \quad S_{35} = -10 \text{（kN）}$$

结点 4：只有 S_{45} 是未知的，其分离体如图 12-14（e）所示。

由 $\Sigma X = 0$，可得 $S_{34} = S_{47}$

由 $\Sigma Y = 0$，$-S_{45} - 10 - 2S_{34} \cdot \sin 30° = 0$

得，$S_{45} = 10$（kN）

因为结构以及载荷是对称的。故只需计算一半，处于对称位置的杆件具有相同的轴力，也就是说，桁架中的内力是对称分布的。整个桁架的轴力如图 12-14（f）所示。

值得注意的是，在桁架计算中，有时会遇到某些杆件的内力为零（如上例中 $S_{23} = 0$、$S_{67} = 0$）的情况。这些内力为零的杆件称为零杆。在图 12-15 所示的二种情况下，零杆可以直接判断出来：

（1）二杆结点上无外力作用，如此二杆不共线，则此二杆都是零杆［图 12-15（a）］。

（2）三杆结点上无外力作用，如其中任意二杆共线，则第三杆的内力为零［图 12-15（b）］。

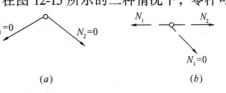

图 12-15　零杆

上述结论是由结点平衡条件得出的。在计算桁架时，可以先判断出零杆，使计算得以简化。

2. 截面法

在分析桁架内力时，有时只需要计算某几根杆的内力，这时以采用截面法较为方便。截面法是用一适当的截面将桁架截为两部分，选取其中一部分为分离体，其上作用的力系一般为平面任意力系，用平面任意力系平衡方程求解被截割杆件的内力。由于平面任意力系平衡方程只有三个，所以，只要截面上未知力数目不多于三个，就可以求出其全部未知力。计算时为了方便，可以选取荷载和反力比较简单的一侧作为分离体。下面举例说明。

【例 12-5】 求图 12-16（a）所示桁架中指定杆件 1、2、3 的内力。

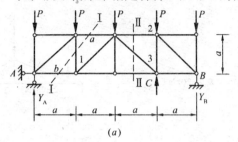

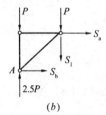
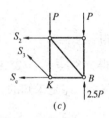

图 12-16 截面法计算内力

【解】 先求出桁架的支座反力。以桁架整体为分离体，求得：

$$Y_A = 2.5P, \quad Y_B = 2.5P$$

用截面 I-I 将桁架截开，取截面左半部为分离体 [图 12-16（b）]。它受平面任意力系的作用，为求出 S_1，列平衡方程：

$$2.5P - S_1 - P - P = 0$$

$$S_1 = 0.5P$$

为求 2、3 杆内力，用截面 II-II 将桁架截开，取截面右半部为分离体 [图 12-16（c）]。列平衡方程：

$$\Sigma M_K(F) = 0 \quad S_2 a + 2.5Pa - Pa = 0$$

$$S_2 = -1.5P$$

$$\Sigma Y = 0 \quad S_3 \cos 45° + 2.5P - P - P = 0$$

$$S_3 = -\frac{\sqrt{2}}{2}P$$

　　结点法和截面法是计算桁架的两种基本方法，各有其优缺点。结点法适用于求解桁架全部杆件的内力，但求指定杆内力时，一般说来比较繁琐。截面法适用于求指定杆件的内力，但用它来求全部杆件的内力时，工作量要比结点法大的多。应用时，要根据题目的要求来选择计算方法。

第十三章 材料力学

第一节 材料力学基础知识

建筑物中承受荷载而起骨架作用的部分叫做结构。组成结构的部件（如梁、柱等）叫做构件。任何结构在规定时间内，在正常条件下，均应满足安全性、适用性和耐久性的要求，即可靠性的要求。

一、弹性体的概念

材料力学研究真实物体，这种真实物体由于外力的作用要改变形状和尺寸。物体的形状和尺寸的变化叫变形。如果力对物体的作用停止以后，变形就能消失，那么这种变形就叫作弹性变形。不能消失的变形叫作残余变形，或者叫作塑性变形。当荷载卸掉后，物体恢复自己原来形状的能力叫作弹性。这种物体就叫作弹性体。

某些材料，如钢材、木材，当外力不超过某一限值时，其性质与弹性体的性质十分接近，可以把它看作是弹性体。在材料力学中，我们仅限研究弹性体。

材料力学的假设

在材料力学中，通常采用下面一些假设：

（1）物体均匀、连续假设

物体的物理力学性质在各处都是一样的，在物体内整个充满着物质而无孔隙。

（2）物体各向同性假设

物体在各个方向都具有相同的物理力学性质。这种假定对有些材料是不适用的，如木材、钢丝等。

（3）小变形的假设

物体在外力作用下，它的变形与其本身尺寸比起来小得多，可忽略变形对原来尺寸的影响。小变形的假定只对一些特殊结构才不适用。

二、作用在构件上的外力

外力又称为荷载，是一个物体对另一个物的作用。外力按其作用点的特征分为以下几点：

1. 体积力

它作用在构件的体积内部，如构件自重等，单位为千牛/立方米（kN/m^3）。

2. 表面力

它作用在构件的表面，按其作用在构件表面上的特点又可分为：

（1）分布力

连续分布在某一段长度上或某一块面积上的力。前者称为线荷载（图 13-1），后者称

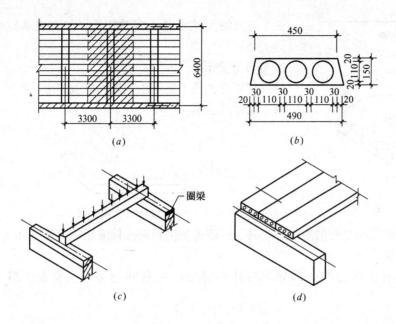

图 13-1 线荷载

为面荷载。线荷载的单位为千牛/米（kN/m）；屋顶所受到的雪荷载则是面荷载，单位为千米/平方米（kN/m²）。

（2）集中力

也叫集中荷载。它是作用在构件某一点的力，单位是千牛（kN）或牛（N）。事实上，在实际工程中并不存在集中力。但为了计算简化，当构件的承载面积比构件的面积小得多时，可将这时的荷载看作是集中荷载或集中力（图 13-2）。

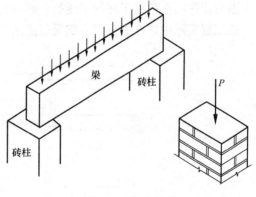

三、构件的类型和杆件变形的基本形式

图 13-2 集中荷载

1. 构件的类型

构件按其长、宽、高三个方向的尺寸比例的不同，可分为以下凡种类型：

（1）杆件

一个方向尺寸比其他两个方向尺寸大得多的构件。象屋架中的上弦、下弦，以及房屋中的柱、梁等均属于杆件。杆件简称杆。杆件的轴线可能是曲线，也可能是直线，前者称为曲杆，后者称为直杆。拱形屋架的上弦杆就是曲杆，下弦杆、腹杆则是直杆（图 13-3）。

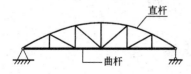

图 13-3 拱形屋架中的曲杆和之杆

（2）板或壳

一个方向的尺寸比另外两个方向尺寸小得多的构件。承受荷载的面为平面的称为平板 [图 13-4（a）]，曲面的称为壳 [图 13-4（b）]。

（3）实体构件

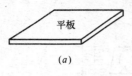

平板

(a)

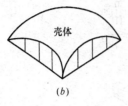

壳体

(b)

图 13-4　板、壳

三个方向的尺寸相差不多的构件。如大块基础就如实体构件（图 13-5）。

2. 杆件的变形

杆件在外力作用下将产生变形，其基本形式有下列几种：

（1）拉伸或压缩

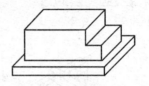

图 13-5　大块基础

当外力作用线与杆的轴线重合时，杆件将发生轴向拉伸或压缩 ［图 13-6（*a*）］。

（2）剪切

当外力有使杆件的一部分对另外一部分产生滑移趋势时，就发生剪切 ［图 13-6（*b*）］。

（3）弯曲

当力作用在截面的竖向对称平面内时，就发生平面横向弯曲 ［图 13-6（*c*）］。

（4）扭转

当力偶作用在垂直于杆的轴线的平面内时。杆件就发生扭转 ［图 13-6（*d*）］。

在工程实际中，杆的变形一般是复杂的，但可以将它看作是上述几种变形的组合。

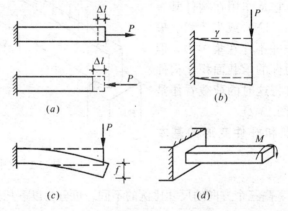

图 13-6　杆件变形的基本形式

（*a*）拉伸与压缩；（*b*）剪切；（*c*）弯曲；（*d*）扭转

第二节　轴向拉伸与压缩

一、纵向变形与横向变形

图 13-7（*a*）表示 A 端固定，B 端受轴向力 P 的等截面直杆，设 AB 的长度为 l，截面积为 A，若力 P 为轴向拉力，杆件将产生轴向拉伸变形。若力 P 为轴向压力，杆件将产

生压缩变形。

设杆 AB 在外力 P 作用下长度变为 l_1，这时杆的纵向变形为：

$$\Delta l = l_1 - l \qquad (13-1)$$

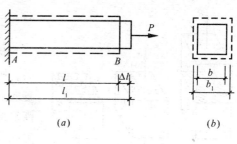

图 13-7　杆的拉伸

上式中的 Δl 在轴向拉伸时叫作绝对伸长，在轴向压缩时叫作绝对缩短。显然，纵向变形（伸长或缩短）的数值取决于杆的长度。为了消除杆长对变形的影响，通常采用相对变形的概念，就是指杆的单位长度的变形，即

$$\varepsilon = \frac{\Delta l}{l} \qquad (13-2)$$

式中　ε_1——杆的单位长度的变形，也叫作纵向应变；

　　　Δl——杆的绝对伸长；

　　　l——杆的原来长度。

实验证明，在简单拉伸和压缩中，杆件不但产生纵向变形，而且还产生横向变形，如图 13-7（b）所示。这时，杆的横向相对变形，可写成

$$\varepsilon_1 = \frac{\Delta b}{b} \qquad (13-3)$$

式中　ε_1——杆的单位宽度的变形，也叫做横向应变；

　　　Δb——杆的横向变形，$\Delta b = b_1 - b$；

　　　b——杆的原来宽度。

横向应变与纵向应变之比叫做泊松比，用母 μ 表示。

$$\mu = \frac{\varepsilon_1}{\varepsilon} \qquad (13-4)$$

这个系数大小可由试验来确定，不同材料的 μ 值也不相同，在 $0 \sim 0.5$ 的范围变化。几种主要建筑材料的 μ 值列在表 13-1 内。

几种主要材料的泊松比　　　　　　　　　　表 13-1

材　料　名　称	μ	材　料　名　称	μ
铜　材	$0.24 \sim 0.30$	铅	0.42
铸　铁	$0.23 \sim 0.27$	混凝土	$0.16 \sim 0.18$
青　铜	$0.32 \sim 0.35$	玻　璃	$0.24 \sim 0.27$
铅	$0.32 \sim 0.36$	橡　皮	0.47

【例 13-1】　设杆的原来长度为 $l = 400\text{mm}$，拉伸后的长度 $l_1 = 440.8\text{mm}$。求杆的应变。

【解】　杆的伸长

$$\Delta l = l_1 - l = 400.8 - 400 = 0.8(\text{mm})$$

杆的应变

$$\varepsilon = \frac{\Delta l}{l} = 0.002$$

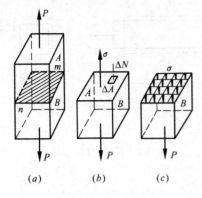

图 13-8　内力计算

二、横截面正应力的计算

物体在外力作用下将产生变形，当外力去掉以后，则变形将减小或消失。这种现象可以假设：物体各质点之间存在一种特殊的相互作用力，尽量使物体恢复原来的形状。物体内各个质点之间所发生的这种力叫作内力。

现研究两个逐渐增加的轴向拉力 P 作用等截面直杆上的情形（图 13-8）。由试验可知，杆的所有纵向纤维伸长相同，因此，可以认为，内力沿整个横截面呈均匀分布。为了求得截面的内力数值，假设用垂直于杆件轴线的截面 m-n 将杆截成两部分 A 和 B，并移去其中任一部分，例如 A。然后用内力的合力 N 代替移去的部分 A 对所研究的部分 B 的作用。显然，作用在部分 B 上的外力 P 和内力的合力 N 相等。若以 σ 表示截面 mn 上单位面积上的内力，A 表示杆件的横截面面积，则：

$$\sigma = \frac{N}{A} \tag{13-5}$$

式中 σ 称为拉应力，应力的单位为 N/mm^2 或 kN/mm^2。

如果杆件受轴向压力，式（13-5）也可用来计算压应力。为了区别这两种应力，常用正号（＋）表示拉应力；而用负（－）表示压应力。

因为上述的拉应力和压应力其方向均垂直于杆件的横截面，故均称它们为横截面上的正应力，或法向应力。

三、虎克定律

由直杆拉伸（或压缩）试验结果证明：许多材料在应力不超过某一限度时，正应力与应变之比为一常数，通常用 E 表示。

$$E = \frac{\sigma}{\varepsilon} \tag{13-6a}$$

式（13-6a）称为虎克定律或弹性定律。

将式（13-5）和式（13-2）代入式（13-6a），可得虎克定律的另一表达式：

$$E = \frac{\dfrac{N}{A}}{\dfrac{\Delta l}{l}} = \frac{N}{A}\,\frac{l}{\Delta l} \tag{13-6b}$$

或

$$\Delta l = \frac{Nl}{EA} \tag{13-6c}$$

在上列公式中比例常数 E 叫作弹性模量。它说明杆件受拉伸或压缩材料抵抗弹性变形的能力，即弹性模量愈大，变形愈小；反之，弹性模量愈小，变形愈大。各种材料的弹性模量用实验方法确定。几种常用材料的弹性模量数值列于表 13-2 中。弹性模量 E 的单位是 N/mm^2。

几种常用材料的弹性模量 表 13-2

材 料 名 称	E（N/mm^2）	材 料 名 称	E（N/mm^2）
Ⅰ级钢筋	2.1×10^5	混凝土	$(1.15 \times 3.0) 10^4$
Ⅱ级钢筋	2.0×10^5	砖砌体	$(0.25 \sim 0.30) 10^4$
铸 铁	$(1.15 \sim 1.16) \times 10^5$	木材、顺纹	$(0.9 \sim 1.2) 10^4$
青铜（辗压）	$(0.19 \sim 1.15) \times 10^6$	横纹	$(0.04 \sim 0.1) 10^4$

四、容许应力和安全系数

结构在外力作用下，在构件内所产生的最大应力不应超过某一安全应力。这一安全应力就叫做容许应力，一般用 $[\sigma]$ 表示。

塑性材料的容许应力按下式确定：

$$[\sigma] = \frac{\sigma_s}{K_1} \tag{13-7}$$

脆性材料接下式确定：

$$[\sigma] = \frac{\sigma_b}{K_2} \tag{13-8}$$

式中　σ_s——$\sigma = \dfrac{N}{A} = \dfrac{66.40 \times 10^3}{120 \times 100} = 5.53$（kN/mm^2）$< [\sigma] =$ 屈服点（N/mm^2）；

　　　σ_b——极限强度，（N/mm^2）；

K_1、K_2——安全系数，其值大于 1。

安全系数是结构安全程度的一种储备。它主要考虑了以下几方面：

（1）所研究材料的非均匀性，材料愈是不均匀，其安全系数愈大；

（2）作用在结构上的荷载有超载的可能性；

（3）在计算结构时所采用的各种假设带来的误差；

（4）结构的工作条件；

（5）结构的重要程度。

几种主要材料的容许应力见表 13-3。

几种主要材料的容许应力 表 13-3

材 料 名 称	容许应力 $[\sigma]$（N/mm^2）		材 料 名 称	容许应力 $[\sigma]$（N/mm^2）	
	拉 伸	压 缩		拉 伸	压 缩
3 号钢	170	170	红 松	6.5	10
16 猛钢	240	210	混凝土	$0.1 \sim 7$	$0.1 \sim 9$
杉木　顺纹	6	9	砖砌体	$0 \sim 2$	$0.6 \sim 2.5$

为了使结构构件在轴向拉伸和压缩时具有足够的强度，须满足下面条件：

$$\sigma = \frac{N}{A} \leqslant [\sigma] \tag{13-9}$$

上式称为杆件拉伸和压缩时的强度条件。

按公式（13-9）计算强度时，可解决下面三类问题：

1. 验算杆的强度 σ

这时轴向内力 N，杆的横截面面积 A 和材料的容许应力 $[\sigma]$ 均为已知量，杆中应力为所求的数值。如果 $\sigma \leqslant [\sigma]$，则杆就满足强度条件，从而是安全的；否则，就不满足强度条件，是不安全的。

2. 选择杆的横截面面积 A

这时轴向内力 N，容许内力 $[\sigma]$ 为已知量，横截面面积是所要求的量。由公式（13-9）可得：

$$A \geqslant \frac{N}{[\sigma]} \tag{13-10}$$

这是选择拉杆或不太长的压杆截面面积的基本公式。

3. 求容许内力 N

这时杆的横截面面积 A 和容许应力 $[\sigma]$ 为已知量，容许内力 N 是所要求的量。由公式（13-9）可得：

$$[N] = [\sigma]A \tag{13-11}$$

【例 13-2】 木屋架下弦杆净截面面积为 120mm×100mm，承受轴向拉力 $N = 66.40$kN。容许拉应力 $[\sigma] = 6.5$N/mm²，试验算该下弦杆强度。

【解】 这是属于第一类型的问题，将已知数值代入公式（13-9）

$$\sigma = \frac{N}{A} = \frac{66.40 \times 10^3}{120 \times 100} = 5.53(\text{kN/mm}^2) < [\sigma] = 6.5(\text{kN/mm}^2)$$

因为下弦杆的计算应力小于容许应力 6.5kN/mm²，所以满足强度要求。

第三节 剪 切

一、剪应变

设有一端固定的粗短杆件 $ABCD$，长度为 V_s，在这根杆件的自由端的边缘截面上作用

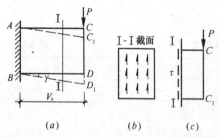

图 13-9

一横向力 P ［图 13-9（a）］。因为杆件长度很小，忽略 AC 和 BD 棱所产生的微小弯曲，所以在力 P 力作用下杆件的变形可用 CD 棱对于 AB 的位移表示。位移 CC_1（或 DD_1）的数值叫作剪切变形，物体在非常靠近的一对平行力作用下的变形状态称为纯剪切。

从三角形 ACC_1 看出，当杆件长度 V_s 改变时，总剪切 CC_1 也随着改变。为了消除杆件长度的影响，我们引入剪应变的概念。在杆件单位长度上所发生的剪切数值叫作剪应变。或者说剪应变是总剪切 CC_1 与杆长 V_s 之比。

$$\frac{CC_1}{V_s} = \text{tg}\gamma \approx \gamma \tag{13-12}$$

因为角 γ 很小，所以可取 $\mathrm{tg}\gamma = \gamma$。可见剪应变实际上就是矩形短杆直角的改变。

将剪切时的变形和拉伸（压缩）变形对照一下，可以指出，前者用剪应变 γ 来说明，而后者用纵向应变 ε 来说明。可以证明物体任何复杂的变形都能简化为这两种基本变形形式。

二、剪应力

设想作截面 I - I，将杆件切开，并研究杆件右边的截断部分 [图 13-9（c）]。注意只有平行分布在截面上的应力的合力才能与外力 P 平衡。这就表示在剪切时整个截面 I - I 上只发生平行于截面的应力。这样的应力称为剪应力，通常用 τ 表示。剪应力沿整个截面高度并不是均匀的，但是在解决工程问题时，为了简化，可以认为纯剪切时剪应力均匀分布 [图 13-9（b）]。在这个假定下，整个截面上的剪应力的合力等于 $V = \tau A$（其中 A 为杆的横截面面积）。杆件右边截断部分在外力 P 和内力 V 共同作用下应当处于平衡，故应满足平衡方程式，即

$$\Sigma X = 0, V - P = 0 \text{ 或 } \tau A - P = 0$$

由此，
$$\tau = P/A \tag{13-13a}$$

或
$$\tau = V/A \tag{13-13b}$$

公式（13-13a）和公式（13-13b）只给出了剪应力的平均值。物体内任何复杂应力状态总能简化成两种应力：正应力 σ 和剪应力 τ。前者对应于线应变 ε，而后者对应于剪应变 γ。

试验证明：如果剪应力不超过某一极限值，剪应力 τ 与剪应变 γ 成正比关系，称为剪切虎克定律或剪切弹性定律：

$$\tau = G\gamma \tag{13-14}$$

式（13-14）与拉伸（压缩）虎克定律相似，式中 G 为比例常数，叫做剪切弹性模量，单位为 N/mm^2。它与弹性模量 E 一样，说明材料的物理性能，其数值可以用试验方法确定，它表示材料对剪切变形抵抗能力的度量。显然，G 的数值愈大，则剪应变 γ 愈小。

如果已知材料的泊松比 μ，弹性模量 E，则剪切弹性模量 G 可按下式确定：

$$G = \frac{E}{2(1 + \mu)} \tag{13-15}$$

若 $\mu = 0.25$，则得

$$G = \frac{E}{2(1 + 0.25)} = 0.4E \tag{13-16}$$

由式（13-15）可知，当 μ 是任意数值（$\mu = 0 \sim 0.5$）时，剪切弹性模量 G 都比弹性模量 E 小。

剪切强度条件与拉伸和压缩强度条件相似，其形式为：

$$\tau = \frac{V}{A} \leq [\tau]$$

式中　τ——作用在剪切面上的剪应力（N/mm^2）；

　　　V——作用在剪切面上的剪力（N）；

　　　A——受剪面积（mm^2）；

　　$[\tau]$——容许剪应力（N/mm^2），其值可自有关结构设计规范查得。

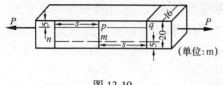

图 13-10

【例 13-3】 今设连接两根矩形截面 200mm×160mm 的松木直件，连接做成直齿形式（图 13-10），木材的容许剪应力 $[\tau] = 1N/mm^2$。（顺木纹）拉力 $P = 80 \times 10^3 N$，试确定齿长。

【解】 根据 mn 或 pq 面上剪切强度条件，求出齿长 S：

$$\tau = \frac{P}{A} \leqslant [\tau] \quad \text{或} \quad \frac{80000}{160 \times S} = 1$$

由此， $S = \frac{80000}{160 \times 1} = 500$ （mm）

第四节 梁的内力和内力图

一、荷载、梁的支座及支座反力

在这里将研究直梁在外荷载作用下所发生的平面弯曲。平面弯曲是指梁上的荷载及支座反力均作用在梁的纵向对称面内，梁弯曲后其轴线为一平面曲线。

作用在梁上的荷载分为静荷载和动荷载。荷载由零逐渐增加到最后值，同时又不改变其作用位置的叫做静荷载，如进深梁的自重以及它承受的楼板传来的荷载。而动荷载却相当快地改变其数值或作用位置，如在梁上工作的电动机所产生的荷载。静荷载分集中荷载和分布荷载。分布荷载又分为均布荷载、三角形荷载和梯形荷载等。

此外，时常还有集中作用在一点而其力偶矩为 m 的力偶。它可由下面广泛简化得到。设梁 AB 有两个悬臂 AC 和 ED，在其端点作用力有力 P_1 和 P_2 [图 13-11（a）]。第一个悬臂的长度为 a，而第二个长度为 d。假想用截面 I-I 和 II-II 在两个悬臂上无限接近于 A 点和 D 点将它切开。在点 A 以力 P_1 和力偶 $m_1 = -P_1a$，在点 D 以力 P_2 和力偶 $m_2 = -P_2d$ 代替，去掉两个悬臂对梁 AB 的作用 [图 13-11（b）]。这样，就得到集中作用在一点的力偶荷载。

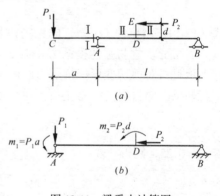

图 13-11 梁受力计算图

梁承受所加的荷载后，要把它传到结构其他部分上去。因此，在梁的支座上发生反力。在解梁的弯曲问题时，通常从求支座反力开始。支座反力的数目由支座形式和支座数目来决定。

在工程中，梁采用下述的三种平面支座形式。

1. 铰接滚动支座

如图（13-12）所示，梁的压力已经过铰 A 的中心，垂直于辊轴滚动的平面传递给支座（在辊轴与支座垫板 mn 之间无摩擦力）。这种支座形式使弯曲的梁端可能自由地绕 A 转动一个很小的角度，同时可以沿平面 mn 发生很小的位移δ。反力 R_A 的大小与压力 P_A

大小相等而方向相反。因为每一个力完全是由三个要素，即大小、方向和作用点来确定的，所以铰接滚动支座的反力只有一个未知因素即大小。这种支座的简图最好用一根支座链杆来表示[图13-12(b)]。这个支座链杆与反力作用线重合，同时也就表示一个未知因素。

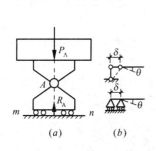

图 13-12　滚动铰支座计算

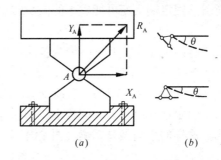

图 13-13　固定铰支座计算

2. 铰接固定支座

如图 13-13 所示，压力经过铰传给支座，但是它的大小和方向却不知道，因为在一般情况下，反力 R_A 与梁轴成一角度 α。在用数解决求反力时，最好用 R_A 的竖向分力 Y_A 和水平分力 X_A 来表示大小和方向都不知道的总反力。总反力 R_A 的两个未知因素（大小和方向），在所给的情形下可以用只是大小为未知的两个分力 Y_A 和 X_A 来代替。确定出这两个分力后，就可按下式求出总反力的数值。

$$R_A = \sqrt{Y_A^2 + X_A^2} \tag{13-17}$$

铰接固定支座只能使弯曲的梁端转动很小角度。它的简图通常用两个支座链杆来表示[图 13-13（b）]，即表示反力的两个未知分力。

3. 固定端支座

如图 13-14 所示，这种支座不仅阻止梁端的转动，而且阻止沿水平方向和竖直方向的移动。

如果作用在梁上的一些荷载的合力 P 是倾斜的，则将这个合力平移到 A 点，得到反力的 $R_A = P$ 及力偶矩为 $M_A = Pd$ 的力偶。给出作用在点 A 的反力 R_A 的竖向分力 Y_A 及水平分力的 X_A，固定端支座产生三个未知反力：阻止梁端在水平方向和竖直方向移动的两个分力 X_A 和 Y_A，及阻止梁端转动的反作用的力偶 M_A。

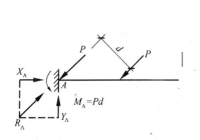

图 13-14　固定端支座受力简图

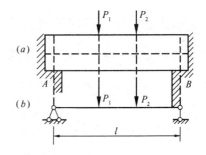

图 13-15　二端入墙梁及计算简图

上面所述的三种支座形式是为了计算简单而假设的，并非完全符合它们的真实构造。图 13-15（a）是两端伸在墙内受承荷载 P_1 和 P_2 的梁 AB。按计算简图［图 13-15

（*b*）] 计算。这里一个支座 *A* 采用铰接固定支座；而另一个支座 *B* 采用铰接滚动支座。计算跨度 *l* 等于梁的两端伸进墙内的中线之间的距离。

图 13-16（*a*）的梁在墙内的一端是固定端支座，另一端是自由端。图 13-16（b）是它的计算简图。固定端支座可能发生的微小转动可以忽略不计，而认为它是刚性固定的，即不能转动。

如果梁有两个支座，其中一个为铰接固定支座（反力的两个分力未知），另一个为铰接滚动支座（仅一个竖向反力未知），则三个未知反力可由静力学的三个平衡方程来求出。这种梁叫做简支梁（图 13-17）。若简支梁具有外伸部分则称外伸梁（图 13-18）。如果梁一端只在一个固定端支座，另一端自由，则它也有三个未知力，同样可用静力学三个平衡方程来求出。这样的梁叫做悬臂梁（图 13-19）。

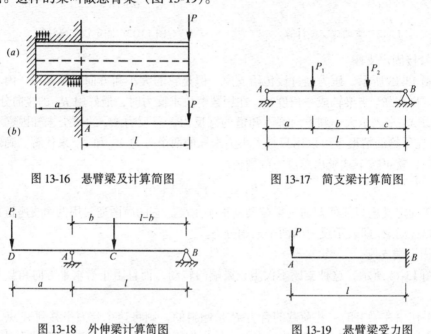

图 13-16　悬臂梁及计算简图　　　　　　图 13-17　简支梁计算简图

图 13-18　外伸梁计算简图　　　　　　　图 13-19　悬臂梁受力图

凡是支座反力只用静力学平衡方程就能确定的梁叫作静定梁。如果支座反力仅用静力学平衡方程不能求出的梁就叫作超静定梁。

二、梁的截面内力——弯矩和剪力

以图 13-20（*a*）为例来说明简支梁的内力确定方法。求出支座反力 R_A 和 R_B

$$\Sigma M_B = 0, R_A \times 4 - 20 \times 3 - 40 \times 1 = 0$$

$$R_A = \frac{20 \times 3 + 40 \times 1}{4} = 25(kN)$$

$$- R_B \times 4 - 40 \times 3 - 20 \times 1 = 0$$

$$R_B = 35(kN)$$

移去支座，并用所求得的支座反力代替它们对梁的作用 [图 13-20（*b*）]，以后研究梁时就可以直接研究在外力 P_1 和 P_2 及支座反力 R_A 和 R_B 作用下的自由弹性体；这时支座的反力也可以认为是外力。由于外力作用的结果，在梁内发生弹性内力。这些弹性内力可以采用截面法来确定。在离开支座 A 任一距离 x 处，用截面 I-I 将梁切成两部分 [图 13-20（c）]，并移去右段部分，留下左段部分作为研究对象。在图 13-20（c）中，左段梁上除作用有两图上外力即 P_1 和 R_A 外，还在截面 I-I 上作用有内力，即梁在切断前右段梁对左段梁的作用。它们必与 P_1 和 R_A 相互平衡。

平面平行力系向一点平移简化，可用平行于原力系的合力和一力偶代替。故将梁的右段部分上的外力向留下部分的截面形心简化时，就得到一力及一力偶矩。它们就是移去部分给留下部分的作用，亦即留下部分的内力。

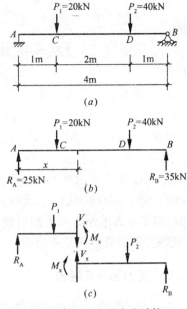

图 13-20　简支梁内力计算

为了求得 V_x 和 M_x，研究左段部分的平衡。应用静力学平衡条件，得

$$\Sigma Y = 0, R_A - P_1 - V_x = 0$$
$$V_x = R_A - P_1 \qquad\qquad (a)$$
$$\Sigma M_0 = 0, R_A \cdot x - P_1(x-1) - M_x = 0$$
$$M_x = R_A \cdot x - P_1(x-1) \qquad\qquad (b)$$

将平行于截面 I-I 的内力 V_x 称为剪力。剪力等于作用在直梁的左边截断部分所有外力 P_1 和 R_A 在 y 轴上投影代数和。将截面 I-I 上的内力 M_x 称为弯矩。弯矩等于作用在直梁左边截断部分的所有外力 P_1 和 R_A 对截面形心 O 的力矩代数和。V 和 M 的脚码 x 表示这些量是离开左边支座 A 的距隔 x 处的截面，如果取 $x = 2\text{m}$，则将数值代入式（a）和（b）后，得

$$V_x = R_A - P_1 = 25 - 20 = 5(\text{kN})$$

$$M_x = R_A \cdot x - P_1(x-1) = 30(\text{kN} \cdot \text{m})$$

式中剪力 V_x 的正号表示外力（$R_A - P_1$）的投影代数和，有使梁的左边部分对右边部分朝上移动的趋势，同时说明 I-I 截面上 V_x 所取朝下的方向是正确的 [图 13-20（c）]。这里弯矩 M_x 的正号表示外力的力矩有使梁的左边部分对 O 点顺时针旋转的趋势，而截面内力 M_x 所取反时针方向是正确的 [图 13-20（c）]。因此在图 13-20（c）上，将作用在梁的左边部分的 V_x 和 M_x 用正号表示。

现在再来研究梁的右边截断部分。根据力的作用与反作用原理，作用在右边截断部分 I-I 截面上的剪力 V_x 和 M_x 应与左边截断部分在同一截面上的内力大小相等，方向相反。在图 13-20（c）上给出了作用在梁的右边截断部分，且与外力 P_2 和 R_B 相平衡的 V_x 和 M_x 的方向。应用静力学平衡条件，得

$$\Sigma Y = 0, \quad V_x - P_2 - R_B = 0$$

因此，
$$V_x = P_2 - R_B$$

$$\Sigma M_0 = 0, \quad M_x + P_2 (3 - x) - R_B (l - x) = 0$$

因此，
$$M_x = R_B (l - x) - P_2 (3 - x)$$

将 $x = 2m$ 代入上述公式，得：

$$V_x = 5 \text{（kN）}, \quad M = 35 \text{（kN·m）}$$

计算结果进一步表明，梁中任一截面的 V_x 和 M_x 无论取截面左边或是右边计算，其数值相同，而方向相反。

式中 V_x 正号表示外力 $(P_2 - R_B)$ 的投影的代数和，有使梁右边部分对左边部分朝下移动的趋势；同时说明 I-I 截面上的对所取朝上的方向是正确的 [图 13-20 (c)]。这里的 M_x 的正号表示外力的力矩有使梁右边部分对截面形心逆时针旋转的趋势，而截面内 M_x 所取的顺时针方向是正确的。

三、剪力图和弯矩图

在工程计算中，常要求出梁内最大弯矩和剪力，因为这些截面最容易破坏，所以要了解沿梁全长各截面剪力和弯矩的变化规律，通常绘制梁的剪力图和弯矩图。由这些图可以求出剪力和弯矩的最大值及其所在截面位置。

为了绘制剪力图和弯矩图，取直角座标系，以梁的左端为座标原点，以横轴表示梁的截面位置，以竖轴表示剪力 V_x 或弯矩 M_x。然后，将任一截面 x 的剪力和弯矩写成 x 的函数，这个函数式分别称为剪力方程和弯矩方程，根据这个函数式即可给出剪力图和弯矩图。

下面以例题说明剪力图和弯矩图的作法。

【例 13-4】 试作悬臂梁的 V 图和 M 图。梁的跨度为 l，其上受有均布线荷载 q [图 13-21 (a)]。

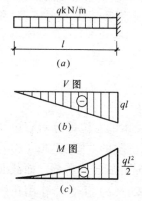

图 13-21 剪力和弯矩图

【解】 为了计算简便，我们选取梁的自由端为原点，向右为正。这样作剪力图和弯矩图可不用求固定端支座反力。

(1) 作 V 图

列剪力方程：

当 $0 \leqslant x \leqslant l$ 时，$V_x = - qx$

式中 V_x 是作用在研究部分左边的均布线荷载的合力，剪力方程是直线方程，作出这条直线：

当 $x = 0$ 时，$V_x = - q \times 0 = 0$

当 $x = l$ 时，$V_x = - ql$

在纵坐标画出已得到 V_x 的数值，并用直线连接它们的顶点，就得到 V 图 [图 13-21 (b)]。

(2) 作 M 图

列弯矩方程。根据力矩定理可以写出截面左边均布线荷载 qx 在所研究截面所产生的力矩，它等于这个荷载的合力乘以力臂 $\dfrac{x}{2}$，即

$$M_x = - (qx) \frac{x}{2} = - \frac{1}{2} qx^2$$

这个式子是二次抛物线方程。

我们给出它的曲线：

当 $x = 0$ 时，$M_x = 0$；

当 $x = l/2$ 时，$M_x = - \frac{ql^2}{8}$；

$x = l$ 时，$M_x = - \frac{q}{2} l^2$

因此，均布荷载作用范围内的 M 图按二次抛物线变化。

给出所得到的三个截面的 M_x 数值，并用光滑曲线连接所给出纵坐标的各个顶点，就得到 M 图〔图13-21（c）〕。

显然，若计算不同截面的此数值越多，则所作的抛物线越精确；但是从实用的目的来说，首先必须知道最大弯矩的数值。

【例 13-5】   简支梁跨度为 l，梁上受均布线荷载 q〔图 13-22（a）〕，试作梁的 V 图和 M 图。

【解】   （1）求支座反力

$$R_A = R_B = \frac{1}{2} ql$$

（2）作 V 图

距梁左端为 x，处任一截面上的剪力方程为：

$$V_x = R_A - q \cdot x = \frac{ql}{2} - q \cdot x \ (0 < x < l)$$

这是直线方程。作出这条直线：

当 $x = 0$ 时，$V_x = \frac{ql}{2}$

当 $x = l$ 时，$V_x = \frac{ql}{2} - ql = - \frac{ql}{2}$

所得剪力图如图 13-22（b）。

距梁左端为 x 处任一截面上的弯矩方程为：

$$M_x = R_A x - qx \cdot \frac{x}{2} = \frac{qx(l-x)}{2}, \ (0 \le x \le l)$$

这个式子是二次抛物线方程。

当 $x = 0$ 时，$M_x = 0$

当 $x = \frac{l}{2}$ 时，$M_x = \frac{1}{8} ql^2$

当 $x = l$ 时，$M_x = 0$

弯矩图如图 13-22（c）所示。

简支梁受均布线荷载时最大弯矩发生在跨中，其数值为 $M_{max} = \frac{1}{8} ql^2$，这在工程计算中经常遇到，应当把它记住。

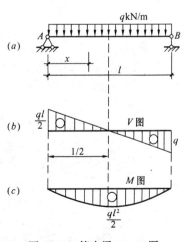

图 13-22　简支梁 V、M 图

第五节 梁 的 应 力

一、纯弯曲时的最大正应力

在平面弯曲时，梁上任意截面内会同时产生弯矩 M_x 和剪力 V_x。当梁上某一段的弯矩为常量，而剪力等于零时，平面弯曲的这种特殊情形叫做纯弯曲。图 13-23 所示梁的 CD 段即为纯弯曲。

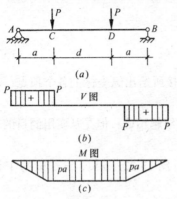

图 13-23 简支梁 P 作用 M、V 图

现在研究纯弯曲时梁横截面上的正应力。先研究纯弯曲时的变形特征。为了明显起见，设图 13-23 为一宽为 b 高为 h 的矩形截面梁，选取 CD 段作为研究对象。变形前在其侧面画出竖直线和水平线如图 13-24（a）表示，变形后梁段在两端弯矩 M_x 作用下产生弯曲变形，我们可以看到：

1. 原来各横向线，如 ab、cd 仍保持直线，只是相对于原来垂直位置倾斜了一个很小的角度，如 a'b'、c'd'。

2. 原来所有的纵向线都弯成圆弧线。上部的纵向线缩短了，下部的纵向线伸长了，有一层纵向线既不缩短也不伸长。由以上现象，可得出：

（1）以横向线所代表的横截面，在变形后保持为平面。

（2）把梁设想为由一束纵向纤维组成，则纵向线的缩短或伸长，说明这些纵向纤维有缩短或伸长。由于横截面保持平面，同一层的纵向纤维的缩短或伸长是相同的。没有缩短和伸长的那一层称为中性层，中性层和横截面的交线称为中性轴，如图 13-24（c）所示。各层的缩短或伸长与其距中性轴的距离成正比。

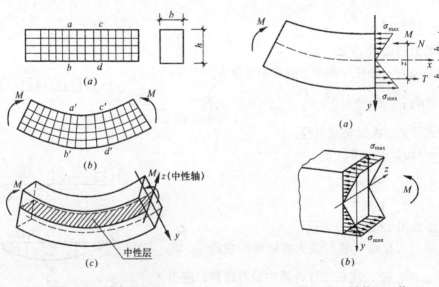

图 13-24 梁弯曲变形　　　　　图 13-25 梁截面 σ 值

3. 在材料弹性范围内，根据虎克定律，各纤维相应地存在着正应力，其大小也与其距中性轴的距离成正比。

于是，我们得知梁弯曲时横截面上各点正应力的大小是与该点到中性轴的距离成正比的。如图 3-25 所示。图中 z 轴为中性轴，y 轴向下为正。在正弯矩 M 作用下，中性轴以下正 y 各点的应力为拉应力，中性轴以上负 y 各点的应力为压应力，中性轴上应力为零。截面最上层的应力为最大压应力，用 σ_{min} 表示，它到中性轴的距离为 h_1，而最下层的应力为最大拉应力，用 σ_{max} 表示，它到中性轴的距离为 h_2。

为了确定 $h_1 h_2$ 及 σ_{min} 和 σ_{max}，将中性轴以上压应力合成一个压力 N，

于是
$$N = \frac{bh_1\sigma_{min}}{2}$$

其合力作用点距中性轴为 $\frac{2}{3}h_1$。

同理，中性轴以下的拉应力合成为一个拉力，
$$T = \frac{bh_1\sigma_{max}}{2}$$

其合力作用点到中性轴距离为 $\frac{2}{3}h_2$。

于是，压力 N 与拉力 T 之间的距离为：
$$z = \frac{2}{3}h_1 + \frac{2}{3}h_2 = \frac{2}{3}h$$

根据平衡条件有：
$$\Sigma x = 0 \ 得 \ N = T$$
$$\frac{1}{2}bh_1\sigma_{min} = \frac{1}{2}bh_2\sigma_{max}$$

因正应力大小与其到中性轴的距离成正比关系，故有：
$$h_1 = h_2 = \frac{h}{2} \qquad \sigma_{min} = -\sigma_{max}$$

根据 $\Sigma M = 0$，得，$M = Nz$ 或 $M = Tz$

即：$M = \frac{1}{2}b\frac{h}{2}\sigma_{min}\frac{2}{3}h$ 或 $M = \frac{1}{2}b\frac{h}{2}\sigma_{max}\frac{2}{3}h$

经整理，得到最大正应力：
$$\sigma_{min} = \sigma_{max} = \frac{M}{W_z} \qquad (13\text{-}18)$$

式中 W_z 叫做抗弯截面矩（mm^3），它的数值与梁的截面形式和尺寸有关。对于矩形截面梁，$W_z = \frac{bh^2}{6}$。

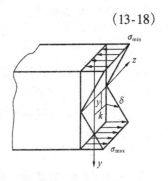

图 13-26　k 点应力计算

二、梁截面上任意点的正应力

在梁的横截面上任一点 K 点的应力，与该点到中性轴的距离（即 y）坐标值成正比，如图 13-26 所示。

根据几何关系有：

$$\frac{\sigma}{y} = \frac{\sigma}{y_{\max}}$$

$$\sigma = \frac{M}{W} \cdot \frac{y}{y_{\max}}$$

$$\sigma = \frac{M}{I_z} y \qquad\qquad (13\text{-}19)$$

式中　σ——表示梁截面任意点正应力；

　　　M——表示截面弯矩值；

　　　y——表示梁截面上任意点的纵坐标；

　　　I_z——表示梁截面对 z 轴的惯性矩；

$I_z = W_z y_{\max}$，对于矩形截面，$I_z = \dfrac{bh^3}{12}$；对于直径为 D 的圆形截面，$I_z = \dfrac{\pi D^4}{64}$。从而得出圆截面梁的抗弯截面矩 $W_z = \dfrac{\pi D^3}{32}$。

三、按正应力校核梁的强度

在计算梁的弯曲时，就和计算杆的拉伸与压缩一样，有三种类型的问题。

1. 验算梁的强度

这里应按下式计算：

$$\sigma_{\max} = \frac{M_{\max}}{W} \leqslant [\sigma] \qquad\qquad (13\text{-}20)$$

式中　$\sigma_{\max}$——梁的最大法向应力；

　　　$M_{\max}$——梁的最大弯矩；

　　　W——梁的截面矩量；

　　　$[\sigma]$——材料所能承受的容许应力。

在解决这类问题时，必须知道梁的计算简图、截面尺寸和形状。根据这些资料就能求出最大弯矩 $M_{\max}$ 和截面矩量 W。将 $M_{\max}$ 与 W 的数值代入公式（13-20），就能求得最大法向应力 $\sigma_{\max}$，$\sigma_{\max}$ 不应大于容许应力 $[\sigma]$。

2. 选择梁的截面

这时梁的最大弯矩 $M_{\max}$ 和容许应力 $[\sigma]$ 是已知的，而梁的截面矩量 W 是要求的。由式（13-20）可以得到：

$$W \geqslant \frac{M_{\max}}{[\sigma]} \qquad\qquad (13\text{-}21)$$

这是选择梁的截面的基本公式。

3. 求最大容许弯矩

这时已知梁的截面尺寸和形状，即已知截面矩量 W，将它乘以容许应力 $[\sigma]$，就得到最大容许弯矩：

$$[M] = W \cdot [\sigma] \qquad\qquad (13\text{-}22)$$

知道了 $[M]$ 就能确定最大容许荷载。为此，就需使含有未知荷载的计算弯矩 M 与容许弯矩相等。

四、弯曲时的剪应力

在一般情况下，梁除有弯矩作用外，还有剪力作用，弯矩在截面上产生正应力，而剪力将在截面上产生剪应力。下面介绍剪应力的确定方法。

矩形截面的剪应力，在分析矩形截面上的剪应力分布时，通常作如下假设：

（1）全部剪应力的方向平行于截面上的剪力方向；

（2）作用在离中性轴等距离处的剪应力大小相等［图13-27（a）］。

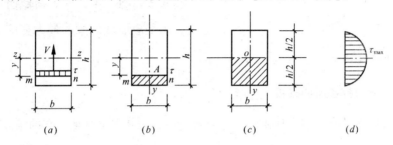

图 13-27　梁截面剪应力

根据上述假定可求得矩形截面［图13-27（b）］上任一点 A 的剪应力公式为

$$\tau = \frac{VS}{I_z b} \tag{13-23}$$

式中　τ——横截面上任一点的剪应力；

　　　　V——横截面上的剪力；

　　　　I_z——整个横截面对中性轴（形心轴）z 的惯性矩；

　　　　b——横截面的宽度；

　　　　S——所求剪应力点这一层至截面下边缘（或上边缘）之间的面积［图13-27（b）绘有阴影部分）对中性轴 z 的静力矩。

$$S = b\left(\frac{h}{2} - y\right)\left(y + \frac{\frac{y}{2} - y}{2}\right) = \frac{1}{8}b(h^2 - 4y^2)$$

将 S 这个表达式代入式（13-23），即可求得矩中性轴为 A 的剪应力的表达式：

$$\tau = \frac{V}{I_z} \times \frac{1}{2}\left(\frac{h^2}{4} - y^2\right) \tag{13-24}$$

由上式可知，这是二次抛物线方程，即矩状截面的剪应力沿截面高度呈抛物线变化。当 $y = 0$ 时，也就是在中性轴处数值最大，因此，

$$\tau = \tau_{max} = \frac{V}{I_z} \times \frac{1}{8}h^2 \tag{13-25}$$

当 $y = \frac{h}{2}$ 或 $y = -\frac{h}{2}$ 时，也就是在截面的上边缘和下边缘的各点上，括号内的式子变为零，于是，$\tau = 0$。

根据截面三个点的值，可给出近似的对称二次抛物线。这就是剪应力图［图13-27（d）］。根据这个图形很明显地看出：剪应力随离开中性轴的距离的增加而逐渐减小（图

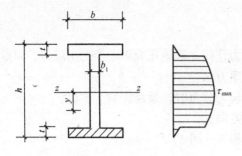

图 13-28　工字截面剪应力图

13-28）。如果将 $I_z = \dfrac{bh^3}{12}$ 代入式（13-25）中，就得出矩形截面求最大剪应力 τ_{max} 的计算公式：

$$\tau_{max} = \frac{3}{2} \cdot \frac{V}{bh} = \frac{3}{2} \frac{V}{A} \qquad (13-26)$$

式中　$A = bh$——矩形截面面积。

在式（13-26）中，$\dfrac{V}{A}$ 为横截面上的平均剪应力，于是矩形截面梁的最大剪应力为横截面上平均剪应力的 $\dfrac{3}{2}$ 倍。

五、按剪应力校核梁的强度

当梁的横截面上有剪应力作用时，还要按剪应力校核梁的强度。它的条件是：

矩形截面：
$$\tau_{max} = \frac{3}{2} \cdot \frac{V_{max}}{bh} \leqslant [\tau] \qquad (13-27)$$

圆形截面：
$$\tau_{max} = \frac{3}{2} \cdot \frac{V_{max}}{\pi r^2} \leqslant [\tau] \qquad (13-28)$$

工字形截面：
$$\tau_{max} = \frac{3}{2} \cdot \frac{V_{max}}{I_z b_1} \leqslant [\tau] \qquad (13-29)$$

式中　V_{max}——整个梁的所有横截面中的最大剪力；

　　　　$[\tau]$——梁的弯曲容许剪应力。

第六节　压　杆　稳　定

一、压杆稳定性和临界力的概念

在工程实践中，有时杆件虽有足够的强度和刚度，但并不能保证杆件就是安全的。

设有相当长而且比较细的木杆，承受逐渐增加的轴向压力 P 的作用。当压力 P 不超过一定限值时，杆仍保持是直的。但是当 P 达到或稍许超过某一数值时，杆就会突然向一边弯曲（向最小抗弯刚度的平面弯曲）。杆最初微小的弯曲就很快地增加，过一会儿杆被折断。这样由于纵向作用力而引起杆的弯曲叫做纵向弯曲。

如果用使杆折断的力的数值除以杆的横截面面积，就得到纵向弯曲时的极限强度。用同样的材料制成一根短而粗的杆，然后进行相似的实验，这个杆在破坏时不会发生纵向弯曲现象。如果用使这个杆破坏的力除以杆件的横截面面积，就得到通常的受压极限强度。它比纵向弯曲时的极限强度大得多。第一根杆过早破坏，是由于它在破坏前不能保持本身原来的直线形状，即失去直线的稳定平衡形状。

如果在逐渐增加的压力 P 作用下，所研究的杆有极小的弯曲，用横向力 Q 推一下，然后任其自然，就可以发现下列情形：

（1）压杆经过几次振动以后可能恢复到起初的位置。杆的这种平衡叫稳定平衡［图

13-29（a）]。

（2）压杆可能不恢复到起初位置，仍然稍有弯曲，而与压力 P 相平衡。在这种情形下杆的平衡是不稳定的。这时杆已不能正常工作［图 13-29（b）]。

使杆从稳定平衡过渡到不稳定平衡时的最小轴向压力称为临界力 P_K。

本节主要说明如何确定临界力 P_K。当知道临界力后 P_K 时，就可求出容许荷载［P]，即使压杆不会失去稳定性的荷载。

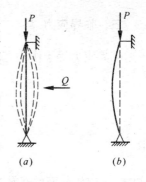

图 13-29　压杆受力变形

$$[P] = \frac{P_K}{K} \tag{13-30}$$

式中　K——压杆稳定性的安全系数。

二、临界力公式

压杆临界力 P_K 的确定方法，由试验和理论分析可知，压杆的临界力 P_K 大小与杆的抗弯刚度 EI 成正比，而与杆长的平方成反比，同时还与两端支承情况有关。

$$P_K = \frac{\pi^2 EI}{l^2} \tag{13-31}$$

这个公式首先由学者欧拉提出，故又称为欧拉公式。对于两端支承形式不同的压杆，其临界力数值是不同的。

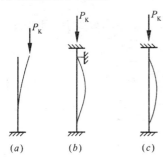

图 13-30　二端不同支承压杆

一端固定、另一端自由的压杆［图 13-30（a）]的临界力公式为：

$$P_K = \frac{\pi^2 EI}{4l^2} \tag{13-32}$$

一端固定、一端铰支的压杆［图 13-30（b）]的临界力为：

$$P_K = \frac{2\pi^2 EI}{l^2} \tag{13-34}$$

两端均为固定的压杆［图 13-30（c）]的临界力为：

$$P_K = \frac{4\pi^2 EI}{l^2} \tag{13-35}$$

综上所述，压杆的临界力统一公式可以写成：

$$P_K = \frac{4\pi^2 EI}{(\mu l)^2} \tag{13-36}$$

其中，系数 μ 叫长度换算系数；μl 叫做换算长度。式（13-36）中，当压杆两端铰支时，$\mu = 1$；一端固定、另一端自由时，$\mu = 2$；一端固定、另一端铰支时，$\mu = 0.7$；两端固定时，$\mu = 0.5$。

三、临界应力

临界应力等于作用在压杆上的临界力 P_K 除以杆的横截面面积 A，即：

$$\sigma_K = \frac{P_K}{A} = \frac{\pi^2 EI}{(\mu l)^2}$$

取

$$r = \sqrt{\frac{I}{A}}$$

式中，r 叫作截面的回转半径，于是 $I = r^2 A$，把它代入上式，得：

$$\sigma_K = \frac{\pi^2 E r^2 A}{(\mu l)^2 A} = \frac{\pi^2 E r^2}{(\mu l)^2}$$

令

$$\lambda = \frac{\mu l}{r}$$

于是，临界力应力可写成更简洁的形式：

$$\sigma_K = \frac{\pi^2 E}{\lambda^2} \tag{13-37}$$

式中，λ 叫作杆的长细比或称为柔度，它是杆的计算长度与截面的回转半径之比。它的数值愈大，表示压杆愈易失稳。

四、压杆稳定的实用计算公式

在计算细长的压杆时，应使轴向力在杆件横截面上的压应力小于临界应力，并具有一定的安全储备。这样，压杆就不会失去稳定性，即

$$\sigma = \frac{N}{A} \leqslant \frac{\sigma_K}{K_w} \tag{13-38}$$

式中　N——作用在杆件上的轴向压力；

　　　A——杆的横截面的面积；

　　　σ_K——杆的临界应力；

　　　K_w——稳定安全系数。

令

$$[\sigma_k] = \frac{\sigma_k}{K_w}$$

式中，$[\sigma_k]$ 叫做稳定容许应力。

在实际计算中，通常把材料一般受压缩的容许应力乘以系数 φ 即 $\varphi[\sigma]$ 作为稳定容许应力 $[\sigma_k]$，这样，可以得到：

$$\sigma = \frac{N}{\varphi A} \tag{13-39}$$

式中　φ——轴心受压杆件的纵向弯曲折减系数或称为稳定系数，其值可由表 13-4 查得。

其余符号意义与前相同。

长细表 $\lambda = \dfrac{\mu d}{r}$	φ 值		
	3 号钢	生　铁	木　材
0	1.00	1.00	1.00
10	0.98	0.97	0.99
20	0.96	0.91	0.97
30	0.94	0.81	0.93
40	0.92	0.69	0.87
50	0.89	0.57	0.80
60	0.86	0.44	0.71
70	0.81	0.34	0.60
80	0.75	0.26	0.48
90	0.69	0.20	0.38
100	0.60	0.16	0.31
110	0.52	—	0.25
120	0.45	—	0.22
130	0.40	—	0.18
140	0.36	—	0.16
150	0.32	—	0.14
160	0.29	—	0.12
170	0.26	—	0.11
180	0.23	—	0.10
190	0.21	—	0.09
200	0.19	—	0.08

式（13-39）就是压杆稳定的实用计算公式。

解实际稳定性问题和解强度问题一样，可以遇到以下三类问题：

1. 验算稳定性

$$\sigma = \frac{N}{\varphi A} \leqslant [\sigma] \qquad (13\text{-}40)$$

2. 求容许轴力

$$N \leqslant [\sigma]\varphi A \qquad (13\text{-}41)$$

3. 选择截面

$$A \geqslant \frac{N}{\varphi [\sigma]} \qquad (13\text{-}42)$$

第四部分 建 筑 结 构

第十四章 建 筑 结 构 概 述

在房屋建筑中，由各种构件（屋架、梁、板、柱等）组成的能承受各种作用的体系叫作建筑结构。这里所说的各种作用是指能引起体系产生内力和变形的各种因素，如荷载、地震、温度变化或基础沉降等因素。

第一节　建筑结构的分类

建筑结构可按所用材料和承重体系来分类。

一、按所用材料分类

1. 钢筋混凝土结构

钢筋混凝土结构是由钢筋和混凝土两种材料构成的，它具有以下优点：强度高、耐久性好、可模性好、耐火性好、便于就地取材、抗震性能好，但是它也有一些缺点。如自重大、抗裂性能较差，现浇施工时耗费模板多，工期长等。

2. 砌体结构

砌体结构是指用块材（砖、石、砌块等）和砂浆（如水泥砂浆、混合砂浆等）砌筑而成的。

砌体结构的优点是就地取材、造价低、耐火性好、施工简易。

砌体结构的缺点是强度低、自重大、抗震性差等。

3. 钢结构

钢结构是由钢材制成的结构。它具有强度高、自重轻、质地均匀、便于施工等优点；但它容易锈蚀、维修费用高、耐火性能差。

4. 木结构

木结构的优点是便于施工、自重较轻；但是木材产量受自然生长条件的限制，并且易燃、易腐蚀、结构变形较大等缺点。目前在大中城市中很少采用木结构房屋。

二、按承重体系分类

1. 混合结构

混合结构是指由砌体构件和其他材料构件组成的结构。例如，采用砖墙或砖柱与钢筋混凝土梁、板所组成的结构就属于混合结构。它具有造价低、施工方便、就地取材等优点，适用于六层或六层以下的、跨度较小的建筑中。

2. 框架结构

框架结构是由纵梁、横梁和柱组成的结构。框架结构多用钢筋混凝土建造，也可采用钢材制作。

框架结构建筑布置灵活，可任意分割房间，容易满足生产工艺和使用上的要求。它既可用于大空间的商场、工业生产车间、礼堂、食堂，也可用于住宅、办公楼、医院、学校建筑。因此，框架结构在单层和多层工业与民用建筑中获得了广泛应用。

钢筋混凝土框架结构超过一定高度后，其侧向刚度将大大降低，这时，在风荷载或地震作用下，其侧向位移就会超过容许值，因此，钢筋混凝土框架结构多用于 10 层以下建筑。个别也有超过 10 层的。

3. 框架—剪力墙结构

钢筋混凝土框架—剪力墙结构是在框架结构纵、横方向的适当位置，在柱与柱之间设置几道厚度大于 140mm 的钢筋混凝土墙体而构成的。由于在这种结构中剪力墙在平面内的侧向刚度比框架架侧向刚度大得多，所以，在风荷载或地震作用下产生的水平剪力主要由墙来承担，一小部分剪力则由框架来承担，而框架主要承受竖向荷载。由于框架—剪力墙结构充分发挥了剪力墙和框架各自的优点，因此，在高层建筑中采用框架—剪力墙结构比框架结构更经济合理。

4. 剪力墙结构

剪力墙结构是由纵横钢筋混凝土墙所组成的结构。这种墙除抵抗水平地震作用和竖向荷载外，还对房屋起着围护或分割作用。这种结构适用于高层住宅、旅馆等建筑。因为剪力墙结构的墙体较多，房屋的侧向刚度大，因此它可以建得很高。

目前，我国剪力墙结构多用于 12～30 层住宅、旅馆建筑中。高 93m、23 层的北京西苑饭店采用的就是钢筋混凝土剪力墙结构。

5. 筒体结构

随着房屋的层数的进一步增加，房屋结构需要具有更大的侧向刚度，以抵抗风荷载和地震作用，因此出现了筒体结构。

筒体结构是用钢筋混凝土墙围成侧向刚度很大的筒体，其受力特点与一个固定于基础上的筒形悬臂构件相似。为了满足采光的要求，在筒壁上开有孔洞，这种筒叫作空腹筒或框筒。当建筑物高度更高，要求侧向刚度更大时，可采用筒中筒结构。这种筒体由空腹外筒和实腹内筒组成，内外筒之间用在自身平面内刚度很大的楼板相联系，使之共同工作，形成一个空间结构。

筒体结构多用于高层或超高层（高度 $H \geqslant 100\text{m}$）公共建筑中，如饭店、银行、通迅大楼等。

6. 大跨结构

大跨结构是指在体育馆、大型火车站、航空港等公共建筑中所采用的结构。在这种结构中，竖向承重结构构件多采用钢筋混凝土柱，屋盖采用钢网架、薄壳或悬索结构等。

第二节　钢筋的种类及其力学性能

一、钢筋的力学性能

钢筋混凝土结构所用的钢筋，按其在单向受拉试验所得到的应力-应变曲线性质的不同，可分为有明显屈服点的钢筋和无明显屈服点的钢筋两大类。

计算钢筋混凝土结构时，对于有明显见服点的钢筋取其屈服强度为钢筋的强度限值。这是因为构件中的钢筋应力达到屈服强度后，钢筋将产生很大的塑性变形，这时钢筋混凝土构件出现很大的裂缝和变形，即使卸载，裂缝也不能闭合，变形也不能恢复，以致不能使用。没有明显屈服点的钢筋，它的极限强度很高，但伸长率小。在实用上，通常取相应于残余应变为 0.2%时的应力作为其假定的屈服强度（或称条件屈服强度），用 $\sigma_{0.2}$ 表示。条件屈服强度 $\sigma_{0.2}$ 相当于极限抗拉强度 σ_b 的 0.85 倍。钢筋断裂后的伸长值与原长的比率称为伸长率，伸长率的大小标志着钢筋塑性的大小。

为了使钢筋在断裂前有足够的伸长，保证在钢筋混凝土构件中能给出即将破坏的预兆，就需要从强度和塑性两个方面来选择钢筋，以满足使用要求。

二、钢筋的种类

钢筋按其生产工艺、机械性能与加工条件的不同分为热轧钢筋、钢绞线、钢丝和热处理钢筋。其中热轧钢筋属于有明显屈服点的钢筋，钢绞线、钢丝和热处理钢筋属于没有明显屈服点的钢筋。

1. 热轧钢筋

热轧钢筋是用普通碳素钢（含碳量 <0.25%）和普通低合金钢热轧制成。热轧钢筋按其强度由低到高分三个等级：HPB235（Q235），即热轧光面钢筋 235 级为普通碳素钢；HRB335（20MnSi）和 HRB400（20MnSiV 20MnSiNb、20MnTi），即热轧带肋钢 335 和 400 级，RRB400（K20MnSi），即余热处理钢筋 400 级，三者均为普通低合金钢。在外观上 HPB235 为光面圆钢筋，其余钢筋的表面均有肋纹（月牙纹），表面有肋纹的钢筋统称为变形钢筋。

HPB235 级钢筋主要用作中小型钢筋混凝土构件中的受力主筋以及钢筋混凝土和预应力混凝土结构中的箍筋和构造钢筋。HRB335、HRB400 和 RRB400 级钢筋表面轧有肋纹，与混凝土的粘结强度较 HPB235 级钢筋好，且钢材强度高，因此用于大中型钢筋混凝土结构，特别是作为承受多次重复荷载、地震作用、冲击作用的结构的受力主筋和预应力结构中参与受力的非预应力筋等。

2. 钢丝

结构用的消除应力钢丝有光面碳素钢丝、螺旋肋钢丝和三面刻痕钢丝等。它们的共同特点是强度高，但伸长率较低。各类钢丝在结构中主要作预应力筋或做焊接钢筋网片。

3. 钢绞线

钢绞线是将多根碳素钢用绞盘绞制而成。其特点是强度高，与混凝土的粘结好。由于断面大，使用根数少，在构件中排列方便，易于锚固，所以多用于大跨度、重荷载的预应力混凝土结构中。

4. 热处理钢筋

钢材的热处理是通过加热、保温、冷却等过程以改变钢材性能的一种工艺。热处理钢筋是用几种特定钢号的热轧钢筋，经过淬火和回火处理而成。钢筋经淬火后强度大幅度提高，但塑性和韧性相应降低，通过高温回火则可以在不降低强度的同时改变淬火形成的不稳定组织，消除淬火产生的内应力，使塑性和韧性得到改善。热处理钢筋是一种较理想的预应力钢筋。

三、钢筋的选用

1. 普通钢筋（指用于钢筋混凝土结构中的钢筋和预应力混凝土结构中的非预应力钢筋）宜采用 HRB400 级和 HRB335 级钢筋，也可采用 HPB235 级和 RRB400 级钢筋。

2. 预应力钢筋宜采用预应力钢绞线、钢丝，也可采用热处理钢筋。

规范提倡用 HRB400 级钢筋作为我国钢筋混凝土结构的主力钢筋；用高强的预应力钢绞线、钢丝作为我国预应力混凝土结构的主力钢筋。

四、钢筋的计算指标

1. 钢筋的强度标准值

结构所用材料的性能均具有变异性，例如按同一标准生产的钢材，不同时生产的各批钢筋的强度并不完全相同，即使是用同一炉钢轧成的钢筋，其强度也有差异。因此结构设计时就需要确定一个材料强度的基本代表值，亦即材料的强度标准值。规范规定钢筋的强度标准值应具有 95% 保证率。热轧钢筋的强度标准值系根据屈服强度确定，用 f_{yk} 表示。预应力钢绞线、钢丝和热处理钢筋的强度标准值系根据极限抗拉强度确定，用 f_{ptk} 表示。

2. 钢筋的强度设计值

钢筋混凝土结构按承载能力设计计算时，钢筋（以及混凝土）应采用强度设计值，强度设计值为强度标准值除以材料的分项系数 γ_s。

规范根据可靠度分析及工程经验，确定了各类钢筋的分项系数，对热轧钢筋队 $\gamma_s = 1.1$；对预应力用钢丝、钢绞线和热处理钢筋 $\gamma_s = 1.2$。

钢筋抗拉强度设计值的符号为 f_y，抗压强度设计值的符号为 f'_y；当用作预应力钢筋时分别为 f_{py} 及 f'_{py}。

普通钢筋和预应力钢筋的强度标准值、设计值见表 14-1、表 14-2。

普通钢筋强度标准值和设计值（N/mm²）   表 14-1

种 类		符号	d (mm)	f_{yk}	f_y	f'_y
热轧钢筋	HPB235（Q235）	Φ	8~20	235	210	210
	HRB335（20MnSi）	Φ	6~50	335	300	300
	HRB400（20MnSiV、20MnSiNb、20MnTi）	Φ	6~50	400	360	360
	RRB400（K20MnSi）	Φ R	8~40	400	360	360

注：在钢筋混凝土结构中，轴心受拉和小偏心受拉构件的钢筋抗拉强度设计值大于 300N/mm² 时，仍应按 300N/mm² 取用。

预应力钢筋强度标准值和设计值   表 14-2

种 类		符 号	d（mm）	f_{ptk}	f_{py}	f'_{py}
钢绞线	1×3	ΦS	8.6~12.9	1860	1320	390
				1720	1220	
				1570	1110	
	1×7		9.5~15.2	1860	1320	390
				1720	1220	

种　类		符　号	d（mm）	f_{ptk}	f_{py}	f'_{py}
消除应力钢丝	光面螺旋肋	ϕ^P ϕ^H	4～9	1770	1250	410
				1670	1180	
				1570	1110	
	刻　痕	ϕ^I	5、7	1570	1110	410
热处理钢筋	40Si2Mn	ϕ^{HT}	6～10	1470	1040	400
	48Si2Mn					
	45Si2Cr					

注：1. 钢绞线直径 d 系指钢绞线外接圆直径，即现行国家标准《预应力混凝土用钢绞线》（GB/T 5224）中的公称直径 D_g；钢丝和热处理钢筋的直径 d 均指公称直径；

2. 消除应力光面钢丝直径 d 为 4～9mm，消除应力螺旋肋钢丝直径 d 为 4～8mm。

3. 当预应力钢绞线、钢丝的强度标准值不符合表中的规定时，其强度设计值应进行换算。

五、钢筋的截面面积

钢筋的直径最小为 6mm，最大为 50mm。国内常规供货直径（单位 mm）为 6、8、10、12、14、16、18、20、22、25、28、32 等 12 种。钢筋的计算截面面积及理论重量见表 14-3，钢绞线和钢丝的公称直径、公称截面面积及理论重量见表 14-4，各种钢筋按一定间距排列时每米板宽内钢筋截面面积见表 14-5。

钢筋截面面积表（mm²） 表 14-3

直径（mm）	钢筋截面面积及钢筋排列成一行时梁的最小宽度												单根钢筋理论重量（kg/m）
	一根	二根	三根		四根		五根		六根	七根	八根	九根	
	A_s	A_s	A_s	b	A_s	b	A_s	b	A_s	A_s	A_s	A_s	
6	28.2	57	85		113		142		170	198	226	255	0.222
6.5	33.2	66	100		133		166		199	232	265	299	0.260
8	50.3	101	151		201		252		302	352	402	453	0.395
8.2	52.8	106	158		211		264		317	370	423	475	0.432
10	78.5	157	236		314		393		471	550	628	707	0.617
12	113.1	226	339	150	452	200/180	565	250/220	678	791	904	1017	0.888
14	153.9	308	461	150	615	200/180	769	250/220	923	1077	1230	1387	1.21
16	201.1	402	603	180/150	804	200	1005	250	1206	1407	1608	1809	1.58
18	254.5	509	763	180/150	1017	220/200	1272	300/250	1526	1780	2036	2290	2.00
20	314.2	628	942	180	1256	220	1570	300/250	1884	2200	2513	2827	2.47
22	380.1	760	1140	180	1520	250/220	1900	300	2281	2661	3041	3421	2.98
25	490.9	982	1473	200/180	1964	250	2454	300	2945	3436	3927	4418	3.85
28	615.3	1232	1847	200	2463	250	3079	300/250	3695	4310	4926	5542	4.83
32	804.3	1609	2413	220	3217	300	4021	350	4826	5630	6434	7238	6.31
36	1017.9	2036	3054		4072		5089		6107	7125	8143	9161	7.99
40	1256.1	2513	3770		5027		6283		7540	8796	10053	11310	9.87
50	1964	3928	5892		7856		9820		11784	13748	15712	17676	15.42

注：1. 表中梁最小宽度 b 为分数时，横线以上数字表示钢筋在梁顶部时所需的宽度，横线以下数字表示钢筋在梁底部时所需宽度；

2. 表中钢筋直径 $d=8.2$mm 的计算截面面积及理论重量仅适用于有纵肋的热处理钢筋。

钢绞线、钢丝公称直径、截面面积及理论重量　　表 14-4

种　类		公称直径 （mm）	公称截 面面积 （mm²）	理论重量 （kg/m）	种　类	公称直径 （mm）	公称截 面面积 （mm²）	理论重量 （kg/m）
钢绞线	1×3	8.6	37.4	0.295	钢　丝	4.0	12.57	0.099
		10.8	59.3	0.465		5.0	19.63	0.154
		12.9	85.4	0.671		6.0	28.27	0.222
	1×7 标准型	9.5	54.8	0.432		7.0	38.48	0.302
		11.1	74.2	0.580		8.0	50.26	0.394
		12.7	98.7	0.774		9.0	63.62	0.499
		15.2	139	1.101		—	—	—

每米板宽内的钢筋截面面积表　　表 14-5

钢筋间距 （mm）	当钢筋直径（mm）为下列数值时的钢筋截面面积（mm²）												
	4	5	6	6/8	8	8/10	10	10/12	12	12/14	14	14/16	16
70	179	281	404	561	719	920	1121	1369	1616	1908	2199	2536	2872
75	167	262	377	524	671	859	1047	1277	1508	1780	2053	2367	2681
80	157	245	354	491	629	805	981	1198	1414	1669	1924	2218	2513
85	148	231	333	462	592	758	924	1127	1331	1571	1811	2088	2365
90	140	218	314	437	559	716	872	1064	1257	1484	1710	1972	2234
95	132	207	298	414	529	678	826	1008	1190	1405	1620	1868	2116
100	126	196	283	393	503	644	785	958	1131	1335	1539	1775	2011
110	114	178	257	357	457	585	714	871	1028	1214	1399	1614	1828
120	105	163	236	327	419	537	654	798	942	1112	1283	1480	1676
125	100	157	226	314	402	515	628	766	905	1068	1232	1420	1608
130	96.6	151	218	302	387	495	604	737	870	1027	1184	1366	1547
140	89.7	140	202	281	359	460	561	684	808	954	1100	1268	1436
150	83.8	131	189	262	335	429	523	639	754	890	1026	1183	1340
160	78.5	123	177	246	314	403	491	599	707	834	962	1110	1257
170	73.9	115	166	231	296	379	462	564	665	786	906	1044	1183
180	69.8	109	157	218	279	358	436	532	628	742	855	985	1117
190	66.1	103	149	207	265	339	413	504	595	702	810	934	1058
200	62.8	98.2	141	196	251	322	393	479	565	668	770	888	1005
220	57.1	89.3	129	178	228	292	357	436	514	607	700	807	914
240	52.4	81.9	118	164	209	268	327	399	471	556	641	740	838
250	50.2	78.5	113	157	201	258	314	383	452	534	616	710	804
260	48.3	75.5	109	151	193	248	302	368	435	514	592	682	773
280	44.9	70.1	101	140	180	230	281	342	404	477	550	634	718
300	41.9	65.5	94	131	168	215	262	320	377	445	513	592	670
320	39.2	61.4	88	123	157	201	245	299	353	417	481	554	628

注：表中钢筋直径中的 6/8、8/10、……等是指两种直径的钢筋间隔放置。

六、钢筋的化学成分

钢筋的主要化学成分是铁，但铁的强度低，需要加入其他化学成分来改善其性能。加入铁中的化学成分有：

（1）碳（C）　在铁中加入适量的碳可以提高强度。依含碳量的大小，可分为低碳钢（含碳量之 0.25%）、中碳钢（含碳量为 0.26% ~ 0.60%）和高碳钢（含碳量 > 0.6%）。在一定范围内提高含碳量，虽能提高钢筋强度，但同时却使塑性降低，可焊性变差。在建筑工程中主要使用低碳钢和中碳钢。

在工程中常用的 3 号钢、25 锰硅及 20 锰铌半、冷拔低碳钢丝都属于低碳钢；40 硅 2 锰钒、45 硅锰钒等属中碳钢；光面钢丝、刻痕钢丝、钢绞线则属于高碳钢。

（2）锰（Mn）、硅（Si）　在钢中加入少量的锰、硅元素可提高钢的强度，并能保持一定的塑性。

（3）钛（Ti）、钒（V）　在钢中加入少量的钛、钒可显著提高钢的强度，并可提高塑性和韧性、改善焊接性能。

在钢的冶炼过程中，会出现清除不掉的有害元素磷（P）和硫（S），它们的含量多了会使钢的塑性降低，易于脆断，并影响焊接质量。所以，合格的钢筋产品应限制这两种元素的含量。国家标准《钢筋混凝土用热轧带肋钢筋》（GB 1499）规定，磷的含量 ≤ 0.045%（HPB235、HRB335 级钢筋）或 ≤ 0.05%（HRB335 级钢筋），硫的含量 ≤ 0.05%（HPB235、HRB335 级钢筋）或 ≤ 0.045%（RRB400 级钢筋）。

含有锰、硅、钛和钒的合金元素的钢，叫作合金钢。合金元素总含量 < 5% 的合金钢叫作低合金钢。

我国常用的低合金钢品种有：20 锰硅（20MnSi）、20 锰铌半（20MnNb6）、40 硅 2 锰钒（40Si2MnV）、45 硅锰钒（45MnV）等多种。现将其名称意义说明如下：

```
            20        Mn      Si
        平均含碳量          主要合金元素
           0.2%
```

```
                              硅含量 2%
            40      Si2   Mn  V
        平均含碳量          主要合金元素
           0.4%
```

不含合金元素的 3 号钢（A_3）称为碳素钢。这种钢塑性好，但强度低，它比 20 锰硅钢抗拉设计强度低约 1/3。

按照我国现行标准，工程上常用的钢筋直径有：6、8、10、12、14、16、18、20、22、25、28、32、36、40mm。

七、钢筋的力学性能

钢筋混凝土所用的钢筋，分为有屈服点钢筋（热轧钢筋、冷拉钢筋）和无屈服点钢筋（热处理钢筋、钢丝和钢绞线）。

有屈服点钢筋的拉伸 $\sigma\text{-}\varepsilon$ 曲线如图 14-1 所示。由图中可见，在应力达到 a 点以前，应力和应变成正比，a 点的应力称为比例极限。应力达到 b 点钢筋开始屈服，即应力不增加，变形继续增长，直至 c 点。b 点的应力称为屈服点。bc 段称为流幅或屈服阶。这一阶段钢筋几乎按理想塑性状态工作。超过 c 点后，应力应变关系曲线表现为上升曲线，这时钢筋具有弹性和塑性两重性质。这种性能一直维持到 d 点，此后，钢筋产生颈缩现象，应力应变关系呈下降曲线。d 点所对应的应力称为极限强度。到达曲线 e 点钢筋被拉断，与 e 点对应的应变称为延伸率。

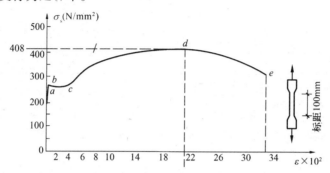

图 14-1　有屈服点钢筋 σ-ε 曲线

在钢筋混凝土结构中，对具有屈服点的钢筋，均取屈服点作钢筋强度限值。这是因为，构件内的钢筋应力超过屈服点后将产生很大的塑性变形，即使卸载后，这部分变形也不能恢复。这样，将使结构构件出现很大的变形和不可闭合的裂缝，以致影响结构的正常使用。

没有屈服点的钢筋，它的抗拉极限强度高，但延伸率小（图 14-2）。虽然这种钢筋没有屈服点，但我们可以根据屈服点的特征，为它在塑性变形明显增长处找到一个假想的屈服点，把它作为这种没有屈服点钢筋的可以利用的应力上限。通常取残余应变为 0.2% 的应力 $\sigma_{0.2}$ 作为假想屈服点。由试验得知，$\sigma_{0.2}$ 大致相当于钢筋抗拉极限强度 σ_b 的 0.8，即

$$\sigma_{0.2} = 0.8\sigma_b \tag{14-1}$$

钢筋屈服阶大小，随钢筋的品种而异，屈服阶大的钢筋延伸率大，塑性好，配有这种钢筋的钢筋混凝土构件，破坏前有明显预兆；无屈服点的钢筋或屈服阶小的钢筋，延伸率小、塑性差，配有这种钢筋的构件，破坏前无明显预兆，破坏突然，属于脆性破坏。

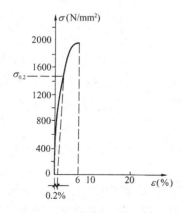

图 14-2　无屈服点钢筋 σ-ε 曲线

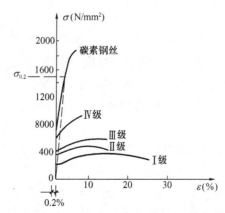

图 14-3　不同强度等级钢筋 σ-ε 曲线

图 14-3 为不同强度等级的钢筋和碳素钢丝的应力应变曲线，由图中可见，钢筋随着强度的提高，其塑性性能降低。

八、钢筋弹性模量

钢筋弹性模量是取其比例极限内应力与应变的比值。各类钢筋的弹性模量按表 14-6 采用。

钢筋弹性模量 E_s 值　　　　　　　　　　　　　　　　表 14-6

钢　筋　种　类	E_s（N/mm²）
HPB235 级钢筋	2.1×10^5
HRB335 级钢筋、HRB400 级钢筋、RRB400 级钢筋、热处理钢筋	2.0×10^5
消除应力钢筋、螺旋肋钢丝、刻痕钢丝	2.05×10^5
钢绞线	1.95×10^5

第三节　混凝土的性质

一、立方体抗压强度

边长为 150mm 的立方体试块 [图 14-4（a）]，在温度 20±2℃ 和相对湿度不低于 95% 的环境里养护 28d，以每秒 0.2～0.3N/mm 的速度加载进行试验所测得的抗压强度，叫做立方体抗压强度，用符号 f_{cu} 表示。

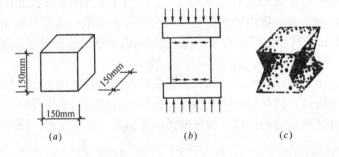

图 14-4　立方体抗压强度试验

根据混凝土立方体抗压强度标准值，我国《混凝土结构设计规范》（GB 50010）规定，混凝土强度等级分成 14 级：C15、C20、C25、C30、C35、C40、C45、C50、C55 和 C60、C65、C70、C75、C80（其中 C 表示混凝土，C 后面的数字表示立方体抗压标准强度，单位为 N/mm²）。

试块放在压力机上下垫板间加压时，试块纵向受压缩短，而横向将扩展。由于压力机垫板与试块上下表面之间存在摩擦力，它好像"箍"一样，将试块上下端箍住 [图 14-4（b）]，阻碍了试块上下端的变形，而试块中间部分"箍"的影响较小，混凝土比较容易发生横向变形。随着荷载的增加，试块中间部分的混凝土首先鼓出而剥落，形成对顶的两个角锥体，其破坏形态如图 14-4（c）所示。

试块尺寸不同，试验时试块上下表面摩擦力产生"箍"的作用也不相同。根据大量实验结果的统计规律，对于边长为非标准立方体试块，其抗压强度应乘以下列换算系数，以换算成标准立方体强度。

200mm×200mm×200mm 的立方体试块——1.05；

100mm×100mm×100mm 的立方体试块——0.95。

二、轴心抗压强度 f_c

在工程中，钢筋混凝土轴心受压构件，如柱、屋架受压弦杆等，它的长度比截面尺寸大得多。因此，钢筋混凝土轴心受压构件中混凝土的强度与混凝土棱柱体轴心抗压强度接近。所以，在计算这类构件时，混凝土强度应采用棱柱体轴心抗压强度（简称轴心抗压强度）。

混凝土轴心抗压强度，是按照标准方法制作养护的截面为 150mm×150mm、高 600mm 的棱柱体（图 14-5），经 28d 龄期，用标准试验方法测得的强度。用符号 f_c 表示。

三、轴心抗拉强度 f_t

在计算钢筋混凝土和预应力混凝土构件的抗裂度和裂缝宽度时，要应用轴心抗拉强度。图 14-6 所示的标准构件进行实验的。试件用一定尺寸的钢模板浇筑而成，两端预埋直径为 20mm 的螺纹钢筋，钢筋轴线应与构件轴线重合。试验机夹具夹住两端钢筋，使构件均匀受拉。当构件破坏时，构件截面上的平均拉应力即为混凝土的轴心抗拉强度，用 f_t 表示。

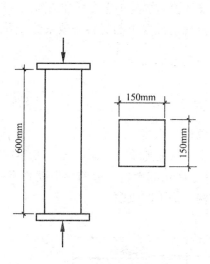

图 14-5　抗压标准棱柱体

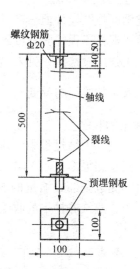

图 14-6　抗拉标准试件

四、混凝土强度等级的选用

钢筋混凝土结构的混凝土强度等级不宜低于 C15，当采用 HRB335 级钢筋时不宜低于 C20；当采用 HRB400 和 RRB400 级钢筋以及对承受重复荷载的构件，混凝土强度等级不得低于 C20。

预应力混凝土结构的混凝土强度等级不宜低于 C30；当采用钢丝、钢绞线、热处理钢筋作预应力筋时，混凝土强度等级不宜低于 C40。

五、混凝土的计算指标

1. 混凝土的强度标准值

由于混凝土的骨料为天然材料以及施工水平的差异，混凝土强度的差异性比钢材更大。根据试验分析，考虑到结构中混凝土强度与试件强度之间的差异，基于 1979～1980 年全国 10 个省、市、自治区的混凝土强度的统计调查结果，以及高强混凝土研究的试验数据，规范规定了具有 95% 保证率的混凝土强度标准值，见表 14-7。

混凝土强度标准值和设计值（N/mm²）　　　　　　　　　表 14-7

强度种类		混　凝　土　强　度　等　级												
		C15	C20	C25	C30	C35	C40	C45	C50	C55	C60	C65	C70	C75	C80
强度标准值	f_{ck}	10.0	13.4	16.7	20.1	23.4	26.8	29.6	32.4	35.5	38.5	41.5	44.5	47.4	50.2
	f_{tk}	1.27	1.54	1.78	2.01	2.20	2.39	2.51	2.64	2.74	2.85	2.93	2.99	3.05	3.11
强度设计值	f_c	7.2	9.6	11.9	14.3	16.7	19.1	21.1	23.1	25.3	27.5	29.7	31.8	33.8	35.9
	f_t	0.91	1.10	1.27	1.43	1.57	1.71	1.80	1.89	1.96	2.04	2.09	2.14	2.18	2.22

注：1. 计算现浇钢筋混凝土轴心受压及偏心受压构件时，如截面的长边或直径小于 300mm，则表中混凝土的强度设计值应乘以系数 0.8；当构件质量（如混凝土成型、截面和轴线尺寸等）确有保证时，可不受此限制；
　　2. 离心混凝土的强度设计值应按专门标准取用。

2. 混凝土强度设计值

与前述钢筋强度设计值一样，混凝土强度设计值为混凝土强度标准值除以混凝土的材料分项系数。根据工程经验和可靠度分析，规范规定混凝土的材料分项系数 $\gamma_c = 1.4$，由此可得混凝土强度设计值，见表 14-7。

六、混凝土的收缩与徐变

1. 混凝土的收缩

混凝土在空气硬结过程中，体积减小的现象称为收缩。通过对混凝土的自由收缩进行试验，得到试验结果参见图 14-7。由图可以看出，收缩随着时间而增长，初期收缩发展较快，一个月约完成全部收缩量的 50%，三个月后增长减慢，一般两年后就趋于稳定。由图还可以看出，蒸汽养护下的收缩值要小于常温养护下的收缩。

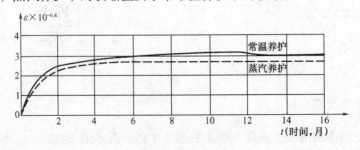

图 14-7　收缩试验结果

一般认为，产生收缩的主要原因是由于混凝土硬化过程中化学反应产生的凝结收缩和混凝土内的自由水蒸发的收缩。

混凝土的收缩对钢筋混凝土和预应力混凝土结构构件产生十分有害的影响。例如，钢筋混凝土构件收缩严重时，将使构件在加载前就产生裂缝，以致影响结构的正常使用；在预应力混凝土构件中，收缩将引起钢筋预应力值的损失等。因此，应当设法减小混凝土的收缩，避免对结构产生有害的影响。

试验表明，混凝土的收缩与下列因素有关：

（1）水泥用量愈多、水灰比愈大，收缩愈大；

（2）高强度等级水泥制成的混凝土构件收缩大；

（3）骨料的弹性模量大，收缩小；

（4）在硬结过程中，养护条件好，收缩小；

（5）混凝土振捣密实，收缩小；

（6）使用环境湿度大时，收缩小。

2. 混凝土的徐变

混凝土在长期不变荷载作用下，应变随时间继续增长的现象，叫作混凝土的徐变。徐变特征主要与时间有关。图 14-8 表示当棱柱体应力 $\sigma = 0.5f_c$ 时的徐变与时间关系曲线。

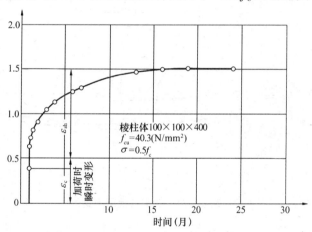

图 14-8　徐变与时间关系曲线

由图可见，当加荷应力 σ 达到 $0.5f_c$ 时，其加荷瞬间产生的应变为瞬时应变 ε_c。当荷载保持不变时，随着荷载作用时间的增加，应变将随之继续增长，这就是徐变应变。徐变开始时增长较快，以后逐渐减慢，经过较长时间趋于稳定。

混凝土的徐变对结构构件产生十分有害的影响。如增大钢筋混凝土结构的变形；在预应力混凝土构件中引起预应力损失等。

试验表明，徐变与下列一些因素有关：

（1）水泥用量愈多，水灰比愈大，徐变愈大。当水灰比在 0.4～0.6 范围变化时，单位应力作用下的徐变与水灰比成正比；

（2）增加混凝土的骨料含量，徐变将减小。当骨料的含量由 60% 增大到 75% 时，徐变将减小 50%；

(3) 养护条件好，水泥水化作用充分，徐变就小；

(4) 构件加载前混凝土强度愈高，徐变就愈小；

(5) 构件截面的应力愈大，徐变愈大。

第四节 钢筋和混凝土的共同工作

钢筋混凝土由钢筋和混凝土两种物理—力学性能完全不同的材料组成。混凝土的抗压能力较强而抗拉能力很弱，钢材的抗拉和抗压能力都很强，为了充分利用材料的性能，就把混凝土和钢筋这两种材料结合在一起共同工作，使混凝土主要承受压力，钢筋主要承受拉力，以满足工程结构的使用要求。

图 14-9（a）、（b）为两根截面尺寸、跨度和混凝土强度等级（C20）完全相同的简支梁，其中一根为素混凝土梁。由试验得知，当加荷 $P = 13.4kN$ 时，素混凝土梁便由于受拉区混凝土被拉裂而突然折断。

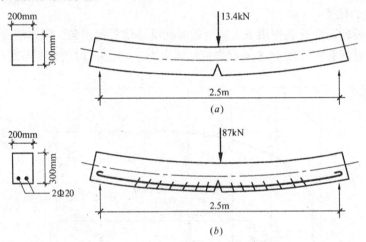

图 14-9 钢筋混凝土梁与素混凝土梁的比较

但如在梁的受拉区配置两根直径为 20mm 的 HRB335 级钢筋，如图 14-9（b），则梁加荷至 $P = 87kN$ 时，梁才破坏。试验表明，配置在受拉区的钢筋明显地加强了受拉区的抗拉能力。从而使钢筋混凝土梁的承载能力比素混凝土梁的承载能力大大提高。这样，钢筋和混凝土两种材料的强度均得到了较充分的利用。此外，在受压混凝土构件中配置抗压强度较高的钢筋，也可协助混凝土承受压力，从而可以缩小柱的截面尺寸，或在同样截面尺寸情况下提高柱的承载能力。

钢筋和混凝土是两种性质不同的材料，其所以能有效地共同工作，是由于下述特性：

(1) 钢筋和混凝土之间有着可靠的粘结力，能牢固结成整体，受力后变形一致，不会产生相对滑移。这是钢筋和混凝土共同工作的主要条件。

(2) 钢筋和混凝土的温度线膨胀系数大致相同。因此，当温度变化时，不致产生较大的温度应力而破坏两者之间的粘结。

(3) 钢筋外边有一定厚度的混凝土保护层，可以防止钢筋锈蚀，从而保证了钢筋混凝土构件的耐久性。

第十五章　建筑结构的设计原则

第一节　概念设计和数值设计

建筑结构设计按是否考虑地震作用分为抗震设计和非抗震设计（静力设计）。实际上二者有密切的联系。

对于建筑结构设计，长期以来的概念是进行尽量精确的计算，认为只要做好数值设计，再辅以一定的构造措施，就可以保证建筑结构设计的质量。做好结构的数值设计（习惯上也称计算设计）无疑十分重要，因为数值设计依据的结构计算理论和规范规定是长期科学研究和工程实践的宝贵总结，在设计工作中不可稍有忽视。

20世纪70年代以来，工程界提出了概念设计的思想。概念设计是相对于数值设计而言的。提出这一思想的背景是大量的地震灾害调查。随着对地震灾害的不断总结和工程抗震研究的不断深化，人们认识到结构抗震设计的首要问题，是提高结构的总体抗震性能，注意结构的概念设计。无论从发生的地点还是从时间和震级（地震时释放的能量大小）来说，地震具有很大的不确定性，是一种难以预测的自然灾害，至今人们远没有充分认识地震对建筑物的作用机理和破坏作用。以目前的科学发展水平，要准确预测建筑物所受到的地震作用几乎是不可能的。地震灾害表明，就是计算原则一样的建筑物，在地震作用下的反应会有很大的差别。

从建筑结构抗震设计的角度而言，所谓概念设计是根据地震震害和工程经验等形成的基本设计原则和设计思想，进行建筑和结构总体布置并确定细部构造的过程。也就是从结构在地震时的总体反应出发，按照结构的破坏机制和破坏过程，依据地震知识、经验和判断，灵活运用抗震设计准则，从一开始就合理地确定建筑物的总体方案和关键部位的细部构造，力求消除薄弱环节，力求从根本上合理地保证结构的抗震性能。概念设计强调建筑物总体方案和细部构造在抗震设计中的首要地位，并不是说不需要数值设计，而是由于结构地震反应（内力和变形）的复杂性和不确定性，如果不首先处理好总体方案和细部构造，计算分析就缺乏良好的基础。概念设计并不排斥数值设计，而恰恰为正确的数值设计创造有利的条件，使数值设计的结果尽可能地反映地震时结构的实际受力情况。如果总体设计存在不妥当和错误，即使计算分析再细致，建筑物在地震中也难免要发生严重的破坏，甚至倒塌。

建筑结构静力设计中，同样应强调概念设计。由于地基不均匀沉降、材料收缩、温度变化等间接作用在结构中引起的内力和变形目前还很难计算。工程实践表明，如果结构（包括基础）选型和布置、构造设计等概念设计环节处理不合理，数值计算模型也很难避免与实际受力的差异。

第二节　结构设计的基本原则

一、结构的功能要求

结构在使用期间承受各种荷载和作用。在规定的结构设计使用年限内、在规定的条件下，结构应具有预定的功能要求，概括起来包括安全性、适用性和耐久性三方面。

1. 安全性

安全性一是指结构在正常施工和正常使用条件下，能承受可能出现的各种荷载作用，防止建筑物的破坏；二是指在设计限定的偶然事件发生时和发生后仍能保持必需的整体稳定性，结构仅发生局部的损坏而不致发生连续倒塌。

依据工程经验和近代可靠性理论，绝对避免建筑物的破坏是不可能的，结构失效的风险总是存在的，所以在建筑结构设计计算中，应采用概率理论。

根据建筑物的重要性，即结构破坏时可能产生的后果（危及人的生命、造成经济损失、产生社会影响等）的严重性，设计结构时应采用相应的安全等级。建筑结构的安全等级划分为三级，如表 15-1 所列。设计中，安全等级用结构重要性系数 γ_0 反映。

建筑结构安全等级　　　　　　　　　　　　　表 15-1

安全等级	破坏后果	建筑物类型
一　级	很严重	重要的房屋
二　级	严　重	一般的房屋
三　级	不严重	次要的房屋

注：1. 特殊建筑物的安全等级应根据具体情况另行确定；

　　2. 抗震建筑结构及其地基基础的安全等级应符合国家现行有关规范的规定。

2. 适用性

适用性是指结构在正常使用条件下具有良好的工作性能，如不发生影响正常使用的过大挠度、永久变形和过大的振幅和显著的振动，不产生使使用者感到不安的裂缝宽度等。

3. 耐久性

耐久性是指结构在正常维护的条件下具有足够的耐久性能，即要求结构在规定的工作环境中、在预定时期内、在正常维护的条件下结构能够被使用到规定的设计使用年限。

上述三项功能要求概括起来称为结构的可靠性，即结构在规定的时间内，在规定的条件（正常设计、正常施工、正常使用和维修）下完成预定功能的能力。显然，加大结构设计的余量，如提高设计荷载值，加大截面尺寸或提高对材料性能的要求等，总是能够提高或改善结构的安全性、适用性和耐久性的，但无疑将提高结构的造价，不符合经济性的要求。结构的可靠性和经济性是对立的两个方面，科学的设计方法应在结构的可靠与经济之间选择一种最佳的平衡，把二者统一起来，以比较经济合理的方法保证结构设计所要求的可靠性。

二、结构的极限状态

结构能够满足功能要求而良好地工作，称为结构"可靠"或有效，反之，则结构"不可靠"或"失效"。区分结构工作状态的可靠与失效的标志是"极限状态"，它是结构或构件能够满足设计规定的某一功能要求的临界状态，超过这一界限，结构或构件就不再能满足设计规定的该项功能要求，进入失效状态。

设计中的极限状态以结构的某种荷载效应，如内力、应力、变形、裂缝等超过相应规定的标志为依据，故称极限状态设计法。

结构的极限状态分为两类。

1. 承载能力极限状态

承载能力极限状态是指结构或构件达到最大承载力，或达到不适于继续承载的变形的状态，也可以理解为结构或结构构件发挥允许的最大承载功能的状态。结构构件由于其几何形状发生显著改变，虽未达到最大承载能力，但已完全不能使用，也属于达到承载能力极限状态。

当结构或构件出现下列状态之一时，即认为超过了承载能力极限状态，图 15-1 是结构超过承载能力极限状态的几个例子：

（1）整体结构或其中的一部分作为刚体失去平衡（如倾覆、过大的滑移等）；

（2）结构构件或连接因材料强度被超过而破坏（包括疲劳破坏），或因过度的变形而不适于继续承载。疲劳破坏是在使用中由于荷载多次重复作用而达到的承载能力极限状态；

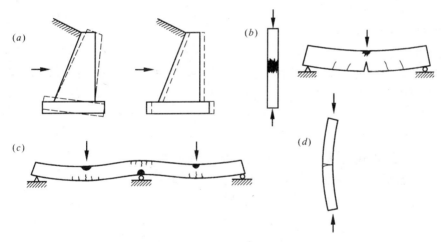

图 15-1　结构超过承载能力极限状态举例

（a）挡土墙倾覆、滑移；（b）梁、柱材料强度破坏；
（c）连续梁转变为机动体系；（d）长柱整体失稳

（3）结构转变为机动体系（如超静定结构由于某些截面的屈服而成为几何可变体系）；

（4）结构或构件丧失稳定（如细长柱达到临界荷载发生压屈）；

（5）地基丧失承载能力而破坏（如失稳等）。

2. 正常使用极限状态

正常使用极限状态是指结构或构件达到适用性能或耐久性能的某项规定限值的极限状态，可以理解为结构或结构构件达到使用功能上允许的某一限值的状态。

当结构或构件出现下列状态之一时，即认为超过了正常使用极限状态：

(1) 影响正常使用或外观的变形，例如某些构件必须控制变形、裂缝才能满足使用要求。过大的变形将造成房屋内粉刷剥落、填充墙和隔断墙开裂、屋面积水，过大的裂缝会影响结构的耐久性，过大的变形、裂缝也会造成用户心理上的不安全感；

(2) 影响正常使用或耐久性的局部损坏（如不允许出现裂缝的结构开裂；允许出现裂缝的结构的裂缝宽度过大，超过了限值）；

(3) 影响正常使用的振动；

(4) 影响正常使用的其他特定状态。

在结构设计中，对于结构的各种极限状态均应有明确的标志和限值。

三、建筑结构的设计状况

按极限状态进行建筑结构设计，应根据结构在施工和使用中的环境条件及其影响，区分三种设计状况。"环境"一词的含义是广义的，包括结构受到的各种作用。

1. 持久状况

在结构使用过程中一定出现、且持续期很长的状况称持久状况。持续期一般与设计使用年限为同一数量级。例如房屋结构承受家具和正常人员荷载的状况。

2. 短暂状况

在结构施工和使用过程中出现概率较大，而与设计使用年限相比其持续期很短的状况称短暂状况。例如结构施工时承受堆料荷载的状况。

3. 偶然状况

在结构施工和使用过程中出现概率很小，且持续期很短的状况称偶然状况。例如结构遭受火灾、爆炸、撞击、罕遇地震等作用的状况。

针对建筑结构的三种设计状况，进行极限状态设计的要求是：

(1) 对三种设计状况都应进行承载能力极限状态设计；

(2) 对持久状况还应进行正常使用极限状态设计；

(3) 对短暂状况，可根据需要进行正常使用极限状态设计。

设计工作中，通常先按承载能力极限状态进行结构构件设计，再按正常使用极限状态验算。

四、结构设计原则和方法

设计者的工作是根据预计的荷载以及材料性能，采用经过理想化和简化假定的计算方法，确定结构构件的形式和截面尺寸，在经济合理的条件下满足结构的功能要求。然而，由于施工条件及质量控制等因素的影响，实际的结构尺寸及材料强度等均可能有不同程度的变异；所采用的计算简图和计算理论与实际情况会有一定的偏离；建成后结构承受的荷载及所处的环境都有一定的随机性，且是设计时无法预知的。结构功能的上述主要变量的非确定性和随机性，使"设计"处理的是非确定性问题。所以，必须在统计和概率分析的基础上寻找结构安全、适用可靠性合理的定量表达。我国采用的是概率极限状态设计法。

1. 荷载效应 S 和结构抗力 R

作用是指施加在结构或构件上的力（荷载），以及引起结构外加变形或约束变形的原因，如地面运动、地基不均匀沉降、温度变化、混凝土收缩、焊接变形等。荷载效应 S 则是由上述作用引起的结构或构件的内力（如轴向力、剪力、弯矩、扭矩等）和变形（如挠度、侧移、裂缝等）。由于结构上的作用是不确定的随机变量，所以作用效应 S 一般也是一个随机变量。当作用为集中力或分布力时，其效应则称为荷载效应。

荷载 Q 与荷载效应 S 的关系一般可近似按线性考虑，即：

$$S = CQ \qquad (15-1)$$

式中，常数 C 为荷载效应系数。例如跨度为 l 的简支梁，由均布荷载在跨中截面引起的荷载效应（弯矩）$S = \dfrac{1}{8}ql^2$

此时的荷载效应系数 $C = \dfrac{1}{8}l^2$；在支座截面引起的荷载效应（剪力）$S = V = \dfrac{1}{2}ql$，此时的荷载效应 $C = \dfrac{1}{2}l$。

结构抗力 R 则是指结构或构件承受作用效应的能力，如构件的承载能力、刚度、抗裂能力等。影响结构抗力的主要因素有材料性能（强度、变形模量等物理力学性能）、几何参数以及计算模式的精确性等。由于材料性能的变异性、几何参数及计算模式精确性的不确定性，由这些因素综合而成的结构抗力也是随机变量。

结构构件完成预定功能的工作状态可以用作用效应 S 和结构抗力 R 的关系式来描述，称为结构功能函数，用 Z 表示：

$$Z = R - S = g(R, S) \qquad (15-2)$$

Z 可以用来表示结构的三种状态：

当 $Z \geqslant 0$ 时，结构能够完成预定的功能，处于可靠状态；

当 $Z < 0$ 时，结构不能完成预定的功能，处于失效状态；

当 $Z = 0$ 时，即结 $R = S$，结构处于临界的极限状态。$Z = R - S = g(R, S) = 0$ 称为"极限状态方程"。

结构功能函数的一般表达式为 $Z = g(x_1, x_2, x_3 \cdots, x_n)$，其中 $x_i(i = 1, 2 \cdots, n)$ 为影响作用效应 S 和结构抗力 R 的基本变量，如荷载、材料性能、几何参数等。由于 R 和 S 都是非确定性的随机变量，故 $Z > 0$ 也是非确定性问题。在结构功能函数的基本变量中，材料强度服从正态分布，但荷载、结构抗力一般不服从正态分布，对于非正态随机变量，可化为当量正态分布来处理。由于影响结构可靠性的各项因素都存在不定性，所以用概率理论来描述结构可靠性才是科学合理的。为便于说明设计方法的思路和概念，以下用正态分布为例予以阐述。

2. 极限状态设计法

概率极限概念设计法又称近似概率法，其基本概念是用概率分析方法来研究结构的可靠性。把结构在规定时间内，规定的条件下，完成预定功能的概率称为结构的可靠度，它是对结构可靠性的一种定量描述。可靠度也是概率变量。其确定办法这里就不再论述。

第三节　实用设计表达式

长期以来，工程设计人员习惯于采用基本变量的标准值（如荷载的标准值、材料强度的标准值等）和分项系数（如荷载系数、材料强度系数等）进行结构构件设计。考虑这一情况，并为了应用上的简便，需要将极限状态方程转化为以基本变量标准值和分项系数形式表达的极限状态设计表达式，其中各项系数的取值是根据目标可靠指标及基本变量的统计参数用概率方法确定的。这样，结构构件的设计可以按照传统的方式进行，不需进行概率方面的运算。

一、基本变量的标准值

1. 荷载标准值

永久荷载标准值 G_K、可变荷载标准值 Q_K。

2. 材料强度标准值

在符合规定质量的材料强度实测值的总体中，标准强度应具有不小于95%的保证率，即按概率分布的 0.05 分位数确定。

二、分项系数

分项系数有永久荷载分项系数 γ_G、可变荷载分项系数 γ_Q、结构抗力分项系数 γ_R。结构抗力主要与材料性能有关，故在实用设计表达式中可用材料分项系数表达。各分项系数值不仅与目标可靠性指标有关，而且与结构极限状态方程中所包含的全部基本变量的统计参数有关。

荷载标准值乘以荷载分项系数，称为荷载设计值。

材料强度标准值除以各自的材料分项系数（≥ 1），称为材料强度设计值。

三、结构重要性系数

结构重要性系数 γ_0 用来反映安全等级的要求。概率设计方法分析表明，γ_0 值可大体相应取为：安全等级为一级时，$\gamma_0 = 1.1$；

安全等级为二级时，$\gamma_0 = 1.0$；

安全等级为三级时，$\gamma_0 = 0.9$。

四、承载能力极限状态设计表达式

结构设计时应根据使用过程中结构上所有可能出现的荷载，按承载能力极限状态和正常使用极限状态分别进行荷载（荷载效应）组合。考虑到荷载是否同时出现和出现时方向、位置等变化，这种组合多种多样，因此必须在所有可能组合中，取其中各自的最不利效应组合进行设计。

承载能力极限状态设计应按基本组合用下列设计表达式进行：

$$\gamma_0 S \leqslant R \tag{15-3}$$

式中　γ_0——结构重要性系数；

S——荷载效应基本组合的设计值；

R——结构构件抗力的设计值，应按各有关建筑结构设计规范的规定确定。

式（15-3）可具体表达如后，荷载效应基本组合设计值 S 应取下列二组合值中的最不利值：

$$\gamma_0(\gamma_G S_{G_k} + \gamma_{Q_1} S_{Q_{1K}} + \sum_{i=2}^{n} \gamma Q_i \psi_{ci} S_{Q_{ik}}) \leqslant R(\gamma_R, f_k, a_k, \cdots) \tag{15-4}$$

$$\gamma_0(\gamma_G S_{G_k} + \sum_{i=1}^{n} \gamma Q_i \psi_{ci} S_{Q_{ik}}) \leqslant R(\gamma_R, f_k, a_k, \cdots) \tag{15-5}$$

式中　γ_G——永久荷载分项系数。在式（15-4）中当其荷载效应对结构不利时取 1.2；当其荷载效应对结构有利时一般取 1.0。验算结构的倾覆、滑移或漂浮时取 0.9。在式（15-5）中取 1.35；

　　γ_{Q_1}、γ_{Q_i}——第 1 个和第 i 个可变荷载分项系数。一般情况下取 1.4，楼面结构的活荷载标准值大于 $4kN/m^2$ 时，取 1.3；

　　S_{G_K}——按永久荷载标准值 G_K 计算的荷载效应值；

　　$S_{Q_{1k}}$——按主导可变荷载 Q_{1K}（在诸可变荷载中产生的效应最大）计算的荷载效应；

　　$S_{Q_{ik}}$——按第 i 个可变荷载标准值 Q_{ik} 计算的荷载效应值；

　　ψ_{ci}——可变荷载的组合值系数。雪荷载组合值系数 0.7；风荷载组合值系数 0.6。其他各种荷载的组合值系数见荷载规范；

　　n——参加组合的可变荷载数；

　　$R()$——结构构件的抗力函数；

　　γ_R——结构构件抗力分项系数，其值应符合各类材料结构设计规范的规定，用材料分项系数反映；

　　f_k——材料性能标准值；

　　a_k——几何参数标准值。

式（15-4）用于荷载效应组合值由可变荷载效应控制时，其中的"永久荷载对结构有利"主要是指：永久荷载效应与可变荷载效应异号，以及永久荷载实际上起着抵抗倾覆、滑移和漂浮的作用。

式（15-5）用于荷载效应组合值由永久荷载效应控制时。这时，若以竖向永久荷载控制组合，为计算方便起见，参与组合的可变荷载可仅限于竖向可变荷载（例如雪荷载、吊车竖向荷载）。

对于一般排架、框架结构，可用简化规则，采用式（15-6）代替式（15-4），同时仍要考虑式（15-3），各分项系数的取值同上。荷载效应组合值应取其中的最不利值。

$$\left.\begin{array}{l}\gamma_0(\gamma_G S_{G_K} + \gamma_{Q_1} S_{Q_{1k}}) \\[2mm] \gamma_0(\gamma_G S_{G_K} + 0.9\sum_{i=1}^{n} \gamma Q_i S_{Q_{1k}})\end{array}\right\} \leqslant R(\gamma_R, f_k, a_k, \cdots) \tag{15-6}$$

总之，承载能力极限状态表达式的具体计算步骤如图 15-2 所示：

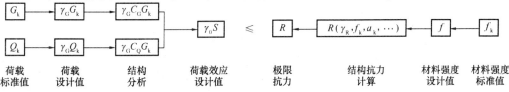

图 15-2　承载能力极限状态设计方法

五、正常使用极限状态设计表达式

按正常使用极限状态设计时，应根据不同的要求采用荷载的标准组合、频遇组合或准永久组合，并按下列设计表达式进行：

$$S_d \leq C \tag{15-7}$$

式中，C 为结构或结构构件达到正常使用要求的规定限值，例如变形、裂缝、振幅、应力等限值，各有关结构设计规范中有相应规定。

标准组合的荷载效应组合设计值 S_d 按式（15-8）计算。对于一般排架、框架结构可用简化规则以式（15-9）计算（取其中的较大值）：

$$S_d = S_{G_K} + S_{Q_{1k}} + \sum_{i=2}^{n} {}_i\psi_{ci}S_{Q_{1k}} \tag{15-8}$$

$$S_d = \begin{cases} S_{G_K} + S_{Q_{1k}} \\ S_{G_K} + 0.9\sum_{i=1}^{n} \psi_{qi}S_{Q_{ik}} \end{cases} \tag{15-9}$$

频遇组合的荷载效应组合设计值 S_d 应按式（15-10）计算：

$$S_d = S_{G_K} + \psi_{f_1}S_{Q_{1k}} + \sum_{i=2}^{n} \psi_{qi}S_{Q_{ik}} \tag{15-10}$$

式中　　ψ_{f_1} ——可变荷载 Q_1 的频遇值系数，按荷载规范规定采用；

ψ_{qi} ——可变荷载 Q_i 的准永久值系数，按荷载规范规定采用。

准永久组合的荷载效应组合设计值 S_a。应按下式计算：

$$S_d = S_{G_K} + \sum_{i=1}^{n} \psi_{qi}S_{Q_{ik}} \tag{15-11}$$

第十六章 钢筋混凝土受弯构件

第一节 梁、板的构造

在建筑结构中梁和板是最常见的受弯构件。如图 16-1，梁的截面形式有矩形、T 形、工字形，板的截面形式有矩形（实心板）和空心板等。

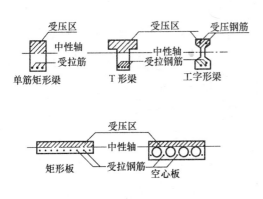

图 16-1 梁和板的截面形式

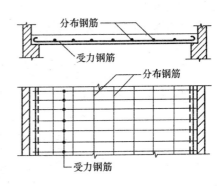

图 16-2 板的构造

一、板的构造

1. 板的厚度

板的厚度应满足承载力、刚度和抗裂的要求，从刚度条件出发，板的最小厚度对于单跨板不得小于 $\dfrac{l_0}{35}$，对于多跨连续板不得小于 $\dfrac{l_0}{40}$（ l_0 为板的计算跨度），如板厚满足上述要求，即不需作挠度验算。一般现浇板板厚不宜小于 60mm。

2. 板的配筋

板中配有受力钢筋和分布钢筋（图 16-2）。受力钢筋沿板的跨度方向在受拉区配置，承受荷载作用下所产生的拉力。分布钢筋布置在受力钢筋的内侧，与受力钢筋垂直，交点用细钢丝绑扎或焊接，其作用是固定受力钢筋的位置并将板上荷载分散到受力钢筋上，同时也能防止因混凝土的收缩和温度变化等原因，在垂直于受力钢筋方向产生的裂缝。

受力钢筋的直径应经计算确定，一般为 6~12mm，其间距：当板厚 $h \leqslant 150mm$ 时，不应大于 200mm；当板厚 $h > 150mm$ 时，不应大于 $1.5h$，且不应大于 250mm。为了保证施工质量，钢筋间距也不宜小于 70mm。当板中受力钢筋需要弯起时，其弯起角不宜小于 30°。

板中单位长度上的分布钢筋，其截面面积不宜小于单位宽度上受力钢筋截面面积的 15%，且不宜小于该方向板截面面积的 0.15%，其直径不宜小于 6mm；其间距不应大于 250mm。当因收缩或温度变化等因素对结构产生的影响较大或对防止出现裂缝的要求较严时，板中分布钢筋的数量应适当增加。分布钢筋应配置在受力钢筋的弯折处及直线段内，在梁的截面范围内可不配置。

二、梁的构造

1. 梁的截面

梁的截面高度 h 可根据刚度要求按高跨比（h/L）来估计，如简支梁高度为跨度的 $1/8 \sim 1/14$。梁高确定后，梁的截面宽度 b 可由常用的高宽比（h/b）来估计，矩形截面 $b = \left(\dfrac{1}{2.5} \sim \dfrac{1}{2}\right) h$；T 形截面 $b = \left(\dfrac{1}{4} \sim \dfrac{1}{2.5}\right) h$。

为了统一模板尺寸和便于施工，截面宽度取 50mm 的倍数。当梁高 $h \leqslant 800\,\mathrm{mm}$ 时，截面高度取 50mm 的倍数；当 $h > 800\,\mathrm{mm}$ 时，则取 100mm 的倍数。

2. 梁的配筋

梁中的钢筋有纵向受力钢筋、弯起钢筋、箍筋和架立钢筋等，如图 16-3 所示。

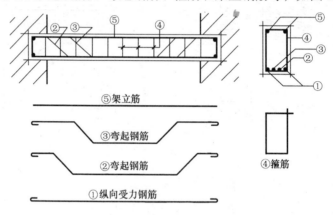

图 16-3　梁的构造

纵向受力钢筋的作用是承受由弯矩在梁内产生的拉力，常用直径为 $12 \sim 25\,\mathrm{mm}$。当梁高 $h \geqslant 300\,\mathrm{mm}$ 时，其直径不应小于 10mm；当 $h < 300\,\mathrm{mm}$ 时，不应小于 8mm。为保证钢筋与混凝土之间具有足够的粘结力和便于浇筑混凝土，梁的上部纵向钢筋的净距，不应小于 30mm 和 $1.5d$（d 为纵向钢筋的最大直径），下部纵向钢筋的净距不应小于 25mm 和 d（图 16-6）。梁的下部纵向钢筋配置多于两层时，钢筋水平方向的中距应比下面两层的中距增大 1 倍。各层钢筋之间的净间距不应小于 25mm 和 d。

箍筋主要是用来承受由剪力和弯矩在梁内引起的主拉应力，同时还可固定纵向受力钢筋并和其他钢筋一起形成立体的钢筋骨架。箍筋的最小直径与梁高有关：当梁高 $h \leqslant 800\,\mathrm{mm}$ 时，不宜小于 6mm；当 $h > 800\,\mathrm{mm}$ 时，不宜小于 8mm。梁中配有计算需要的纵向受压钢筋时，箍筋直径还应不小于 $d/4$（d 为纵向受压钢筋最大直径）。箍筋分开口和封闭两种形式。开口式只用于无振动荷载或开口处无受力钢筋的现浇 T 形梁的跨中部分，除此之外均应采用封闭式。

箍筋一般采用双肢，当梁宽 $b \leqslant 150\,\mathrm{mm}$ 时，用单肢；当梁宽 $b \geqslant 400\,\mathrm{mm}$ 且在一层内纵向受压钢筋多于 3 根，或当梁宽 $b < 400\,\mathrm{mm}$ 但一层内纵向受压钢筋多于 4 根时，用四肢（由两个双肢箍筋组成，也称复合箍筋），箍筋的形式如图 16-4 所示。

图 16-4　箍筋的形式和肢数

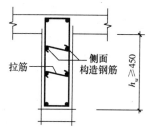

图 16-5　侧面构造钢筋

梁中的箍筋应按计算确定，但如按计算不需要时，对截面高度 $h > 150mm$ 的梁，也应按规范规定的构造要求配置箍筋。

弯起钢筋的数量、位置由计算确定，一般由纵向受力钢筋弯起而成（图 16-3），当纵向受力钢筋较少，不足以弯起时，也可设置单独的弯起钢筋。弯起钢筋的作用是：其弯起段用来承受弯矩和剪力产生的主拉应力；弯起后的水平段可承受支座处的负弯矩。

弯起钢筋的弯起角度：当梁高 $h \leqslant 800mm$ 时，采用 45°；当梁高 $h > 800$ 时，采用 60°。

架立钢筋设置在梁的受压区外缘两侧，用来固定箍筋和形成钢筋骨架。如受压区配有纵向受压钢筋时，则可不再配置架立钢筋。架立钢筋的直径与梁的跨度有关：当跨度小于 4m 时，不小于 8mm；当跨度在 4～6m 时，不小于 l0mm，跨度大于 6m 时，不小于12mm。

当梁的腹板高度 $h_w \geqslant 450mm$ 时，在梁的两个侧面应沿高度配置纵向构造钢筋（图 16-5），每侧构造钢筋（不包括梁上、下部受力钢筋及架立钢筋）的截面面积不应小于腹板截面面积 bh_w 的 0.1%，其间距不宜大于 200mm。此处，腹板高度 h_w 对矩形截面，取有效高度；对 T 形截面，取有效高度减去翼缘高度；对 I 形截面，取腹板净高。

三、混凝土保护层和截面的有效高度

1. 混凝土保护层

为防止钢筋锈蚀和保证钢筋与混凝土的粘结，梁、板的受力钢筋均应有足够的混凝土保护层，如图 16-6 所示。混凝土保护层从钢筋的外边缘起算，受力钢筋的混凝土保护层最小厚度应按表 16-1 采用，同时也不应小于受力钢筋的直径。混凝土结构的环境类别见表 16-2。

纵向受力钢筋的混凝土保护层最小厚度　　　　　　　　表 16-1

环境类别		板、墙、壳			梁			柱		
		≤ C20	C25 ~ C45	≥ C50	≤ C20	C25 ~ C45	≥ C50	≤ C20	C25 ~ C45	≥ C50
一		20	15	15	30	25	25	30	30	30
二	a	—	20	20	—	30	30	—	30	30
	b	—	25	20	—	35	30	—	35	30
三		—	30	25	—	40	35	—	40	35

注：严寒和寒冷地区的划分应符合国家现行标准《民用建筑热工设计规程》（JGJ 24）的规定。

环境类别		条件
一		室内正常环境
二	a	室内潮湿环境；非严寒和非寒冷地区的露天环境、与无侵蚀性的水或土壤直接接触的环境
	b	严寒和寒冷地区的露天环境，与无侵蚀性的水或土壤直接接触的环境
三		使用除冰盐的环境；严寒和寒冷地区冬季水位变动的环境；滨海室外环境
四		海水环境
五		受人为或自然的侵蚀性物质影响的环境

2. 截面的有效高度

计算梁、板承载力时，因为混凝土开裂后，拉力完全由钢筋承担，则梁、板能发挥作用的截面高度应为从受压混凝土边缘至受拉钢筋合力点的距离，这一距离称为截面有效高度，用 h_0 表示（图 16-6）。

$$h_0 = h - a_s \tag{16-1}$$

式中 h ——受弯构件的截面高度；

a_s ——纵向受拉钢筋合力点至截面近边的距离。

根据钢筋净距和混凝土保护层最小厚度，并考虑到梁、板常用钢筋的平均直径（梁中 $d = 20mm$，板中 $d = 10mm$），在室内正常环境下，可按下述方法近似确定 h_0 值。

对于梁，当混凝土保护层厚为 25mm 时：

受拉钢筋配置成一排时，$h_0 = h - 35$；

受拉钢筋配置成二排时，$h_0 = h - 60$。

对于板，当混凝土保护层厚度为 15mm 时，$h_0 = h - 20$。

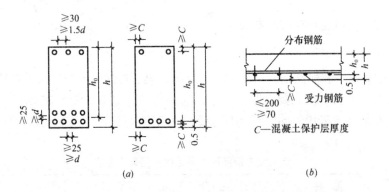

图 16-6 混凝土保护层和截面有效高度

第二节 受弯构件正截面承载力的计算

钢筋混凝土受弯构件，在弯矩较大的区段可能发生垂直于构件纵轴截面（正截面）的受弯破坏。为了保证受弯构件不发生正截面破坏，构件必须要有足够的截面尺寸，并通过正截面承载力的计算，在构件的拉区配置一定数量的纵向受力钢筋。

一、受弯构件正截面的破坏形式

钢筋混凝土结构的计算理论是在试验的基础上建立的，通过试验、了解破坏过程，研究截面的应力分布，以便建立计算公式。

受弯构件以梁为试验研究对象。根据试验研究，梁的正截面（图16-7）破坏的形式主要与梁内纵向受拉钢筋含量的多少有关。梁内纵向受拉钢筋的含量用配筋率 ρ 表示，即：

$$\rho = \frac{A_s}{bh_0} \tag{16-2}$$

式中　A_s——纵向受拉钢筋的截面面积；

　　　bh_0——混凝土的有效截面面积。

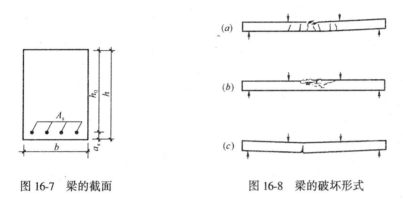

图16-7　梁的截面　　　　　　　　图16-8　梁的破坏形式

1. 适筋梁

是指含有正常配筋的梁。其破坏的主要特点是受拉钢筋首先达到屈服强度，受压区混凝土的压应力随之增大，当受压区混凝土达到极限压应变时，构件即告破坏〔图16-8（a）〕，这种破坏称为适筋破坏。这种梁在破坏前，钢筋经历着较大的塑性伸长，从而引起构件较大的变形和裂缝，其破坏过程比较缓慢，破坏前有明显的预兆，为鳖肚破坏。适筋梁因其材料强度能得到充分发挥，受力合理，破坏前有预兆，所以实际工程中应把钢筋混凝土梁设计成适筋梁。

2. 超筋梁

是受拉钢筋配得过多的梁。由于钢筋过多，所以这种梁在破坏时，受拉钢筋还没有达到屈服强度，而受压混凝土却因达到极限压应变先被压碎，而使整个构件破坏〔图16-8（b）〕，这种破坏称为超筋破坏。超筋梁的破坏是突然发生的，破坏前没有明显预兆，为脆性破坏。这种梁配筋虽多，却不能充分发挥作用，所以是不经济的。由于上述原因，工程中不允许采用超筋梁，并以最大配筋率 ρ_{max} 加以限制。

3. 少筋梁

梁内受拉钢筋配得过少时的梁称为少筋梁（或低筋梁）。由于配筋过少，所以只要受拉区混凝土一开裂，钢筋就会随之达到屈服强度，构件将发生很宽的裂缝和很大的变形，甚至因钢筋被拉断而破坏〔图16-8（c）〕，这种破坏称为少筋破坏。这也是一种脆性破坏，破坏前没有明显预兆，工程中不得采用少筋梁，并以最小配筋率 ρ_{min} 加以限制。

为了保证钢筋混凝土受弯构件的配筋适当，不出现超筋和少筋破坏，就必须控制截面的配筋率，使它在最大配筋率和最小配筋率范围之内，即 $\rho_{\min} \leqslant \rho \leqslant \rho_{\max}$。

二、适筋梁工作的三个阶段

适筋梁的工作和应力状态，自承受荷载起，到破坏为止，可分为三个阶段（图16-9）。

第 I 阶段 当开始加荷时，弯矩较小，截面上混凝土与钢筋的应力不大，与匀质弹性梁相似，混凝土基本上处于弹性工作阶段，应力应变成正比，受压及受拉区混凝土应力分布可视为三角形。受拉区的钢筋与混凝土共同承受拉力。

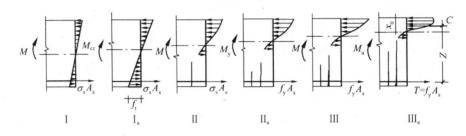

图16-9 适筋梁工作的三个阶段

荷载逐渐增加到这一阶段的末尾时（弯矩为 M_{cr}），受拉区边缘混凝土达到其抗拉强度 f_t 而即将出现裂缝，此时用 I_a 表示。这时受压区边缘应变很小，受压区混凝土基本上属于弹性工作性质，即受压区应力图形仍接近于三角形，但受拉区混凝土出现较大塑性变形，应变较应力增加为快，受拉区应力图形为曲线形，中和轴的位置较第 I 阶段初期略有上升。

在这一阶段中，截面中和轴以下受拉区混凝土尚未开裂，整个截面参加工作，一般称之为整体工作阶段，这一阶段梁上所受荷载大致在破坏荷载的25%以下。

第 II 阶段 当荷载继续增加，梁正截面所受弯矩值超过 M_{cr} 后，受拉区混凝土超过了混凝土的抗拉强度，这时混凝土开始出现裂缝，应力状态进入第 II 阶段，这一阶段一般称为带裂缝工作阶段。

进入第 II 阶段后，梁的正截面应力发生显著变化。在已出现裂缝的截面上，受拉区混凝土基本上退出了工作，受拉区的工作主要由钢筋承受。因而钢筋的应力突增，所以裂缝立即开展到一定的宽度。这时，受压区混凝土应力图形成为平缓的曲线形，但仍接近于三角形。

带裂缝工作阶段的时间较长，当梁上所受荷载为破坏荷载的25%～85%时，梁都处于这一阶段。因此这一阶段也就相当于梁正常使用时的应力状态。

当弯矩继续增加使得受拉钢筋应力刚刚达到屈服强度时，称为第 II 阶段末，以 II_a 阶段表示。

第 III 阶段 在第 II 阶段末（即 II_a 阶段）钢筋应力已达到屈服强度。随着荷载的进一步增大，由于钢筋的屈服，钢筋应力将保持不变，而其变形继续增加，截面裂缝急剧伸展，中和轴迅速上升，从而使混凝土受压区高度迅速减小，混凝土压应力因之迅速增大，压应力分布图形明显地呈曲线形。当受压区混凝土边缘达到极限压应变时，受压区混凝土被压碎崩落，导致梁的最终破坏，这时称为 III_a 阶段。

第 III_a 阶段自钢筋应力达到屈服强度起，至全梁破坏为止。这一阶段也叫做受弯构件的破坏阶段。III_a 阶段的截面应力图形就是计算受弯构件正截面抗弯能力的依据。

三、受弯构件正截面承载力计算的一般规定

1. 等效矩形应力图形

如前所述，受弯构件正截面承载能力是以适筋梁第 II_a 阶段的应力状态及其图形作为依据的，为便于计算，规范在试验的基础上，进行了如下简化：

（1）不考虑受拉区混凝土参加工作，拉力完全由钢筋承担；

（2）受压区混凝土以等效的矩形应力图形代替实际应力图形（图 16-10），即两应力图形面积相等且压应力合力 C 的作用点不变。

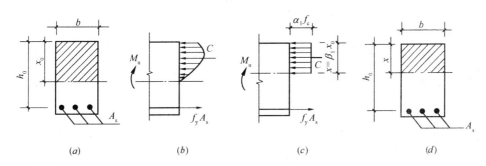

图 16-10　受弯构件正截面应力图形

（a）横截面；（b）实际应力图；（c）等效应力图；（d）计算截面

按上述简化原则，等效矩形应力图形的混凝土受压区高度 $x = \beta_1 x_0$（x_0 为实际受压区高度），等效矩形应力图形的应力值为 $\alpha_1 f_c$（f_c 为混凝土轴心抗压强度设计值），对系数 α_1、β_1 的取值规范规定：

当混凝土强度等级不超过 C50 时，$\beta_1 = 0.8$；当混凝土强度等级为 C80 时，$\beta_1 = 0.74$；其间按线性内插法取用。

当混凝土强度等级不超过 C50 时，$\alpha_1 = 1$；当混凝土强度等级为 C80 时，$\alpha_1 = 0.94$；其间按线性内插法取用。

2. 界限相对受压区高度 ξ_b 和最大配筋率 $\rho_{\max}$

适筋和超筋梁的破坏特征区别在于：适筋梁是受拉钢筋先屈服，而后受压区混凝土被压碎；超筋梁是受压区混凝土先压碎，而受拉钢筋未达屈服。当梁的配筋率达到最大配筋率 $\rho_{\max}$ 时，将发生受拉钢筋屈服的同时，受压区边缘混凝土达到极限压应变被压碎破坏，这种破坏称为界限破坏。

当受弯构件处于界限破坏时，等效矩形截面的界限受压区高度 x_b 与截面有效高度 h_0 的比值 $\left(\dfrac{x_b}{h_0}\right)$ 称为界限相对受压区高度，以 ξ_b 表示。如实际配筋量大于界限状态破坏时的配筋量时，即实际的相对受压区高度 $\xi = \dfrac{x}{h_0} > \xi_b$，则构件破坏时钢筋应力 $\sigma < f_y$，钢筋不能屈服，其破坏属于超筋破坏。如 $\xi \leqslant \xi_b$，构件破坏时钢筋应力就能达到屈服强度，即属于适筋破坏。由此可知，界限相对受压区高度 ξ_b 就是衡量构件破坏时钢筋强度是否充分利用，判断是适筋破坏还是超筋破坏的特征值。表 16-3 列出了常用有屈服点钢筋的 ξ_b 值。

钢筋混凝土构件的 ξ_b 值 表 16-3

钢 筋 级 别	屈服点强度 f_y (N/mm^2)	ξ_b	
		≤ C50	C80
HPB235	210	0.614	—
HRB335	300	0.550	0.493
HRB400 RRB400	360	0.518	0.463

在表 16-3 中，当混凝土强度等级介于 C50 与 C80 之间时，ξ_b 值可用线性插入法求得。对混凝土强度等级较高的构件，不宜采用低强度的 HPB235 级钢筋，故表 16-3 中高于 C50 时，对其 ξ_b 值未予列出。

ξ_b 确定后，可得出适筋梁界限受压区高度 $x_b = \xi_b h_0$，同时根据图 16-10（c），写出界限状态力的平衡公式，推出界限状态的配筋率，即最大配筋率 ρ_{max} 为：

$$\rho_{max} = \xi_b \frac{\alpha_1 f_c}{f_y} \tag{16-3}$$

3. 最小配筋率 ρ_{min}

最小配筋率 ρ_{min} 是根据钢筋混凝土梁所能承担的极限弯矩 M_u 和相同截面素混凝土梁所能承担的极限弯矩 M_{cr} 相等的原则，并考虑温度和收缩应力的影响而确定的。钢筋混凝土结构构件中纵向受力钢筋的最小配筋率见表 16-4。

钢筋混凝土结构构件中纵向受力钢筋的最小配筋百分率（%） 表 16-4

受 力 类 型		最小配筋百分率
受 压 构 件	全部纵向钢筋	0.6
	一侧纵向钢筋	0.2
受弯构件、偏心受拉、轴心受拉构件一侧的受拉钢筋		0.2 和 $45 f_t / f_y$ 中的较大值

注：1. 受压构件全部纵向钢筋最小配筋百分率，当采用 HRB400 级、RRB400 级钢筋时，应按表中规定减小 0.1；当混凝土强度等级为 C60 及以上时，应按表中规定增大 0.1；

2. 偏心受拉构件中的受压钢筋，应按受压构件一侧纵向钢筋考虑；

3. 受压构件的全部纵向钢筋和一侧纵向钢筋的配筋率以及轴心受拉构件和小偏心受拉构件一侧受拉钢筋的配筋率应按构件的全截面面积计算；受弯构件、大偏心受拉构件一侧受拉钢筋的配筋率应按全截面面积扣除受压翼缘面积 $(b'_f - b) h'_f$ 后的截面面积计算；

4. 当钢筋沿构件截面周边布置时，"一侧纵向钢筋"系指沿受力方向两个对边中的一边布置的纵向钢筋。

四、单筋矩形截面正截面承载力的计算

1. 基本公式及其适用条件

受弯构件正截面承载力的计算，就是要求由荷载设计值在构件内产生的弯矩，小于或等于按材料强度设计值计算得出的构件受弯承载力设计值，即：

$$M \leq M_u \tag{16-4}$$

式中　M——弯矩设计值；

　　　M_u——构件正截面受弯承载力设计值。

图 16-11 所示为单筋矩形截面。由平衡条件（$\Sigma X = 0$、$\Sigma M = 0$）可得承载力的基本计算公式：

$$\alpha_1 f_c bx = f_y A_s \qquad (16\text{-}5)$$

$$M \leqslant M_u = \alpha_1 f_c bx \left(h_0 - \frac{x}{2} \right)$$
$$(16\text{-}6)$$

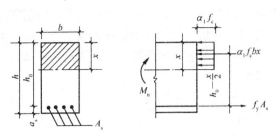

图 16-11　单筋矩形截面受弯构件计算图形

或
$$M \leqslant M_u = f_y A_s \left(h_0 - \frac{x}{2} \right) \qquad (16\text{-}7)$$

式中　f_c ——混凝土轴心抗压强度设计值；

f_y ——钢筋抗拉强度设计值；

A_s ——受拉钢筋截面面积；

b ——截面宽度；

x ——混凝土受压区高度；

h_0 ——截面有效高度；

α_1 ——系数，当混凝土强度等级未超过 C50 时，$\alpha_1 = 1$；当混凝土强度等级为 C80 时，$\alpha_1 = 0.94$；其间按线性内插法取用。

为保证受弯构件为适筋破坏，不出现超筋破坏和少筋破坏，上述基本公式必须满足下列适用条件：

（1）

$$\left.\begin{array}{l} \xi \leqslant \xi_b \\ 或\ x \leqslant \xi_b h_0 \\ 或\ \rho \leqslant \rho_{max} \end{array}\right\} \qquad (16\text{-}8a)$$

式（16-8a）中的各式意义相同，即为了防止配筋过多形成超筋梁，只要满足其中任何一个式子，其余的必定满足。如将 $x = \xi_b h_0$ 代入公式（16-6），也可求得单筋矩形截面所能承受的最大受弯承载力（极限弯矩）M_{umax}，所以式（16-8a）也可写成：

$$M \leqslant M_{umax} = \alpha_1 f_c bh_0^2 \xi_b (1 - 0.5\xi_b) \qquad (16\text{-}8b)$$

（2）
$$\left.\begin{array}{l} \rho \geqslant \rho_{min} \\ 或\ A_s \geqslant \rho_{min} bh \end{array}\right\} \qquad (16\text{-}9)$$

公式（16-9）是为了防止钢筋配置过少而形成少筋梁。

2. 基本公式的应用

在设计中一般不直接应用基本公式，因需求解二元二次方程组，很不方便。规范将基本公式（16-6）、式（16-7）按 $M = M_u$。原则改写，并编制了实用计算表格，简化了计算。改写后的公式为：

$$M_u = \alpha_s \alpha_1 f_c bh_0^2 \qquad (16\text{-}10)$$

$$M = f_y A_s \gamma_s h_0 \qquad (16\text{-}11)$$

式（16-10）、式（16-11）中的系数 α_s 和 γ_s 均为 ξ 的函数，所以可以把他们之间的数

值关系用表格表示，见表 16-5。表中与常用钢筋等级相对应的界限相对受压区高度之值已用横线标出，因此，当混凝土强度等级小于 C50，计算出的 α_s 和 ξ 系数值未超出横线时，即表明已满足第一个适用条件。但因表格中不能表示出最小配筋率，所以仍需验算第二个适用条件。

单筋矩形截面受弯构件正截面承载力的计算有两种情况，即截面设计与截面验算。

1. 截面设计

已知：弯矩设计值 M，构件截面尺寸 b、h，混凝土强度等级和钢筋级别。

求：所需受拉钢筋截面面积 A_s。

【解】

第一步：由公式（16-10）求出 α_s，即

$$\alpha_s = \frac{M}{\alpha_1 f_c b h_0^2}$$

第二步：根据 α_s 由表 16-5 查出 γ_s 或 ξ（如 α_s 值超出表中横线，则应加大截面，或提高强度等级，或改用双筋截面）。

第三步：求 A_s

由公式（16-11），$A_s = \dfrac{M}{f_y \gamma_s h_0}$，求出 A_s 后，即可按表 16-3 或表 16-5 并根据构造要求选择钢筋。

第四步：检查截面实际配筋率是否低于最小配筋率，即：

$$\rho \geqslant \rho_{min} \text{ 或 } A_s \geqslant \rho_{min} bh$$

式中采用实际选用的钢筋截面积，ρ_{min} 见表 16-4。

2. 截面验算

已知：弯矩设计值 M，构件截面尺寸 b、h，钢筋截面面积 A_s 混凝土强度等级和钢筋级别。

求：正截面受弯承载力设计值 M_u，验算是否满足公式（16-4）。

【解】

第一步：求 ξ

$$\xi = \frac{f_y A_s}{\alpha_1 f_c b h_0}$$

第二步：由表 16-5，根据 ξ 查得 α_s

第三步：求 M_u

$$M_u = \alpha_s \alpha_1 f_c b h_0^2$$

此处应注意：如 ξ 之值在表中横线以下，即 $\xi \geqslant \xi_b$，此时正截面受弯承载力应按下式确定：

$$M_{umax} = \alpha_1 f_c b h_0^2 \xi_b (1 - 0.5\xi_b)$$

第四步：验算最小配筋率条件 $\rho \geqslant \rho_{min}$。如 $\rho < \rho_{min}$，则原截面设计不合理，应修改设计。如为已建成的工程则应降低条件使用。

钢筋混凝土矩形截面受弯构件正截面受弯承载力计算系数表 表 16-5

ξ	γ_s	α_s	ξ	γ_s	α_s
0.01	0.995	0.010	0.32	0.840	0.269
0.02	0.990	0.020	0.33	0.835	0.275
0.03	0.985	0.030	0.34	0.830	0.282
0.04	0.980	0.039	0.35	0.825	0.289
0.05	0.975	0.048	0.36	0.820	0.295
0.06	0.970	0.058	0.37	0.815	0.301
0.07	0.965	0.067	0.38	0.810	0.309
0.08	0.960	0.077	0.39	0.805	0.314
0.09	0.955	0.085	0.40	0.800	0.320
0.10	0.950	0.095	0.41	0.795	0.326
0.11	0.945	0.104	0.42	0.790	0.332
0.12	0.940	0.113	0.43	0.785	0.337
0.13	0.935	0.121	0.44	0.780	0.343
0.14	0.930	0.130	0.45	0.775	0.349
0.15	0.925	0.139	0.46	0.770	0.354
0.16	0.920	0.147	0.47	0.765	0.359
0.17	0.915	0.155	0.48	0.760	0.365
0.18	0.910	0.164	0.49	0.755	0.370
0.19	0.905	0.172	0.50	0.750	0.375
0.20	0.900	0.180	0.51	0.745	0.380
0.21	0.895	0.188	0.518	0.741	0.384
0.22	0.890	0.196	0.52	0.740	0.385
0.23	0.885	0.203	0.53	0.735	0.390
0.24	0.880	0.211	0.54	0.730	0.394
0.25	0.875	0.219	0.55	0.725	0.400
0.26	0.870	0.226	0.56	0.720	0.403
0.27	0.865	0.234	0.57	0.715	0.408
0.28	0.860	0.241	0.58	0.710	0.412
0.29	0.855	0.248	0.59	0.705	0.416
0.30	0.850	0.255	0.60	0.700	0.420
0.31	0.845	0.262	0.614	0.693	0.426

注：1. 当混凝土强度等级为 C50 及以下时，表中系数 ξ_b = 0.614、0.55、0.518 分别为 HPB235、HRB335、HRB400 和 RRB400 钢筋的界限相对受压区高度；

2. γ_s 和 ξ 也可以按公式计算，$\xi = 1 - \sqrt{1 - 2\alpha_s}$，$\gamma_s = \dfrac{1 + \sqrt{1 - 2\alpha_s}}{2}$。

【例 16-1】 某办公楼矩形截面简支梁，计算跨度 l = 5.6m，作用均布荷载设计值 q = 25kN/m（包括自重），混凝土强度等级 C25，钢筋选用 HRB335 级，试确定梁的截面尺寸和配筋。

【解】

（1）确定材料强度设计值

本题采用 C25 混凝土和 HRB335 级钢筋，查表 14-7 和表 14-1 得 f_t = 1.27N/mm²，f_c = 11.9N/mm²，α_1 = 1，f_y = 300N/mm²

（2）确定截面尺寸

$$h = \left(\frac{1}{8} \sim \frac{1}{14}\right), l_0 = \left(\frac{1}{8} \sim \frac{1}{14}\right)5600 = 700 \sim 400 (\text{mm}), \text{取} \ h = 500\text{mm} \ .$$

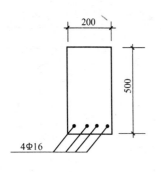

图 16-12　梁截面配筋

$$b = \left(\frac{1}{2} \sim \frac{1}{2.5} \right), h = 250 \sim 200 (\text{mm}), 取\ b = 200\text{mm}$$

（3）求弯矩设计值

$$M = \frac{1}{8} q l^2 = 98 \times 10^6 (\text{N} \cdot \text{mm})$$

（4）配筋计算

假设钢筋一排布置：$h_0 = h - \alpha_s = 500 - 35 = 465\text{mm}$

$$\alpha_s = \frac{M}{\alpha_1 f_c b h_0^2} = 0.19$$

根据 $\alpha_s = 0.19$，查表 16-5，得，$\gamma_s = 0.894$

$$A_s = \frac{M}{f_y A_s h_0} = 785 (\text{mm}^2)$$

查表 15-3，选用 4 Φ 16 钢筋（$A_s = 804\text{mm}^2$），一排钢筋需要的最小梁宽 $b_{\min} = 200\text{mm}^2$，与原假设一致。截面配筋如图 16-12 所示。

（5）检查最小配筋率

$$A_{\min} = \rho_{\min} bh = 0.002 \times 200 \times 500 = 200\ (\text{mm}^2)\ < A_s = 804\ (\text{mm}^2)$$

最小配筋率取 0.2% 和 $45 \dfrac{f_t}{f_y} \% = 0.19\ \%$ 中的较大者。

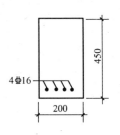

图 16-13　梁截面配筋

【例 16-2】　某学校教室梁截面尺寸及配筋如图 16-13 所示，弯矩设计值 $M = 100\text{kN} \cdot \text{m}$，混凝土强度等级为 C25，钢筋为 HRB400 级 4 Φ 16（$A_s = 804\text{mm}^2$）。试验算此梁是否安全。

【解】（1）确定计算数据

查表 14-7 和 14-1，确定材料强度设计值：$f_t = 1.27\text{N}/\text{mm}^2$，$f_c = 11.9\text{N}/\text{mm}^2$，$\alpha_1 = 1$，$f_y = 360$（$\text{N}/\text{mm}^2$）

钢筋截面面积：$A_s = 804$（mm^2）

梁的有效高度：$h_0 = h - \alpha_s = 450 - 35 = 415$（mm）

（2）求 ξ 值

$$\xi = \frac{f_y A_s}{\alpha_1 f_c b h_0} = 0.293$$

查表 16-5，得 $\alpha_s = 0.25$

（3）求受弯承载力设计值 M_u

$$M_u = \alpha_s \alpha_1 f_c b h_0^2 = 102.5 (\text{kN} \cdot \text{m}) > M = 100 (\text{kN} \cdot \text{m})（安全）$$

（4）检查最小配筋率

$$\rho = \frac{A_s}{bh} = 0.89\% > \rho_{\min} = 0.2\%$$

（最小配筋率取 0.2% 和 $45 \dfrac{f_t}{f_y} \% = 0.158\%$ 中的较大者）

【例 16-3】　某办公楼走廊现浇钢筋混凝土简支板截面及配筋如图 16-14 所示，计算跨度 $l_0 = 2.24\text{m}$。采用 C20 混凝土、HPB235 级钢筋，承受均布荷载设计值 $q = 5\text{kN/m}$（包括自重），试验算是否安全。

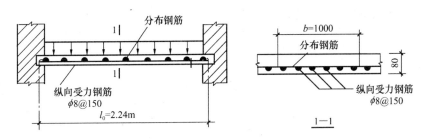

图 16-14

【解】　取 1m 宽板带进行验算，即 $b = 1000$mm。

（1）求弯矩设计值 M

跨中截面弯矩设计值为

$$M = \frac{1}{8} ql^2 = 3.136(\text{kN} \cdot \text{m})$$

（2）确定计算数据

查表，确定材料强度设计值：

$f_c = 9.6\text{N/mm}^2$，$f_t = 1.1\text{N/mm}^2$，$\alpha_1 = 1$，$f_y = 210\text{N/mm}^2$，由表 14-5 查得钢筋截面面积 $A_s = 335\text{mm}^2$，板的有效高度 $h_0 = 80 - 25$（mm）（本题混凝土保护层厚度为 20mm）。

（3）求受弯承载力设计值 M

$$\xi = \frac{f_y A_s}{\alpha_1 f_c b h_0} = 0.133$$

由表 16-5，查得 $\alpha_s = 0.124$

$$M_u = \alpha_s \alpha_1 f_c b h_0^2 = 3600960(\text{N} \cdot \text{mm}) > M = 3.136(\text{kN} \cdot \text{m})（安全）$$

（4）检查最小配筋率

$$\rho = \frac{A_s}{bh} = 0.418\% > \rho_{\min} = 0.272\%$$

（最小配筋率取 0.2% 和 $45\frac{f_t}{f_y}\% = 0.272\%$ 中的较大者）

五、双筋矩形截面和 T 形截面的受力概念

1. 双筋矩形截面

如图 16-15 所示，在受拉区和受压区同时设置受力钢筋的截面称为双筋截面。受压区的钢筋承受压力，称为受压钢筋，其截面面积用 A'_s 表示。双筋截面主要用于以下几种情况：

（1）当构件承受的荷载较大，但截面尺寸又受到限制，以致采用单筋截面不能保证适用条件，而成为超筋梁时，则需采用双筋截面。

（2）截面承受正负交替弯矩时，需在截面上下均配有受拉钢筋。当其中一种弯矩作用

233

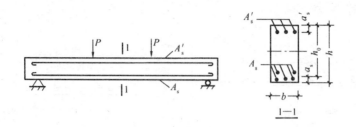

图 16-15　双筋矩形截面

时，实际上是一边受拉而另一边受压（即在受压侧实际已存在受压钢筋），这也是双筋截面。

（3）当因构造需要，在截面的受压区通过受力钢筋时，也应按双筋截面计算。

双筋截面不经济，施工不便，除上述情况外，一般不宜采用。

下面来研究钢筋的抗压强度设计值 f'_y 的取值：

由于钢筋与混凝土粘结在一起共同工作，所以受压钢筋处混凝土与钢筋的应变相等。当受弯构件受压混凝土边缘压碎时（普通混凝土的极限压应变 $\varepsilon_{cu} = 0.0033$），如取混凝土受压区高度 $x = 2a'_s$，此时受压钢筋处的混凝土压应变亦即钢筋的压应变为，$\varepsilon'_c = \varepsilon'_s = 0.002$，则受压钢筋的最大压应力为 $\sigma'_s = \varepsilon'_s E_s = 0.002 \times 2 \times 10^5 = 400 \text{N/mm}^2$。由此可知，双筋截面受弯构件中受压钢筋的强度最多只能达到 400N/mm^2。这也就是说，强度等级很高的钢筋，在用于受压时，因受混凝土的限制，并不能充分发挥作用。因此，对钢筋抗压强度设计值的取值规范规定为：

对普通钢筋（包括 HPB235、HRB335、HRB400、RRB400 等），其钢筋抗拉强度下，小于 400N/mm^2，则取 $f'_y = f_y$；而对于如用作预应力混凝土结构的钢丝，其 $\sigma'_s = 2.05 \times 10^5 \times 0.002 = 410 \text{N/mm}^2$，虽然其抗拉强度设计值大于 410N/mm^2，但其抗压强度设计值只取 $f'_y = 410 \text{N/mm}^2$。

试验证明，当采用受压钢筋时，如采用开口箍筋或箍筋间距过大，受压钢筋在纵向压力作用下，将被压屈凸出引起保护层崩裂，从而导致受压混凝土的过早破坏。因此，规范有如下规定：

（1）当梁中配有计算需要的纵向受压钢筋时，箍筋应为封闭式；箍筋的间距不应大于 $15d$（d 为纵向受压钢筋的最小直径），同时不应大于 400mm。

（2）当一层内的纵向受压钢筋多于 5 根且直径大于 18mm 时，箍筋间距不应大于 $10d$；当梁的宽度大于 40mm 且一层内的纵向受压钢筋多于 3 根时，或当梁的宽度不大于 400mm 但一层内的纵向受压钢筋多于 4 根时，应设置复合箍筋（即四肢箍筋）。

2.T 形截面

在矩形截面正截面承载力的计算中，由于在破坏阶段受拉区混凝土早已开裂，不能承受拉力，所以不考虑中和轴以下的混凝土参加工作。由此可以设想把受拉区的混凝土减少一部分，这样既可节约材料，又减轻了自重，如图 16-16 所示，就形成了 T 形截面的受弯构件。T 形截面在工程中的应用很广泛，如现浇楼盖、吊车梁等。此外，工字形屋面大梁、槽板、空心板等也均按 T 形截面计算，如图 16-17 所示。

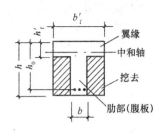

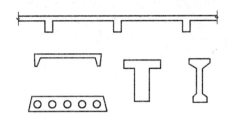

图 16-16　单筋 T 形截面　　　　　　图 16-17　T 形截面的形式

图 16-16 所示，T 形截面由翼缘和肋部（也称腹板）组成。由于翼线宽度较大，截面有足够的混凝土受压区，很少设置受压钢筋，因此一般仅研究单筋 T 形截面。

根据中和轴位置的不同，T 形截面可分为两类：第一类 T 形截面的中和轴在翼缘高度范围内 [图 16-18（a）]，因其受压区实际是矩形，所以可以把梁截面视为宽为 b_f' 的矩形来计算；第二类 T 形截面的中和轴通过翼缘下的肋部 [图 16-18（b）]，这一类 T 形截面的受压区则为 T 形，不能按矩形截面计算。

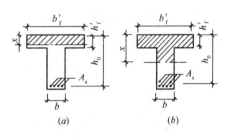

图 16-18　两类 T 形截面

T 形截面受弯构件受压翼缘压应力的分布是不均匀的，离开肋部越远压应力越小。因此，在实际计算时，为简化计算，假定翼缘只在一定宽度内受有压应力，并呈均匀分布，而认为在这个范围以外的翼缘不参加工作。参加工作的翼缘宽度叫翼缘的计算宽度。翼缘的计算宽度与梁的跨度 l_0、翼缘厚度 h_f' 与梁肋净距等因素有关。T 形、I 形及倒 L 形截面受弯构件位于受压区的翼缘计算宽度 b_f'，应按表 16-6 所列情况中的最小值取用。

T 形、I 形及倒 L 形截面受弯构件位于受压区的翼缘计算宽度 b_f'　　表 16-6

情　况		T 形、I 形截面		倒 L 形截面
		肋形梁、肋形板	独立梁	肋形梁、肋形板
1	按计算跨度 l_0 考虑	$l_0/3$	$l_0/3$	$l_0/6$
2	按梁（纵肋）净距 s_n 考虑	$b + s_n$	—	$b + s_n/2$
3	按翼缘高度 h_f' 考虑 $h_f'/h_0 \geq 0.1$	—	$b + 12h_f'$	—
	$0.1 > h_f'/h_0 \geq 0.05$	$b + 12h_f'$	$b + 6h_f'$	$b + 5h_f'$
	$h_f'/h_0 < 0.05$	$b + 12h_f'$	b	$b + 5h_f'$

注：1. 表中 b 为腹板宽度；
　　2. 如肋形梁在梁跨内设有间距小于纵肋间距的横肋时，则可不遵守表列情况 3 的规定；
　　3. 对加腋的 T 形、I 形和倒 L 形截面，当受压区加腋的高度 $h_h' \geq h_f'$，且加腋的宽度 $b_h \leq 3h_h$ 时，其翼缘计算宽度可按表列情况 3 的规定分别增加 $2b_h$（T 形、I 形截面）和 b_h（倒 L 形截面）；
　　4. 独立梁受压区的翼缘板在荷载作用下经验算沿纵肋方向可能产生裂缝时，其计算宽度应取腹板宽度 b。

第三节　受弯构件斜截面承载力的计算

一、概述

在一般情况下，受弯构件截面除作用有弯矩外，还作用有剪力。图 16-19 为受一对集中力作用的简支梁，在集中力之间为纯弯区，剪力为零，而弯矩值最大，可能发生上节述正截面破坏。在集中力到支座之间的区段，虽然弯矩较小，但既受弯曲又受剪力（称为剪弯区）。剪力和弯矩的共同作用引起的主拉应力将使该段产生斜裂缝，即可能导致沿斜截面的破坏。所以，对于受弯构件既要计算正截面的承载力也要计算斜截面的承载力。

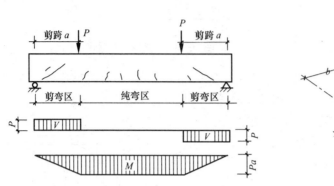

图 16-19　梁的垂直裂缝和斜裂缝　　　　图 16-20　梁箍筋配置示意图

受弯构件的正截面是以纵向受拉钢筋来加强的，而斜截面则主要是靠配置箍筋和弯起钢筋来加强。箍筋和弯起钢筋通常也称为"腹筋"或"横向钢筋"

影响斜截面承载力的因素很多，除截面大小、混凝土的强度等级、荷载种类（例如均布荷载或集中荷载）外，还有剪跨比和箍筋配筋率（也称配箍率）等。如图 16-19 所示，集中荷载至支座的距离称为剪跨，剪跨 a 与梁有效高度 h_0 之比称为剪跨比，以 λ 表示，即 $\lambda = \dfrac{a}{h_0}$。图 16-20 所示为梁的箍筋配置示意图，箍筋配筋率可用下式表示：

$$\rho_{sv} = \frac{A_{sv}}{sb} = \frac{nA_{sv1}}{sb} \tag{16-12}$$

式中　ρ_{sv}——箍筋配筋率；

n——在同一截面内箍筋的肢数；

A_{sv1}——单肢箍筋的截面面积；

s——箍筋间距；

b——梁宽。

试验结果表明，斜截面的破坏可能有以下三种形式：

（1）斜压破坏。

当梁的箍筋配置过多过密或梁的剪跨比较小时，随着荷载的增加，在剪弯段出现一些斜裂缝，这些斜裂缝将梁的腹部分割成若干个斜向短柱，最后因混凝土短柱被压碎导致梁的破坏，此时箍筋应力并未达到屈服强度［图 16-21（a）］。这种破坏与正截面超筋梁的破坏相似，未能充分发挥箍筋的作用。

（2）剪压破坏。

当梁内箍筋的数量配置适当时，随着荷载的增加，首先在剪弯段受拉区出现垂直裂缝，随后斜向延伸，形成斜裂缝。当荷载再增加到一定值时，就会出现一条主要斜裂缝（称临界斜裂缝）。此后荷载继续增加，与临界斜裂缝相交的箍筋将达到屈服强度，同时，

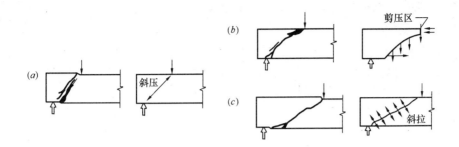

图 16-21 斜截面的三种破坏形式

剪压区的混凝土在剪应力及压应力共同作用下，达到极限状态而破坏［图 16-21（b）］。这种破坏类似正截面的适筋破坏。

（3）斜拉破坏。

当箍筋配置过少且剪跨比较大时，斜裂缝一旦出现，箍筋应力立即达到屈服强度，这条斜裂缝将迅速伸展到梁的受压边缘，构件很快裂为两部分而破坏［图 16-21（c）］。这种破坏没有预兆，破坏前梁的变形很小，与正截面少筋梁的破坏相似。

针对上述三种不同的破坏形态，规范采用不同的方法来保证斜截面的承载能力以防止破坏。由于斜压破坏时箍筋作用不能充分发挥，斜拉破坏又十分突然，所以这两种破坏在设计中均应避免。斜压破坏可通过限制截面最小尺寸（实际也就是规定了最大配箍率）来防止，斜拉破坏则可用最小配箍率来控制。剪压破坏相当于正截面的适筋破坏，设计中应把构件控制在这种破坏类型，通过斜截面受剪承载力的计算配置箍筋及弯起钢筋，防止剪压破坏的发生。

二、斜截面受剪承载力的计算

1. 计算公式

如上所述，斜截面承载力的计算是以剪压破坏的形态为依据［图 16-21（b）］，为保证斜截面有足够的承载力，必须满足：

$$V \leqslant V_u \tag{16-13}$$

$$M \leqslant M_u \tag{16-14}$$

式中 V、M——构件斜截面上最大剪力设计值与最大弯矩设计值；

V_u、M_u——构件斜截面上受剪及受弯承载力设计值。

公式（16-13）为抗剪条件，公式（16-14）为抗弯条件。一般通过配置腹筋（箍筋与弯起钢筋）来满足抗剪条件，通过构造措施保证抗弯条件。

如图 16-22 所示，斜截面的受剪承载力由混凝土、箍筋和弯起钢筋三部分组成。由竖向平衡条件可得：

$$V_u = V_c + V_{sv} + V_{sb} = V_{cs} + V_{sb} \tag{16-15}$$

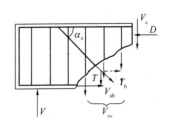

图 16-22 斜截面计算简图

式中 V_c——剪压区混凝土所承受的剪力；

V_{sv}——与斜截面相交箍筋所承受的剪力；

237

V_{sb}——与斜截面相交的弯起钢筋所承受的剪力；

V_{cs}——斜截面上混凝土和箍筋所承受的剪力，$V_{cs} = V_c + V_{sv}$

（1）板的斜截面受剪承载力计算公式

板中一般不配置箍筋和弯起钢筋，属于无腹筋受弯构件，根据国内外大量试验结果的分析与实测值的验证，其斜截面抗剪承载力计算公式为：

$$V \leqslant 0.7\beta_h f_t bh_0 \tag{16-16}$$

式中　β_h——截面高度影响系数，$\beta_h = \left(\dfrac{800}{h_0}\right)^{\frac{1}{4}}$。当 $h_0 \leqslant 800\text{mm}$ 时，取 $h_0 = 800\text{mm}$；当 $h_0 > 2000\text{mm}$ 时，取 $h_0 = 2000\text{mm}$；

　f_t——混凝土轴心抗拉强度设计值，见表 14-7；

　b——矩形截面的宽度，T 形、工字形截面的腹板宽度；

　h_0——截面的有效高度。

（2）梁的斜截面受剪承载力计算公式

《规范》在试验分析的基础上，给出了矩形、T 形及工字形截面受弯构件，当配有箍筋和弯起钢筋时，斜截面受剪承载力的计算公式。

1）对矩形、T 形及工字形截面的一般受弯构件

$$V \leqslant 0.7f_t bh_0 + 1.25f_{yv}\frac{A_{sv}}{s}h_0 + 0.8f_y A_{sb}\sin\alpha_s \tag{16-17}$$

式中　V——构件斜截面上最大剪力设计值；

　f_{yv}——箍筋抗拉强度设计值；

　A_{sv}——同一截面内各肢箍筋的全部截面面积，$A_{sv} = nA_{sv1}$，其中 n 为在同一截面内箍筋的肢数，A_{sv1} 为单肢箍筋的截面面积；

　s——沿构件长度方向上箍筋的间距；

　f_y——弯起钢筋的抗拉强度设计值；

　A_{sb}——同一弯起平面内弯起钢筋的截面面积；

　α_s——弯起钢筋与构件纵向轴线的夹角。

2）对集中荷载作用下（包括作用多种荷载，其中集中荷载对支座截面域节点边缘所产生的剪力占总剪力值 75% 以上的情况）的独立梁

$$V \leqslant \frac{1.75}{\lambda + 1}f_t bh_0 + f_{yv}\frac{A_{sv}}{s}h_0 + 0.8f_y A_{sb}\sin\alpha_s \tag{16-18}$$

式中，λ 为计算截面的剪跨比，$\lambda = \dfrac{a}{h_0}$，a 为集中荷载作用点至支座或节点边缘的距离；当 $\lambda < 1.5$ 时，取 $\lambda = 1.5$；当 $\lambda > 3$ 时，取 $\lambda = 3$。

式（16-17）、式（16-18）中的第一项为斜截面上剪压区混凝土受剪承载力设计值 V_c，第二项为与斜裂缝相交的箍筋受剪承载力设计值 V_{sv}，第三项为与斜裂缝相交的弯起钢筋受剪承载力设计值 A_{sb}（如不配置弯起钢筋则不计此项）。

当矩形、T 形及工字形截面受弯构件符合如下条件时：

一般受弯构件：
$$V \leqslant 0.7f_t bh_0 \tag{16-19}$$

集中荷载作用下的独立梁：

$$V \leqslant \frac{1.75}{\lambda + 1} f_t b h_0 \tag{16-20}$$

则可不必进行斜截面的受剪承载力计算，即不必按计算配置腹筋。但由于只靠混凝土承受剪力时，一旦出现斜裂缝梁即破坏，因此规范规定，当满足式（16-19）或式（16-20）时，仍需按构造要求配置箍筋。

2. 计算公式的适用条件

如前所述，斜截面的破坏有三种形式，而斜截面受剪承载力计算公式只是根据剪压破坏的受力状态确定的，这就必须防止另外二种破坏的发生。

（1）上限值——截面最小尺寸

由公式（16-17）看，似乎如无限制增加箍筋及弯起钢筋，即可随意增大梁的抗剪承载力，但试验证明，在配箍率超过一定数值后，斜截面受剪承载力将不再增大，多配的箍筋并不能充分发挥作用，如不增大构件截面，荷载再增大，斜截面将产生斜压破坏。规范根据试验结果，给出了剪压破坏受剪承载力的上限值——截面最小尺寸条件（即如剪力设计值较大，不能满足此条件时，应加大截面尺寸）：

当 $\dfrac{h_w}{b} \leqslant 4.0$ 时 $\qquad\qquad V \leqslant 0.25 \beta_c f_c b h_0 \tag{16-21a}$

当 $\dfrac{h_w}{b} \geqslant 6.0$ 时 $\qquad\qquad V \leqslant 0.2 \beta_c f_c b h_0 \tag{16-21b}$

当 $4.0 < \dfrac{h_w}{b} < 6.0$ 时，按直线内插法取用。

式中　V——剪力设计值；

　　　b——矩形截面的宽度，T形或工字形截面的腹板宽度；

　　　h_w——截面的腹板高度；矩形截面取有效高度 h_0，T形截面取有效高度减去翼缘高度，工字形截面取腹板净高；

　　　β_c——混凝土强度影响系数，当混凝土强度等级不超过 C50 时，取 $\beta_c = 1$；当混凝土强度等级为 C80 时，取 $\beta_c = 0.8$，其间按线性内插法取用。

以上规定实际上是间接地对箍筋用量作了限制，并避免了斜压破坏。

（2）下限值——最小配箍率

箍筋的配置不能过少。如果斜截面上箍筋的抗剪能力还没有达到混凝土的抗剪能力，则一旦出现裂缝，混凝土退出工作，箍筋就会立即达到屈服强度而发生斜拉破坏。因此规范规定了箍筋含量的下限值——最小配箍率。即：

$$\rho_{sv,min} = 0.24 \frac{f_t}{f_{yv}} \tag{16-22}$$

规定最小配箍率，可提高梁的抗剪能力，避免斜拉破坏。

3. 斜截面受剪承载力的计算位置

在计算斜截面的受剪承载力时，其计算位置如下：

（1）支座边缘处的截面（图 16-23（a）、（b）截面 1—1）；

（2）受拉区弯起钢筋弯起点处的截面（图 16-23（a）截面 2—2、3—3）；

（3）箍筋截面面积或间距改变处的截面（图 16-23（b）截面 4—4）；

（4）腹板宽度改变处截面。

斜截面受剪承载力的计算，应取作用在该斜截面范围内的最大剪力作为剪力设计值，

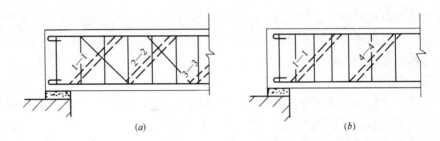

图 16-23　斜截面受剪承载力的计算位置
（a）弯起钢筋；（b）箍筋

即取斜裂缝起始端的剪力作为剪力设计值。

4. 斜截面受剪承载力的计算步骤

（1）复核梁的截面尺寸。按式（16-21a）或式（16-21b）进行梁截面尺寸的复核，如不能满足要求，则应加大截面或提高混凝土的强度等级。

（2）确定是否需要进行斜截面受剪承载力计算。如剪力设计值满足式（16-19）或式（16-20）时，则不需进行斜截面受剪承载力计算（但需按构造要求配置箍筋）。当不能满足时，则应进行斜截面受剪承载力计算并配置腹筋。

（3）计算箍筋。当剪力设计值由混凝土和箍筋承担时，由式（16-17）或式（16-18）推导，箍筋数量按下式计：

一般受弯构件：

$$\frac{A_{sv}}{s} \geqslant \frac{V - 0.7f_t bh_0}{1.25f_{yv}\dfrac{A_{sv}}{s}h_0}$$ （16-23）

集中荷载作用下的独立梁：

$$\frac{A_{sv}}{s} \geqslant \frac{V - \dfrac{1.75}{\lambda + 1}f_t bh_0}{f_{yv}h_0}$$ （16-24）

求出 $\dfrac{A_{sv}}{s}$ 后，先选定箍筋肢数 n 和直径（确定单肢横截面面积 A_{sv1}），则 $A_{sv} = nA_{sv1}$，最后再求出箍筋间距 s。箍筋除应满足计算要求外，尚应符合构造要求。

（4）计算弯起钢筋。当剪力设计值由混凝土、箍筋和弯起钢筋同时承担时，应先选定箍筋直径和间距，然后按式（16-17）或式（16-18）的推导，由下式确定弯起钢筋的截面面积：

一般受弯构件：

$$A_{sb} = \frac{V - 0.7f_t bh_0 - 1.25f_{yv}\dfrac{A_{sv}}{s}h_0}{0.8f_y\sin\alpha_s}$$ （16-25）

集中荷载作用下的独立梁：

$$A_{sb} = \frac{V - \dfrac{1.75}{\lambda + 1}f_t bh_0 - f_{yv}\dfrac{A_{sv}}{s}h_0}{0.8f_y \sin\alpha_s}$$ (16-26)

计算弯起钢筋时，剪力设计值应按下列规定采用：

1）计算第一排（对支座而言）弯起钢筋时，取用支座边缘处的剪力设计值；

2）计算以后每一排弯起钢筋时，取用前一排（对支座而言）弯起钢筋弯起点的剪力设计值。弯起钢筋除应满足计算要求外，尚应符合构造要求。

5.箍筋和弯起钢筋的构造规定

（1）箍筋除能提高梁的抗剪承载力和抑制斜裂缝的开展外，还能承受温度应力和混凝土的收缩应力，增强纵向钢筋的锚固，以及加强梁的受压区和受拉区的联系等。因此，按计算不需要箍筋的梁，如梁高大于 300mm，仍应按梁全长设置箍筋；如梁高为 150～300mm，可仅在构件端部各 $\frac{1}{4}$ 跨长范围内设置箍筋（当在构件中部 $\frac{1}{2}$ 跨长范围内有集中荷载作用时，仍应沿梁全长设置箍筋）；当梁高为 150mm 以下时，可不设置箍筋。

（2）梁内箍筋和弯起钢筋的间距不能过大，以防止斜裂缝发生在箍筋或弯起钢筋之间（图 16-24），避免降低梁的受剪承载力，根据混凝土结构设计规范，梁内箍筋和弯起钢筋间距，不得超过表 16-7 的规定。

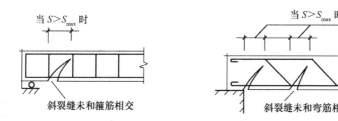

图 16-24　箍筋以及弯筋间距过大时的斜裂缝

梁中箍筋和弯起钢筋的最大间距 s_{max}（mm） 表 16-7

项　　次	梁高 h	$V > 0.7f_t bh_0$	$V \leqslant 0.7f_t bh_0$
1	$150 < h \leqslant 300$	150	200
2	$300 < h \leqslant 500$	200	300
3	$500 < h \leqslant 800$	250	350
4	$h > 800$	300	400

（3）在混凝土梁中，宜采用箍筋作为承受剪力的钢筋。当采用弯起钢筋时，弯起钢筋

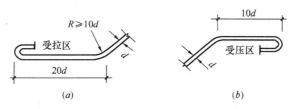

图 16-25　弯起钢筋端部的构造

（a）受拉区；（b）受压区

的弯终点，尚应留有锚固长度：在受拉区不应小于 $20d$；在受压区不应小于 $10d$；对光面钢筋在末端尚应设置弯钩（图 16-25）。位于梁底层两侧的钢筋不应弯起。

梁中弯起钢筋的角度宜取 45°或 60°。

(4) 当不能将纵筋弯起而需单独为抗剪要求设置弯筋时，应将弯筋两端锚固在受压区内（俗称鸭筋），如图 16-26 所示，并不得采用浮筋。

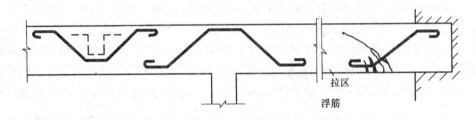

图 16-26　为抗剪要求单独设置的弯筋（不得采用浮筋）

【例 16-4】　矩形截面简支梁截面尺寸为 $b \times h = 200\text{mm} \times 500\text{mm}$，净跨 $l_n = 4\text{m}$，承受均布荷载设计值（包括自重）$q = 100\text{N/m}$（图 16-27），混凝土强度等级采用 C25（$f_c = 11.9\text{N/mm}^2$，$f_t = 1.27\text{N/mm}^2$），箍筋采用 HPB235 级钢筋（$f_{yv} = 210\text{N/mm}^2$）。求箍筋数量。

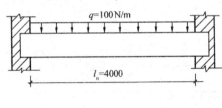

图 16-27

【解】

1. 计算剪力设计值

$$V = \frac{1}{2} q l_n = 200000(\text{N})$$

2. 复核梁的截面尺寸

$$h_w = h_0 = 500 - 35 = 465(\text{mm})$$

$$\frac{h_w}{b} = \frac{465}{200} = 2.32 < 4$$

$0.25\beta_c f_c b h_0 = 0.25 \times 1 \times 11.9 \times 200 \times 465 = 276675 > V$，截面尺寸满足要求。

3. 定是否需要进行斜截面受剪承载力计算

由公式（16-19）：

$0.7 f_t b h_0 = 82677(\text{N}) < V$，需要进行斜截面受剪承载力计算，按计算配置腹筋。

4. 箍筋计算

由公式（16-23）：

$$\frac{A_{sv}}{s} = \frac{V - 0.7 f_t b h_0}{1.25 f_{yv} h_0} = 0.96(\text{mm})$$

选用双肢箍筋 $\phi 8$（$n = 2$，$A_{sv1} = 50.3\text{mm}^2$），则箍筋间距为：

$$s \leq \frac{A_{sv}}{0.96} = \frac{n A_{sv1}}{0.96} = 104.7(\text{mm})$$

取 $s = 100\text{mm} < S_{max} = 200\text{mm}$，沿全梁等距布置。

5. 验算最小配箍率

实际配箍率　　　　$\rho_{sv} = \frac{n A_{sv1}}{bs} = 0.503\%$

最小配箍率　　　　$\rho_{\mathrm{sv,min}} = 0.24\dfrac{f_{\mathrm{t}}}{f_{\mathrm{yv}}} = 0.145\% < \rho_{\mathrm{sv}} = 0.503\%$ 满足要求。

三、保证斜截面受弯承载力的构造措施

如前所述，为了保证斜截面具有足够的承载力，必须满足抗剪和抗弯两个条件，即式（16-13）及式（16-14）。其中，抗剪条件已由配置箍筋和弯起钢筋来满足，而抗弯条件则需由构造措施来保证，这些构造措施包括：纵向钢筋的弯起和截断、钢筋的锚固等。

1. 纵向钢筋的弯起和截断

梁内的纵向受力钢筋，是根据梁的最大弯矩确定的，如果纵向受力钢筋沿梁全长不变，则梁的每一截面（包括正截面与斜截面）抗弯承载力都有充分的保证。当然，这样的配筋是不经济的，因为在内力较小的截面上，纵向钢筋未被充分利用。一般应在满足正截面抗弯承载力的条件下，按规范的要求将部分纵向钢筋弯起或者截断。

要确定纵向钢筋的弯起和截断，一般是先作荷载引起的弯矩图，再作抵抗弯矩图，抵抗弯矩图也称材料图，它是实际配置的钢筋在梁的各正截面所能承受的弯矩图。由抵抗弯矩图可确定纵向钢筋的"充分利用点"和"理论截断点"，然后按《规范》规定的要求，确定纵向钢筋的实际弯起点和实际截断点，从而解决了纵向钢筋的弯起和截断。

应当指出，受拉钢筋截断后，由于钢筋截面的突然变化，易引起过宽的裂缝，因此规范规定纵向钢筋不宜在受拉区截断。如必须截断时，应延伸至按正截面受弯承载力计算不需该钢筋的截面以外，其延伸的长度必须符合规范的规定。

2. 钢筋的锚固长度分行钢筋混凝土构件中，当钢筋伸入支座时，必须保持一定的长度，通过这段长度上粘结应力的积累，使钢筋可靠地锚固在混凝土中充分发挥抗拉作用，这个长度称为锚固长度。

（1）受拉钢筋的锚固长度

受拉钢筋的锚固长度又称基本锚固长度。当计算中充分利用钢筋的抗拉强度时，可按下列公式计算：

$$l_{\mathrm{a}} = \alpha\frac{f_{\mathrm{y}}}{f_{\mathrm{t}}}d \tag{16-27}$$

式中　l_{a}——受拉钢筋的锚固长度；

　　　f_{y}——钢筋抗拉强度设计值；

　　　f_{t}——混凝土轴心抗拉强度设计值，当混凝土强度等级高于 C40 时，按 C40 取值；

　　　α——钢筋的直径分行钢筋的外形系数，按表 16-8 采用。

钢筋的外形系数　　　　　　　　　　　　　　　　表 16-8

钢筋类型	光面钢筋	带肋钢筋	刻痕钢丝	螺旋肋钢丝	三股钢绞线	七股钢绞线
α	0.16	0.14	0.19	0.13	0.16	0.17

注：光面钢筋系指 HPB235 级钢筋，其末端应做 180° 弯钩，弯后平直段长度不应小于 3d，但作受压钢筋时可不做弯钩；带肋钢筋系指 HRB335 级、HRB400 级钢筋及 RRB400 级余热处理钢筋。

当符合下列条件时，计算的锚固长度应进行修正：

1）当 HRB335、HRB400 和 RRB400 级钢筋直径大于 25mm 时，其锚固长度应乘以修正

系数 1.1；

2）当 HRB335、HRB400 和 RRB400 级的环氧树脂涂层钢筋，其锚固长度应乘以修正系数 1.25；

3）当钢筋在混凝土施工过程中易受扰动（如滑模施工）时，其锚固长度应乘以修正系数 1.1；

4）当 HRB335、HRB400 和 RRB400 级钢筋在锚固区的混凝土保护层厚度大于钢筋直径的 3 倍且配有箍筋时，其锚固长度可乘以修正系数 0.8；

5）除构造要求的锚固长度外，当受力钢筋实际配筋面积大于其设计面积时，如有充分依据和可靠措施，其锚固长度可乘以设计计算面积与实际配筋面积的比值；

6）经上述修正后的锚固长度不应小于按公式（16-27）计算锚固长度的 0.7 倍，且不应小于 250mm。

（2）受压钢筋的锚固长度

当计算中充分利用纵向钢筋的抗压强度时，其锚固长度不应小于受拉钢筋锚固长度的 0.7 倍。

（3）钢筋在简支端的锚固

为了防止拉力将受力纵筋从梁支座内拔出，《规范》规定简支梁和连续梁简支端的下部纵向受力钢筋，伸入支座范围内的锚固长度 l_{as}（图 16-28）应符合下列条件：

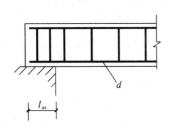

当 $V \leqslant 0.7 f_t b h_0$ 时，$l_{as} \geqslant 5d$；

当 $V > 0.7 f_t b h_0$ 时，带肋钢筋 $l_{as} \geqslant 12d$；

光面钢筋 $l_{as} \geqslant 15d$。

简支板或连续板下部纵向受力钢筋伸入支座的锚固长度 $l_{as} \geqslant 5d$，d 为纵向受力钢筋的直径。

（4）钢筋在中间支座的锚固

框架梁或连续梁的上部纵向钢筋应贯穿中间节点或中间支座范围。

图 16-28　纵向受力钢筋伸入梁简支座的锚固

框架梁或连续梁的下部纵向钢筋在中间支座或中间节点处应满足下列锚固要求：

1）当计算中不利用该钢筋强度时，其伸入节点或支座锚固长度，按 $V > a > f_t b h_0$ 时的简支端情况处理。

2）当计算中充分利用钢筋的抗拉强度时，下部纵向钢筋应锚固在节点或支座内。此时，可采用直线锚固形式［图 16-29（a）］，钢筋锚固长度 $\geqslant l_a$，也可采用带 90°弯折锚固形式［图 16-29（b）］，锚固端水平投影长度 $\geqslant 0.4 l_a$，垂直投影长度 $\geqslant 15d$。

3）当计算中充分利用钢筋的抗压强度时，下部纵向钢筋应锚固在节点或支座内。其直线锚固长度 $\geqslant 0.7 l_a$。

框架梁下部纵向钢筋在端节点处的锚固要求与上面介绍的中间节点处梁下部纵向钢筋的锚固要求相同。

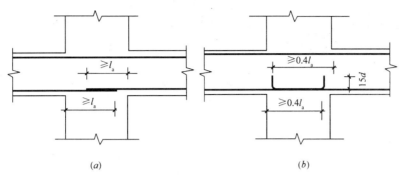

图 16-29 纵向受力钢筋在中间支座的锚固
(a) 节点中的直线锚固;(b) 节点中的弯折锚固

第四节 受弯构件裂缝宽度和挠度的验算

在钢筋混凝土结构设计中,除需进行承载能力极限状态的计算外,尚应进行正常使用极限状态即裂缝宽度和挠度的验算,控制结构的裂缝宽度和挠度,以保证结构满足适用性和耐久性的功能要求。

受弯构件在使用期间,如果挠度过大,会影响结构的正常使用。如楼盖中梁板挠度过大会造成粉刷开裂、剥落;单层工业厂房中吊车梁的挠度过大,会影响吊车的正常运行;如果裂缝宽度过大会影响观瞻,引起使用者的不安全感;对处于侵蚀性液体和气体环境中的钢筋混凝土结构,易使钢筋发生锈蚀,严重影响结构的耐久性和使用要求。

和承载能力极限状态相比,超过正常使用极限状态所造成的后果危害性和严重性往往要小一些轻一些,因此,可以把出现这种极限状态的概率略放宽一些。在进行正常使用极限状态计算中,荷载和材料强度均采用标准值而不是设计值。

一、受弯构件裂缝宽度的验算

1. 裂缝开展的过程及主要影响因素

在钢筋混凝土受弯构件中,当截面的受拉边缘混凝土的应力达到其抗拉强度时,在构件受弯最薄弱的截面上将产生裂缝。由于混凝土质量的不均匀性,裂缝发生的部位是随机的。随着荷载的不断增加,裂缝宽度将不断加大,同时又会产生新的裂缝,直到构件进入荷载相对稳定的正常使用阶段,裂缝的出现才基本停止。

影响裂缝宽度的主要因素:

(1) 纵筋配筋率。构件受拉区混凝土截面的纵筋配筋率越大,裂缝宽度就越小;

(2) 纵筋直径。当构件内受拉纵筋截面相同时,钢筋直径越细、根数越多,则钢筋表面积越大,粘结作用就越大,裂缝宽度就小;

(3) 纵筋表面形状。表面有肋纹的钢筋比光面钢筋粘结作用大,裂缝宽度就小;

(4) 保护层厚度。保护层越厚,裂缝宽度就越大。

2. 裂缝宽度的验算

在进行结构设计时,应根据不同的使用要求选用裂缝的控制等级,裂缝的控制等级分三级：

一级 严格要求不出现裂缝的构件；

二级 一般要求不出现裂缝的构件；

三级 允许出现裂缝的构件。

普通钢筋混凝土构件的裂缝控制等级均属于三级。对其裂缝宽度验算时，要求最大裂缝宽度不超过规范规定的限值，即：

$$\omega_{max} \leqslant \omega_{min} \tag{16-28}$$

式中 ω_{max}——按荷载标准组合并考虑长期作用影响计算的最大裂缝宽度；

ω_{min}——最大裂缝宽度的限值，见表 16-9。

结构构件的裂缝控制等级及最大裂缝宽度限值 表 16-9

环境类别	钢筋混凝土结构		预应力混凝土结构	
	裂缝控制等级	w_{lim}（mm）	裂缝控制等级	w_{lim}（mm）
一	三	0.3 (0.4)	三	0.2
二	三	0.2	二	—
三	三	0.2	一	—

注：1. 表中的规定适用于采用热轧钢筋的钢筋混凝土构件和采用预应力钢丝、钢绞线及热处理钢筋的预应力混凝土构件；当采用其他类别的钢丝或钢筋时，其裂缝控制要求可按专门标准确定；

2. 对处于年平均相对湿度小于 60% 地区一类环境下的受弯构件，其最大裂缝宽度限值可采用括号内的数值；

3. 在一类环境下，对钢筋混凝土屋架、托架及需作疲劳验算的吊车梁，其最大裂缝宽度限值应取为 0.2mm；对钢筋混凝土屋面梁和托梁，其最大裂缝宽度限值应取为 0.3mm；

4. 在一类环境下，对预应力混凝土屋面梁、托梁、屋架、托架、屋面板和楼板，应按二级裂缝控制等级进行验算；在一类和二类环境下，对需作疲劳验算的预应力混凝土吊车梁，应按一级裂缝控制等级进行验算；

5. 表中规定的预应力混凝土构件的裂缝控制等级和最大裂缝宽度限值仅适用于正截面的验算；预应力混凝土构件的斜截面裂缝控制验算应符合《混凝土结构设计规范》第 8 章的要求；

6. 对于烟囱、筒仓和处于液体压力下的结构构件，其裂缝控制要求应符合专门标准的有关规定；

7. 对于处于四五类环境下的结构构件，其裂缝控制要求应符合专门标准的有关规定；

8. 表中的最大裂缝宽度限值用于验算荷载作用引起的最大裂缝宽度。

二、受弯构件的挠度验算

在材料力学中，我们已经学习了均质弹性材料受弯构件变形的计算方法。如跨度为 l_0 的简支梁在均布荷载 q 作用下，其跨中挠度为：

$$f_{max} = \frac{5ql_0^4}{384EI} = \frac{5Ml_0^2}{48EI} = S\frac{Ml_0^2}{EI} \tag{16-29}$$

式中 EI——均质弹性材料梁的截面抗弯刚度，当截面尺寸、材料确定后 EI 是常数；

M——跨中最大弯矩，均布荷载简支梁，$M = \frac{1}{8}ql_0^2$；

S——与构件支承条件和所受荷载有关的挠度系数，均布荷载简支梁，$S = \frac{5}{48}$。

钢筋混凝土受弯构件是非匀质、非弹性的，而且在使用阶段一般都带裂缝工作，因此它不同于匀质弹性材料梁。试验还表明，钢筋混凝土受弯构件在长期荷载作用下，由于徐变的影响，其抗弯刚度还会随时间的增长而降低。为区别于均质弹性材料梁的抗弯刚度

EI，改用符号 B 表示钢筋混凝土受弯构件按荷载效应标准组合并考虑长期作用影响的刚度，并以 B_s 表示在荷载效应标准组合作用下受弯构件的短期刚度。

计算钢筋混凝土受弯构件的挠度，实质上就是计算它的抗弯刚度 B，一旦求出抗弯刚度 B 后，就可以用 B 代替 EI，然后按均质弹性材料梁的变形公式即可算出梁的挠度，所求得的挠度计算值不应超过规范规定的限值。即：

$$f_{max} = S\frac{M_{max}l_0^2}{B} \leq f_{min} \qquad (16\text{-}30)$$

式中　f_{min}——规范规定的受弯构件挠度限值，见表 16-10。

受弯构件的挠度限值　　　　　　　　　　　　　　　　　　　表 16-10

构　件　类　型	挠　度　限　值
吊车梁：手动吊车	$l_0/500$
电动吊车	$l_0/600$
屋盖、楼盖及楼梯构件： 当 $l_0 < 7\text{m}$ 时 当 $7\text{m} \leq l_0 \leq 9\text{m}$ 时 当 $l_0 > 9\text{m}$ 时	$l_0/200$（$l_0/250$） $l_0/250$（$l_0/300$） $l_0/300$（$l_0/400$）

注：1. 表中 l_0 为构件的计算跨度；

　　2. 表中括号内的数值适用于使用上对挠度有较高要求的构件；

　　3. 如果构件制作时预先起拱，且使用上也允许，则在验算挠度时，可将计算所得的挠度值减去起拱值；对预应力混凝土构件，尚可减去预加力所产生的反拱值；

　　4. 计算悬臂构件的挠度限值时，其计算跨度 l_0 按实际悬臂长度的 2 倍取用。

第十七章　钢筋混凝土受压、受扭构件

第一节　受压构件

一、受压构件的分类与构造

钢筋混凝土受压构件（柱）按纵向力与构件截面形心相互位置的不同，可分为轴心受压与偏心受压构件，如图 17-1 所示。当构件上同时作用有轴向力和弯矩时，如图 17-2 所示，可以看作是具有偏心距 $e_0 = \dfrac{M}{N}$ 的偏心压力 N 的作用，因此这类压弯构件也是偏心受压构件。

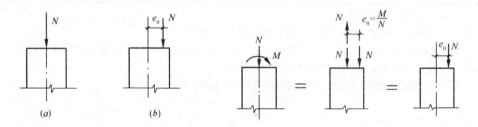

图 17-1　轴心受压与偏心受压　　　　　图 17-2　压弯构件

混凝土的强度等级对受压构件的承载力影响很大，为减小截面尺寸，节省钢材，一般应选用 C20、C30 或强度等级更高的混凝土，以减小截面尺寸。纵向钢筋一般采用强度不高的普通热轧钢筋，因为从前一章我们已经知道，强度等级很高的钢筋，在受压时因受混凝土的限制而不能充分发挥作用，所以不能采取选用高强度钢筋的办法来提高构件承载力。

钢筋混凝土受压构件常用正方形或矩形截面，有特殊要求时也采用圆形或多边形截面，装配式厂房柱则常用工字形截面。柱截面边长在 800mm 以下者，取 50mm 的倍数；800mm 以上者，取 100mm 的倍数。

受压构件中应配有纵向受力钢筋和箍筋。纵向受力钢筋主要用来帮助混凝土受压，以减小构件截面尺寸；另外，也可增加构件的延性以及抵抗偶然因素所产生的拉力。柱中箍筋主要用来固定纵向钢筋位置，防止纵筋压曲，从而提高了柱的承载能力。纵向钢筋应由计算确定，箍筋一般不进行计算，其间距和直径按构造要求确定，规范对柱中的纵向受力钢筋及箍筋规定如下：

1. 柱中纵向受力钢筋应符合下列规定

（1）纵向受力钢筋直径 d 不宜小于 12mm，根数不少于 4 根，全部纵向钢筋配筋率不宜超过 5%，并满足表 16-4 最小配筋率要求；

（2）当偏心受压柱的截面高度 $h \geqslant 600mm$ 时，在侧面应设置直径为 $10 \sim 16mm$ 的纵向构造钢筋，并相应地设置复合箍筋或拉筋；

（3）柱内纵向钢筋的净距不应小于 50mm；对水平浇筑的预制柱，其纵向钢筋的最小净距应按梁的规定取用；

（4）在偏心受压柱中，垂直于弯矩作用平面的纵向受力钢筋及轴心受压柱中各边的纵向受力钢筋，其间距不应大于 300mm。

2. 柱中的箍筋应符合下列规定

（1）柱中及其他受压构件中的箍筋应为封闭式；

（2）箍筋间距不应大于 400mm，且不应大于构件截面的短边尺寸，且不应大于 15d（d 为纵向钢筋的最小直径）；

（3）箍筋直径不应小于 $\frac{d}{4}$（d 为纵向钢筋的最大直径），且不小于 6mm；

（4）当柱中全部纵向受力钢筋的配筋率超过 3% 时，则箍筋直径不宜小于 8mm，间距不应大于 10d（d 为纵向钢筋的最小直径），且不应大于 200mm，箍筋末端应做成 135°弯钩且弯钩末端平直段长度不应小于箍筋直径的 10 倍；箍筋也可焊成封闭环式；

（5）当柱截面短边尺寸大于 400mm 且各边纵向钢筋多于 3 根时，或当柱截面短边尺寸不大于 400mm 但各边纵向钢筋多于 4 根时，应设置复合箍筋；

（6）柱内纵向钢筋搭接长度范围内的箍筋间距，应按规范规定适当加密。

图 17-3 所示为柱中箍筋配置示例。对截面形状复杂的柱，注意不可采用具有内折角的箍筋，以免产生外向拉力而使折角处混凝土破损。

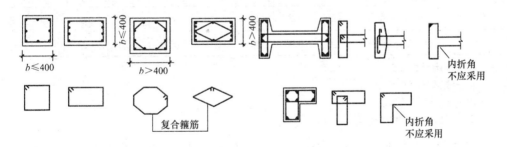

图 17-3　柱中箍筋的配置

二、轴心受压构件

轴心受压构件的承载力由混凝土和钢筋两部分的承载力组成。由于实际工程中多为细长的受压构件，破坏前将发生纵向弯曲，所以需要考虑纵向弯曲对构件截面承载力的影响。其计算公式如下（图 17-4）：

$$N \leqslant 0.9\varphi(f_c A + f'_y A'_s) \tag{17-1}$$

式中　N——轴向力设计值；

　　　φ——钢筋混凝土轴心受压稳定系数，按表 17-1 采用；

　　　f_c——混凝土轴心抗压强度设计值；

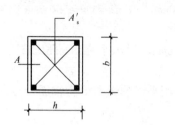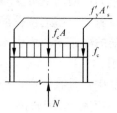

图 17-4　轴心受压构件截面

A——构件截面面积；

f'_y——纵向钢筋抗压强度设计值；

A'_s——全部纵向钢筋的截面面积。

当纵向钢筋配筋率大于 3% 时，式中 A 应改用 A_n，$A_n = A - A'_s$。

钢筋混凝土轴心受压构件稳定系数 φ　　表 17-1

l_0/b	≤8	10	12	14	16	18	20	22	24	26	28
l_0/d	≤7	8.5	10.5	12	14	15.5	17	19	21	22.5	24
l_0/i	≤28	35	42	48	55	62	69	76	83	90	97
φ	1.0	0.98	0.95	0.92	0.87	0.81	0.75	0.70	0.65	0.60	0.56
l_0/b	3	32	34	36	38	40	42	44	46	48	50
l_0/d	26	28	29.5	31	33	34.5	36.5	38	40	41.5	43
l_0/i	104	111	118	125	132	139	146	153	160	167	174
φ	0.52	0.48	0.44	0.40	0.36	0.32	0.29	0.26	0.23	0.21	0.19

注：l_0——构件计算长度；

　　b——矩形截面的短边尺寸；

　　d——圆形截面的直径；

　　i——截面最小回转半径。

表 17-1 的计算长度 l_0 与构件两端支承情况有关，对一般多层房屋中梁柱为刚接的框架结构，各层柱的计算长度 l_0 可按表 17-2 取用。

框架结构各层柱的计算长度　　表 17-2

楼盖类型	柱的类别	l_0	楼盖类型	柱的类别	l_0
现浇楼盖	底　层　柱	$1.0H$	装配式楼盖	底　层　柱	$1.25H$
	其余各层柱	$1.25H$		其余各层柱	$1.5H$

注：表中 H 对底层柱为从基础顶面到一层楼盖顶面的高度；对其余各层柱为上、下两层楼盖顶面之间的高度。

【例 17-1】　某多层现浇框架标准层中柱（楼层高 $H = 5.6$m），承受设计轴向力 1680kN，混凝土强度等级为 C25（$f_c = 11.9$N/mm^2），钢筋采用 HRB335 级（$f'_y = 300$N/mm^2），试确定该柱截面尺寸及纵向钢筋。

【解】　（1）确定稳定系数 φ

采用柱截面 $b = h = 400$mm，查表 17-2 得 $l_0 = 1.25H$，则

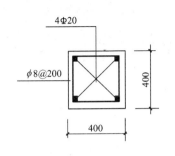

图 17-5 截面配筋

$$\frac{l_0}{b} = \frac{1.25 \times 5600}{400} = 17.5$$

查表 17-1，得，$\varphi = 0.825$

（2）计算配筋

$$A'_{\text{s}} = \frac{\dfrac{N}{0.9\varphi} - f_{\text{c}}A}{f'_{\text{y}}} = 1195(\text{mm}^2)$$

纵筋选用 4 Φ 20（$A'_{\text{s}} = 1256\text{mm}^2$），箍筋选用 $\phi 8@200$。

（3）验算配筋率

配筋率 $\rho = \dfrac{A'_{\text{s}}}{bh} = 0.785\%$ 大于 $\rho_{\min} = 0.6\%$，小于 $\rho_{\max} = 5\%$；满足要求，截面配筋见图 17-5。

【例 17-2】　某轴心受压截面尺寸 $b \times h = 300\text{mm} \times 300\text{mm}$，配有 HRB400 级 4 Φ 20 钢筋（$A'_{\text{s}} = 1256\text{mm}^2$），计算长度 $l_0 = 4\text{m}$，采用 C25 混凝土（$f_{\text{c}} = 11.9\text{N/mm}^2$），求该柱所能承受的最大轴向压力设计值。

【解】　（1）确定稳定系数 φ

长细比 $\dfrac{l_0}{b} = \dfrac{4000}{300} = 13.3$ 查表 17-1，稳定系数 $\varphi = 0.931$。

（2）计算该柱能承受的最大压力设计值

验算配筋率 $\rho' = \dfrac{A'_{\text{s}}}{bh} = 1.4\%$，大于 0.5% 而小于 3% $N_{\text{u}} \leq 0.9\varphi(f_{\text{c}}A + f'_{\text{y}}A'_{\text{s}}) = 1276(\text{kN})$

三、偏心受压构件

1. 大、小偏心受压构件

偏心受压构件的破坏特征与纵向力的偏心距和配筋情况有关，可分为两种情况：

（1）大偏心受压构件

当纵向力相对偏心距较大，且距纵向力较远的一侧钢筋配置得不太多时，截面一部分受压，另一部分受拉。随着荷载的增加。首先在受拉区发生横向裂缝，荷载不断增加，混凝土裂缝不断地开展。破坏时，受拉钢筋先达到屈服强度，混凝土受压区高度迅速减小，最后受压区混凝土达到极限压应变而被压碎，此时受压钢筋也达到屈服强度。其破坏过程类似适筋梁，这种破坏叫受拉破坏，如图 17-6（a）所示，这种构件称为大偏心受压构件。

（2）小偏心受压构件

当纵向力相对偏心距较小，构件截面大部或全部受压；或者偏心距较大，但距纵向力较远的一侧配筋较多时，这两种情况的破坏都是由于受压区混凝土被压碎，距纵向力较近一侧的钢筋受压屈服所致。这时，构件另一侧的混凝土和钢筋的应力均较小〔图 17-6（b）、（c）〕。这种破坏叫受压破坏，这种构件称为小偏心受压构件。

2. 大、小偏心受压构件的界限

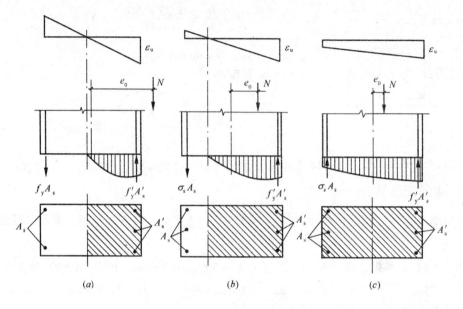

图 17-6　大、小偏心受压构件

在大、小偏心破坏之间，有一个界限，此界限时的状态，称为界限破坏。当构件处于界限破坏时，受拉区混凝土开裂，受拉钢筋达到屈服强度；受压区混凝土达到极限压应变被压碎，受压钢筋也达到其屈服强度。

界限破坏时截面受压区高度 x_b 与截面有效高度 h_0 的比值 $\left(\dfrac{x_b}{h_0}\right)$ 称为界限相对受压区高度，以 ξ_b 表示：

当 $\xi \leqslant \xi_b$ 时，为大偏心受压构件；

当 $\xi > \xi_b$ 时，为小偏心受压构件。

第二节　受　扭　构　件

一、受扭构件的类型及配筋形式

截面上作用有扭矩的构件即为受扭构件。在建筑结构中，受纯扭的构件很少，一般在受扭的同时还受弯、受剪。图 17-7 所示的雨篷梁、框架的边梁和厂房中的吊车梁就是这样的例子。

图 17-8 为一受纯扭的试件，通过试验可知，当扭矩逐渐增加时，将首先在一个面上出现斜裂缝，其方向与构件纵轴约成 45°交角。之后裂缝向两相邻面按 45°螺旋方向延伸，同时又出现更多条螺旋裂缝。扭矩继续增加，则其中的一条裂缝所穿越的纵向钢筋及箍筋将达到屈服强度，使该裂缝急剧开展，并在第四个面上形成一个剪压面，在剪力和压力的共同作用下构件破坏。

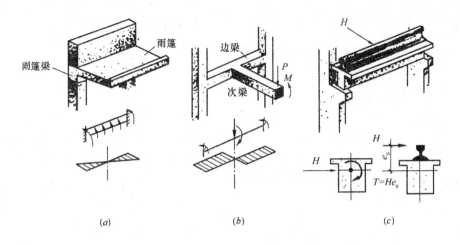

图 17-7 受扭构件的类型

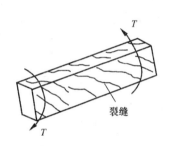

图 17-8 受扭构件的破坏

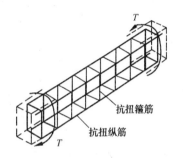

图 17-9 受扭构件的配筋

　　根据上述破坏状态，抗扭钢筋如按与纵轴成 45°（与斜裂缝垂直）的螺旋形放置比较理想，但实际上这种形式的配筋不便施工，特别是当一个构件承受正负两种方向的扭矩时，正负扭矩交界处的构造更是难以处理，因此在工程上不采用螺旋式配筋，而是采用抗扭箍筋和抗扭纵筋共同来抵抗扭矩产生的斜拉力（图 17-9）。对于受弯受剪同时受扭的构件，则应按计算另行配置负担弯矩的纵向受力钢筋和负担剪力的箍筋。最后将这两类钢筋加以综合。

二、受扭构件配筋的构造要求

1. 抗扭纵筋

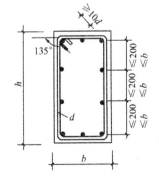

图 17-10 抗扭纵筋和抗扭箍筋的构造

　　抗扭纵筋应沿构件截面周边均匀对称布置（图 17-10）。矩形截面的四角以及 T 形和工字形截面各分块矩形的四角，均必须设置抗扭纵筋。抗扭纵筋的间距不应大于 200mm，也不应大于梁截面短边长度。受扭纵向钢筋锚固在支座内。

　　弯剪扭构件纵向钢筋的配筋率，不应小于受弯构件纵向受力钢筋的最小配筋率与受扭构件纵向受力钢筋的最小配筋率之和。受弯构件纵向受力钢筋的最小配筋率，可按表 16-4 取用；受扭构件纵向受力钢筋的最小配筋率为：

$$\rho_{tl,min} = 0.6\sqrt{\frac{T}{Vb}}\frac{f_t}{f_y} \quad \text{当}\frac{T}{Vb} > 2 \text{ 时，取}\frac{T}{Vb} = 2$$

式中　T——构件截面所承受的扭矩设计值；

　　　V——构件截面所承受的剪力设计值；

　　　b——矩形截面宽度。

2. 抗扭箍筋

抗扭箍筋必须为封闭式（图 17-10），其间距符合表 16-7 的规定。受扭所需箍筋的末端应做 135°弯钩，弯钩端头平直段长度不应小于 10d（d 为箍筋直径）。当采用复合箍筋时，位于截面内部的箍筋不计入受扭所需的箍筋面积。

第十八章　预应力混凝土结构

第一节　预应力混凝土结构的原理

一、预应力混凝土结构的基本概念

在正常使用条件下，普通钢筋混凝土结构受弯构件的受拉区是要开裂的，即处于带裂缝工作阶段。为保证结构的耐久性，裂缝宽度一般应限制在 0.2 ~ 0.3mm 以内，此时钢筋应力仅为 150 ~ 250N/mm²。目前，高强度钢筋的强度设计值已超过 1000N/mm²，所以在普通钢筋混凝土结构中，采用高强度钢筋是无法发挥其作用的。普通钢筋混凝土结构限制了高强度钢材的应用。

为了充分利用高强度钢材，可在混凝土构件的受拉区预先施加压力，使构件产生预压应力，造成一种人为的应力状态。这样，当构件在荷载作用下其受拉区产生拉应力时，首先要抵消预压应力，随着荷载的增加，混凝土才受拉，再增加荷载才出现裂缝。这就推迟了裂缝的开展，减小了裂缝的宽度。这种在构件受荷载以前，预先施加压力使之产生预压应力的结构，就称为"预应力混凝土结构"。

在生活中，预应力原理的应用也是常见的。例如盛水用的木桶是由一块块木片用竹箍或铁箍箍成的，它盛水后之所以不漏水，就是因为用力把木桶箍紧时，使木片和木片间产生了预压应力。木桶盛水后，水压使木桶产生的环向拉力，只抵消了木片之间的一部分预压应力，而木片与木片之间还能保持受压的紧密状态。这类例子在生活中还能举出很多。

如图 18-1 所示，一简支梁在外荷载作用前，预先在梁的受拉区施加一对大小相等、方向相反的偏心压力 N_p，梁跨中下边缘的预压应力为 σ_{pc}，如图 18-1（a）所示。图 18-1（b）所示为仅有外荷载（及自重）作用时的状态，梁跨中下边缘产生拉应力 σ_t。预应力受弯构件的受力即为上述两种状态的叠加，如图 18-1（c）所示。此时，梁跨中下边缘的应力可能是数值很小的拉应力，也可能是压应力，或应力为零。由此可见，由于预压应力 σ_{pc} 的作用，可全部或部分抵消外荷载引起的拉应力，从而延缓了混凝土构件的开裂。

预应力混凝土构件实际上也就是预先储存了压应力的混凝土构件。对混凝土施加压力要靠钢筋来实现，所以钢筋（预应力筋）既是加力工具，又是构件的受力钢筋。由于混凝土的应变、收缩以及其他一些原因，会产生较大的预应力损失，因此预应力混凝土构件应采用高强度钢筋，同时应采用强度等级较高的混凝土。

预应力混凝土结构的主要优点是：

（1）能充分利用高强度钢筋、高强度混凝土性能，减少了钢筋用量，截面小，减轻了构件自重，增大了跨越能力，适用于大跨度结构。

（2）在正常使用条件下，预应力混凝土一般不产生裂缝或裂缝极小，结构的耐久性好。

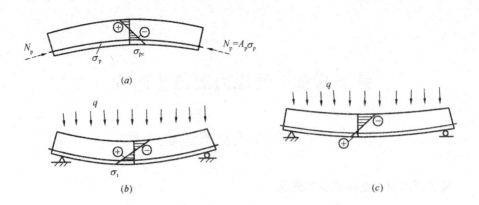

图 18-1　预应力构件的受力

（a）预压力作用下；（b）荷载作用下；（c）预压力和荷载共同作用下

（3）预应力梁使用前有向上的预拱 ［图 18-1（a）］，因此在荷载作用下其挠度将大大减小，所以预应力结构的刚度大。

预应力混凝土技术，在我国已取得了相当大的进展。随着建筑事业的发展，预应力混凝土的新材料、新结构、新机具将会不断涌现，预应力混凝土结构一定会得到更广泛的应用。

二、预加应力的方法

预加应力的方法主要有两种：

1. 先张法（浇灌混凝土前在台座上或钢模内张拉钢筋）

如图 18-2 所示，先张法是先在台座上或钢模内张拉预应力钢筋，并作临时锚固，然后浇灌混凝土，混凝土达到规定强度后切断预应力钢筋，预应力钢筋回缩时挤压混凝土，使混凝土获得预压力。先张法构件的预应力是靠预应力钢筋与混凝土之间的握裹来传递的。

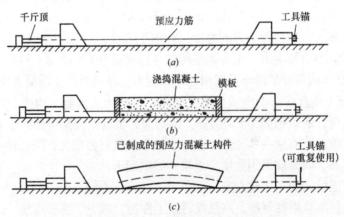

图 18-2　先张法主要工序示意图

（a）张拉钢筋；（b）支模和浇捣混凝土；

（c）放松钢筋，钢筋回缩，混凝土预压

2. 后张法（混凝土结硬后在构件上张拉钢筋）

如图 18-3 所示，先浇筑混凝土构件，在构件中预留孔道，待混凝土达到规定强度后，在孔道中穿预应力钢筋。然后利用构件本身作为加力台座，张拉预应力钢筋，则在张拉的同时混凝土受到挤压。张拉完毕，在张拉端用锚具锚住预应力钢筋，并在孔道内实行压力灌浆使预应力钢筋与构件形成整体。后张法是靠构件两端时锚具来保持预应力的的。

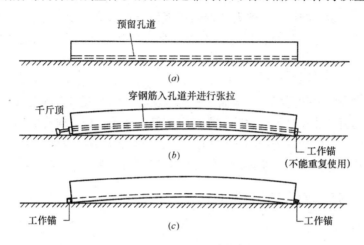

图 18-3　后张法主要工序示意图

（*a*）制作混凝土构件；（*b*）穿钢筋和张拉钢筋；

（*c*）锚固及孔道中进行压力灌浆

先张法构件采用工厂化的生产方式，当前采用较多的是在台座上张拉，台座越长，一次生产的构件就越多。先张法的工序少、工艺简单、质量容易保证，但它只适于生产中、小型构件，如楼板、屋面板等。

后张法的施工程序及工艺比较复杂，需要专用的张拉设备，需大量特制锚具，用钢量较大，但它不需要固定的张拉台座，可在现场施工，应用灵活。后张法适用于不便运输的大型构件。

近年来，预应力混凝土结构的施工工艺有了很大进展，目前常见的有无粘结预应力混凝土结构。无粘结预应力混凝土是后张法施工的一种，其做法是在预应力筋表面涂抹防腐蚀油脂并包以塑料套管后，如同普通钢筋一样先铺设在支好的模板内，进行浇筑混凝土。待混凝土达到强度后，利用无粘结预应力筋在结构内可作纵向滑动的特性，进行张拉、锚固，通过两端的锚具，达到使结构产生预应力的作用。这种工艺的优点是施工时不需预留孔洞、穿筋、灌浆等繁杂费力的过程，施工简单，预应力筋易弯成多跨曲线形状等。但预应力筋强度不能充分发挥，锚具要求也较高。无粘结预应力结构适用于跨度大于 6m 的楼板及大跨度梁，宜用于具有上述板梁的办公楼、商场、旅馆、车库和仓库等建筑物。

三、预应力混凝土结构的材料

1. 钢筋

为了使构件建立较高的预应力值，在预应力混凝土结构构件中所用的钢筋，应具有较高的强度和一定的塑性，同时具有良好的加工性能并与混凝土之间具有较好的粘结强度。

目前我国用于预应力混凝土结构的钢材有热处理钢筋、钢丝和钢绞线三大类。

预应力钢筋宜优先采用预应力钢绞线、钢丝，也可采用热处理钢筋。非预应力钢筋宜采用 HRB400 级、HRB335 级钢筋，也可采用 RRB400 级钢筋。

热处理钢筋、钢丝和钢绞线各有优缺点。光面、螺旋肋和三面刻痕的消除应力钢丝强度设计值很高，多用于大型构件。钢绞线强度设计值接近高强钢丝，价格最高，但它施工方便，多用于后张法大型构件。热处理钢筋强度设计值较高、松弛小，而且价格也最低，它以盘圆形式供应，施工方便，目前应用较广泛。在选用预应力钢筋时，应综合上述因素，从实际出发，合理选择。

2. 混凝土

预应力结构构件中的混凝土，应满足收缩与徐变小、快硬早强的要求。这样才能有效地减小构件的截面尺寸和自重，充分发挥高强钢筋的作用，建立较高的预应力，提高构件的抗裂性。规范规定，预应力混凝土结构的混凝土强度等级不宜低于 C30；当采用钢丝、钢绞线、热处理钢筋作预应力钢筋时，混凝土强度等级不宜低于 C40。

四、张拉控制应力与预应力损失

1. 张拉控制应力

张拉控制应力是指张拉预应力钢筋时所应达到的规定的应力数值，以 σ_{con} 表示。从充分发挥预应力特点的角度出发，张拉控制应力应定得高一些，以使混凝土获得较高的预压应力，从而提高构件的抗裂度，减小挠度。但若将张拉控制应力定得过高，将使构件的开裂弯矩和极限弯矩接近，构件破坏时变形小，延性差，没有明显的预兆；另外，在施工阶段会引起构件某些部位受到过大的预拉力以致开裂；再者，若 σ_{con} 太高，因钢筋质量不一定每根都相同，个别钢筋可能超过其屈服强度而产生塑性变形，使混凝土的预压力反而减小。因此，对预应力钢筋的张拉应力必须控制适当。张拉控制应力的大小与钢种和施工方法有关，规范规定，预应力钢筋的张拉控制应力 σ_{con}，不宜超过表 18-1 规定的数值，且不应小于 $0.4f_{ptk}$（f_{ptk} 为预应力钢筋强度标准值）。

预应力钢筋的张拉控制应力 σ_{con} 表 18-1

钢 筋 种 类	张 拉 方 法	
	先 张 法	后 张 法
消除应力钢丝、钢绞线	$0.75f_{ptk}$	$0.75f_{ptk}$
热处理钢筋	$0.7f_{ptk}$	$0.65f_{ptk}$

注：下列情况表 18-1 中的张拉控制力限值可以提高 $0.05f_{ptk}$：

（1）要求提高构件在施工阶段的抗裂性能而在使用阶段受压区内设置预应力钢筋；

（2）要求部分抵消由于应力松弛、摩擦、钢筋分批张拉以及预应力钢筋与张拉台座之间的温差等因素产生的预应力损失。

2. 预应力损失

预应力损失是指预应力钢筋张拉后，由于材料特性、张拉工艺等原因，使预应力值从张拉开始直到安装使用各个过程中不断产生的降低。故而，正确地认识预应力损失，是预应力混凝土结构设计、施工成败的重要影响因素。

产生预应力损失的原因如下：

（1）张拉端锚具变形和钢筋内缩引起的损失 σ_{11}

预应力钢筋经张拉后，便锚固在台座或构件上，由于锚具、垫板和构件之间的缝隙被压紧，以及预应力钢筋在锚具中滑动产生回缩，从而造成预应力钢筋拉应变减小，造成张拉端锚具变形和钢筋内缩引起的预应力损失。

（2）摩擦损失 σ_{12}

采用后张法张拉预应力钢筋时，由于钢筋与孔道壁之间产生摩擦力，因此预应力值将随距张拉端距离的增加而减小，造成预应力钢筋与孔道壁之间的摩擦引起的预应力损失。

（3）温差损失 σ_{13}

对于采用先张法施工的预应力混凝土构件，当进行蒸气养护时，因台座与地面相连，温度较低，而张拉后的预应力钢筋则受热膨胀，在混凝土硬结前，造成混凝土加热养护时，预应力钢筋与台座之间温差引起的预应力损失。

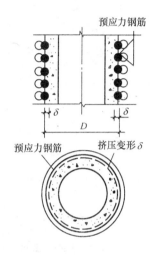

（4）应力松弛损失 σ_{14}

钢筋在高应力状态下，即使其长度保持不变，其应力亦会随时间的增长而不断降低，这种现象称为钢筋的应力松弛，钢筋的应力松弛会引起预应力损失。

（5）收缩和徐变损失 σ_{15}

混凝土在硬结时会发生体积的收缩，同时在预压力作用下，混凝土又会发生沿压力方向的徐变。混凝土的收缩、徐变都会使构件的长度缩短，则预应力钢筋也随之回缩，造成混凝土的收缩、徐变引起的预应力损失。

图 18-4　环行配筋
预应力构件

（6）环形配筋损失 σ_{16}

在圆筒形预应力混凝土构件中（如水池、水管、筒仓），采用螺旋形预应力钢筋，由于预应力钢筋对混凝土的挤压（图 18-4），使环形构件的直径减小，造成环形构件采用螺旋预应力钢筋时所引起的预应力损失。

第二节　预应力混凝土结构的构造

一、一般要求

（1）预应力混凝土构件具有较大的抗裂度和刚度，对于受弯构件，其宽高比宜小，翼缘和腹板的厚度也不宜大，梁高通常可取普通钢筋混凝土梁高的70%。

（2）在预应力混凝土受弯构件的预拉区，应尽可能不设置预应力钢筋。为了满足构件在张拉过程中的抗裂要求，可在构件的预拉区设置非预应力钢筋。在中小型预应力混凝土受弯构件中，通常只在使用阶段的受拉区布置预应力钢筋。

（3）当受拉区部分钢筋施加预应力已能使构件符合抗裂或裂缝宽度要求时，则按承载能力计算所需的其余受拉钢筋可采用非预应力钢筋。

（4）在预应力混凝土屋面梁、吊车梁等构件中，为防止由于施加预应力而产生预拉区的裂缝，以及减少支座附近区段的主拉应力，在靠近支座部分，宜将一部分预应力钢筋弯起。

（5）如预应力钢筋在构件端部不能均匀布置，而需集中布置在端部截面的下部，或集中布置在上部和下部时，应在构件两端设置竖向的焊接钢筋网、封闭式箍筋等附加钢筋。此种附加钢筋应在构件端部 $0.2h$（h 为梁高）范围内设置，如图 18-5 所示。

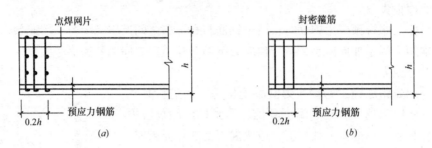

图 18-5　端部用附加钢筋加强

（6）对于槽形板类构件，为防止板面端部产生纵向裂缝，宜在构件端部 100mm 范围内，沿构件板面设置附加的横向钢筋，其数量不小于 2 根，如图 18-6 所示。

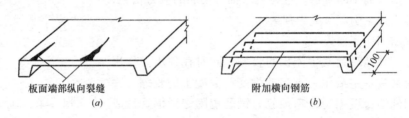

图 18-6　附加横向钢筋

（7）当构件在端部有局部凹进时，为防止在预加应力过程中，端部转折处产生裂缝，应增设折线构造钢筋（图 18-7）或其他有效的构造钢筋。

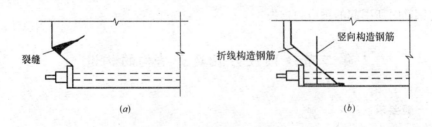

图 18-7　折线构造钢筋

（8）对预应力钢筋在构件端部全部弯起的受弯构件，或直线配筋的先张法构件，当构件端部与下部支承结构焊接时，为考虑混凝土收缩、徐变及温度变化所产生的不利影响，在构件端部可能产生裂缝的部位，应设置足够的非预应力纵向构造钢筋。

二、先张法构件的构造要求

（1）先张法构件的预应力钢筋、钢丝的净距，应根据浇灌混凝土、施加预应力及钢筋锚固等要求确定。

预应力钢筋之间的净间距不应小于其公称直径或等效直径的 1.5 倍，且应符合下列规定：对热处理钢筋及钢丝，不应小于 15mm；对三股钢绞线，不应小于 20mm；对七股钢绞线，不应小于 25mm。

（2）当先张法预应力钢丝按单根方式配筋困难时，可采用相同直径钢丝并筋的配筋方式。并筋的等效直径，对双并筋应取为单筋直径的 1.4 倍，对三并筋应取为单筋直径的 1.7 倍。

（3）对预应力钢筋端部周围的混凝土应采取下列加强措施（图 18-8）：

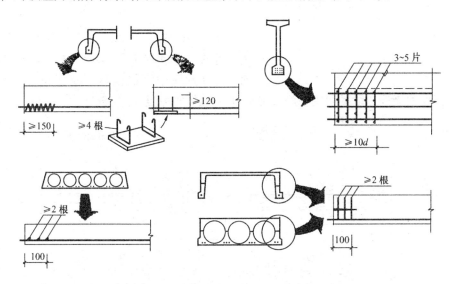

图 18-8　端部用螺旋钢筋、插筋或钢筋网加强

1）对单根预应力钢筋（如板肋的配筋），其端部宜设置长度不小于 150mm 且不少于 4 圈的螺旋筋；当有可靠经验时，亦可利用支座垫板上的插筋代替螺旋筋，插筋数量不应少于 4 根，其长度不宜小于 120mm；

2）对多根预应力钢筋，在构件端部 $10d$（d 为预应力钢筋直径）范围内，应设置 3～5 片钢筋网；

3）对采用钢丝配筋的薄板，在板端 100mm 范围内，应适当加密横向钢筋。

三、后张法构件的构造要求

（1）后张法预应力钢筋的锚固应选用可靠的锚具，其制作方法和质量要求应符合国家现行标准《混凝土结构工程施工质量验收规范》的规定。

（2）预应力钢筋的预留孔道应符合下列规定：

1）孔道之间的净距不宜小于 50mm；孔道至构件边缘的净距不宜小于 30mm，且不宜小于孔道直径的一半（图 18-9）。

2）孔道的直径应比预应力钢筋束外径、钢筋对焊接头处外径或需穿过孔道的锚具外径大 10～15mm。

3）在构件两端及跨中应设置灌浆孔或排气孔，其孔距不宜大于 12m。

4）凡制作时需要预先起拱的构件，预留孔道宜随构件同时起拱。

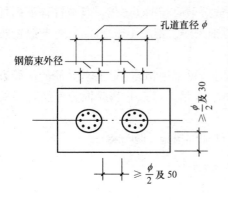

图 18-9　预留孔道的静距

（3）后张法预应力混凝土构件的曲线预应力钢丝束、钢绞线束的曲率半径，不宜小于 4m；对折线配筋的构件，在折线预应力钢筋的弯折处，其曲率半径可适当减小。

（4）在后张法构件的预拉区和预压区中，应适当设置纵向非预应力构造钢筋，在预应力钢筋弯折处，应加密箍筋或沿弯折处内侧设置钢筋网片。

（5）构件端部尺寸，应考虑锚具的布置、张拉设备的尺寸和局部受压的要求，必要时应适当加大。在预应力钢筋锚具下及张拉设备支承处，应采用预埋钢垫板并设置间接钢筋（图 18-10）或附加钢筋（图 18-5）。

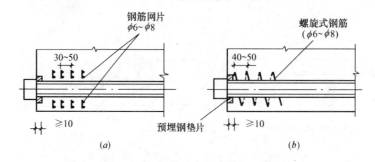

图 18-10　锚具下的间接配筋

（a）方格网配筋；（b）螺旋式配筋

（6）外露金属锚具应采取涂刷油漆、砂浆封闭等防锈措施。

（7）对后张法预应力混凝土构件的端部锚固区，应进行局部受压承载力计算，并配置间接钢筋（图 18-11），其体积配筋率不应小于 0.5%；在间接钢筋配置区以外，构件端部长度不小于 3e（e 为截面重心线上部或下部预应力钢筋合力点至邻近边缘的距离）且不大于 1.2h（h 为构件端部截面高度），高度为 2e 的附加配筋区范围内，应均匀配置附加箍筋或网片，其体积配筋率不应小于 0.5%。

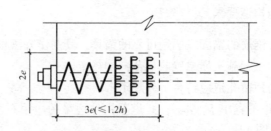

图 18-11　防止沿孔道劈裂的配筋范围

262

第十九章 砌 体 结 构

第一节 砌体材料及砌体的力学性能

一、砌体材料

砌体结构系指用各种块材通过砂浆铺缝砌筑而成的结构，包括砖砌体、石砌体、砌块砌体等。构成砌体的材料是块材（砖、石、砌块）与砂浆，块材强度等级的符号为 MU，砂浆强度等级的符号为 M。材料强度等级即采用上述符号与按标准试验方法所得到的材料抗压极限强度的平均值来表示，例如强度等级为 MU10 的砖，强度等级为 M5 的砂浆等。

1. 块材

砌体的块材有烧结普通砖、烧结多孔砖以及不经过焙烧的硅酸盐砖、砌块和石材等。

（1）烧结普通砖和烧结多孔砖

由黏土、页岩、煤矸石或粉煤灰为主要原料，经过焙烧而成的实心或孔洞率不大于15%值的砖称烧结普通砖。分烧结黏土砖、烧结页岩砖、烧结煤矸石砖等，其中烧结黏土砖应用最广泛。烧结普通砖具有全国统一的规格，其标准砖尺寸为：240mm×115mm×53mm。

为了减轻墙体自重，改善砖砌体的技术经济指标，近年来我国部分地区生产应用了孔洞率不小于25%，竖孔尺寸小而数量多，主要用于承重部位的烧结多孔砖。

烧结普通砖、烧结多孔砖的强度等级分 MU30、MU25、MU20、MU15 和 MU10 五级。

（2）非烧结硅酸盐砖

以硅质材料和石灰为主要原料，经坯料制备、压制成型、蒸压养护而成的实心砖称非烧结硅酸盐砖。常用的有蒸压灰砂砖和蒸压粉煤灰砖。规格尺寸与烧结普通砖相同，强度等级分：MU25、MU20、MU15、MU10 四级。

（3）砌块

实心砖、空心砖和石材以外的尺寸较大的块体都可称为砌块。其中由普通混凝土或轻骨料（浮石、火山渣、煤矸石、陶粒等）混凝土制成，主要规格尺寸为 390mm×190mm×190mm，空心率在 25%~50%的空心砌块称混凝土小型空心砌块，简称混凝土砌块。砌块的强度等级分 MU20、MUl5、MU10、MU7.5 和 MU5 五级。

（4）石材

天然石材一般常采用重力密度大于 18kN/m³ 的花岗石、砂岩、石灰石等几种，多用于房屋的基础和勒脚部位。石材按其加工后的外形规则程度可分为料石和毛石。石材的强度等级分 MU100、MU80、MU60、MU50、MU40、MU30、MU20 七级。

2. 砂浆

砌体中采用的砂浆主要有混合砂浆、水泥砂浆以及石灰砂浆、黏土砂浆。

混合砂浆包括水泥石灰砂浆、水泥黏土砂浆等。这类砂浆具有一定的强度和耐久性，且保水性、和易性均较好，便于施工，质量容易保证，是一般墙体中常用的砂浆。

水泥砂浆是由水泥与砂加水拌合而成的不掺任何塑性掺合料的纯水泥砂浆。水泥砂浆强度高、耐久性好，但其拌合后保水性较差，砌筑前会游离出较多的水分，砂浆摊铺在砖面上后部分水分将很快被砖吸走，使铺砌发生困难，因而会降低砌筑质量。此外，失去一定水分的砂浆还将影响其正常硬化，减少砖与砖之间的粘结，而使强度降低。因此，在强度等级相同的条件下，采用水泥砂浆砌筑的砌体强度要比用其他砂浆时低。砌体规范规定，用水泥砂浆砌筑的各类砌体，其强度应按保水性能好的砂浆砌筑的砌体强度乘以小于1的调整系数。

石灰砂浆和黏土砂浆强度不高，耐久性也差，不能用于地面以下或防潮层以下的砌体，一般只能用在受力不大的简易建筑或临时建筑中。

砂浆的强度等级按龄期为 28d 的立方体试块（70.7mm × 70.7mm × 70.7mm）所测得的抗压极限强度的平均值来划分，共有 M15、M10、M7.5、M5 和 M2.5 五级。如砂浆强度在两个等级之间，则采用相邻较低值。当验算施工阶段尚未硬化的新砌砌体时，可按砂浆强度为零确定其砌体强度。

3. 砌体材料的选择

砌体材料的选用应本着因地制宜、就地取材、充分利用工业废料的原则，并考虑建筑物耐久性要求、工作环境、受荷性质与大小、施工技术力量等各方面因素。

对五层及五层以上房屋的墙，以及受振动或层高大于 6m 的墙、柱所用材料的最小强度等级：砖为 MU10；砖块为 MU7.5；石材为 MU30；砂浆为 M5。对安全等级为一级或设计使用年限大于 50 年的房屋，墙、柱所用材料的最低强度等级应至少提高一级。

地面以下或防潮层以下的砌体，潮湿房间的墙，所用材料最低强度等级应符合表 19-1 的要求。

地面以下或防潮层以下的砌体、潮湿房间墙所用材料的最低强度等级　　表 19-1

基土的潮湿程度	烧结普通砖、蒸压灰砂砖		混凝土砌块	石　材	水泥砂浆
	严寒地区	一般地区			
稍潮湿的	MU10	MU10	MU7.5	MU30	M5
很潮湿的	MU15	MU10	MU7.5	MU30	M7.5
含水饱和的	MU20	MU15	MU10	MU40	M10

注：1. 在冻胀地区，地面以下或防潮层以下的砌体，不宜采用多孔砖，如采用时，其孔洞应用水泥砂浆灌实。当采用混凝土砌块砌体时，其孔洞应采用强度等级不低于 C20 的混凝土灌实；

2. 对安全等级为一级或设计使用年限大于 50 年的房屋，表中材料强度等级应至少提高一级。

二、砌体的种类

1. 无筋砌体

根据块材种类不同，无筋砌体分砖砌体、砌块砌体和石砌体。

砖砌体是采用最普遍的一种砌体。当采用标准尺寸砖砌筑时，墙厚有 120mm（半砖）、

240mm（1砖）、370mm（1.5砖）、490mm（2砖）、620mm（2.5砖）等，还可结合侧砌做成180、300、420mm等厚度。

砌块砌体为建筑工厂化、机械化、加快建设速度、减轻结构自童开辟了新的途径。我国目前采用最多的是混凝土小型空心砌块砌体。

石砌体的类型有料石砌体、毛石砌体和毛石混凝土砌体。

2. 配筋砌体

为了提高砌体的承载力和减小构件尺寸，可在砌体内配置适当的钢筋形成配筋砌体。配筋砌体有网状配筋砖砌体［图 19-1（a）］、砖砌体和钢筋混凝土面层或钢筋砂浆面层形成的组合砖砌体［图 19-1（b）］、砖砌体和钢筋混凝土构造柱形成的组合墙［图 19-1（c）］及配筋砌块砌体剪力墙结构［图 19-1（d）］等。

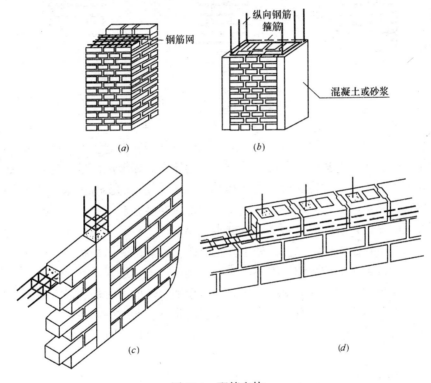

图 19-1　配筋砌体

（a）配筋砖砌体；（b）组合砖砌体；（c）组合墙；（d）配筋砌块砌体剪力墙

三、砌体的力学性能

1. 砌体的抗压性能

在工程中，砌体主要用于承压，受拉、受弯、受剪的情况很少遇到。

如图 19-2 所示，砌体轴心受压时，自加载受力起，到破坏为止，大致经历三个阶段：

从开始加载到个别砖出现裂缝为第Ⅰ阶段［图 19-2（a）］。出现第一条（或第一批）裂缝时的荷载，约为破坏荷载的 0.5 ~ 0.7 倍。这一阶段的特点是：荷载如不增加，裂缝不会继续扩展或增加。继续增加荷载，砌体即进入第Ⅱ阶段。此时，随着荷载不断增加，原有裂缝不断扩展，同时产生新的裂缝，这些裂缝彼此相连并和垂直灰缝连起来形成条缝，逐渐将砌体分裂成一个个单独的半砖小柱［图 19-2（b）］。当荷载达到破坏荷载的 0.8～0.9 倍时，如再增加荷载，裂缝将迅速开展，单独的半砖小柱朝侧向鼓出，砌体发生明显的横向变形而处于松散状态，以至最终丧失承载能力而破坏［图 19-2（c）］，这一阶段为第Ⅲ阶段。

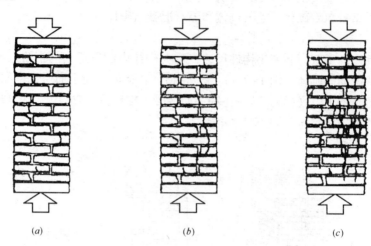

（a）   （b）   （c）

图 19-2　砌体轴心受压的破坏过程

试验表明，砌体中的砖块在荷载尚不大时即已出现竖向裂缝，即砌体的抗压强度远小于砖的抗压强度。通过观察研究发现，轴心受压砌体在总体上虽然是均匀受压状态，但砖在砖体内侧不仅受压，同时还受弯、受剪和受拉，处于复杂的受力状态。产生这种现象的原因是：砂浆铺砌不匀，有薄有厚，砖不能均匀地压在砂浆层上；砂浆层本身不均匀，砂子较多的部位收缩小，凝固后的砂浆层就会出现突起点；砖表面不平整，砖与砂浆层不能全面接触。因此砖在砌体中实际上是处于受弯、受剪和局部受压的状态。此外，因砂浆的横向变形比砖大，由于粘结力和摩擦力的影响，砌体内的砖还同时受拉。

由以上分析可知，砌体中的块材（砖）处于压缩、弯曲、剪切、局部受压、横向拉伸等复杂受力状态，而块材的抗弯、抗剪、抗拉强度很低，所以砌体在远小于块材的抗压强度时出现了裂缝。随着荷载的增加，裂缝不断扩展，使砌体形成半砖小柱，最后丧失承载能力。

2. 影响砌体抗压强度的因素

（1）块材和砂浆的强度

块材和砂浆的强度是影响砌体强度的重要因素，其中块材的强度又是最主要的因素。应当指出，砂浆强度过低将加大块材与砂浆横向变形的差异，对砌体抗压强度不利。但是单纯提高砂浆强度并不能使砌体抗压强度有很大提高，因为影响砌体抗压强度的主要因素是块材的强度等级，块材与砂浆横向变形的差异还不是主要的因素，所以采用提高砂浆强度等级来提高砌体强度的做法，不如用提高块材的强度等级更有效。

（2）块材的尺寸和形状

增加块材的厚度可提高砌体强度，因为块材厚度的提高可以增大其抗弯、抗剪能力。块材形状的规则与否也直接影响砌体的抗压强度。块材表面不平、形状不整，在压力作用下其弯、剪应力都将增大，会使砌体的抗压强度降低。

（3）砂浆铺砌时的流动性

砂浆的流动性大，容易铺成均匀、密实的灰缝，可减小块材的弯、剪应力，因而可以提高砌体强度。但当砂浆的流动性过大时，硬化受力后的横向变形也大，砌体强度反而降低。因此砂浆除应具有符合要求的流动性外，也要有较高的密实性。

（4）砌筑质量

砌筑质量也是影响砌体抗压强度的重要因素。在砌筑质量中，水平灰缝是否均匀饱满对砌体强度的影响较大。一般要求水平灰缝的砂浆饱满度不得小于 80%。

第二节　砌体结构的计算方法和计算指标

一、砌体结构的计算方法

砌体结构与混凝土结构相同，也采用以概率理论为基础的极限状态法。砌体结构按承载能力极限状态设计时，应按式（15-6）、式（15-7）中最不利组合进行计算。除应按承载能力极限状态设计外，砌体结构还应满足正常使用极限状态的要求。不过，在一般情况下，砌体结构正常使用极限状态的要求可以由相应的构造措施予以保证。

二、砌体的计算指标

1. 砌体的抗压强度标准值

砌体的抗压强度是随机变量，具有较大的离散性。砌体的抗压强度标准值，是具有95% 保证率的抗压强度值，按砌体的抗压强度平均值减 1.645 倍标准差确定。各类砌体的抗压强度标准值，可在《砌体结构设计规范》中查表得到。

2. 砌体的抗压强度设计值

砌体的抗压强度设计值为砌体抗压强度的标准值除以砌体的材料性能分项系数 γ_f。砌体材料性能分项系数是根据对可靠度的分析确定的。一般情况下，宜按施工控制等级为 B 级考虑，取 $\gamma_f = 1.6$；当为 C 级时，取 $\gamma_f = 1.8$。

龄期为 28d 以毛截面计算的各类砌体抗压强度设计值，当施工质量控制等级为 B 级时，应根据块体和砂浆的强度等级按表 19-2 ~ 表 19-7 采用。

烧结普通砖和烧结多孔砖砌体的抗压强度设计值（MPa）　　　　表 19-2

砖强度等级	砂浆强度等级					砂浆强度
	M15	M10	M7.5	M5	M2.5	0
MU30	3.94	3.27	2.93	2.59	2.26	1.15
MU25	3.60	2.98	2.68	2.37	2.06	1.05
MU20	3.22	2.67	2.39	2.12	1.84	0.94
MU15	2.79	2.31	2.07	1.83	1.60	0.82
MU10	—	1.89	1.69	1.50	1.30	0.67

蒸压灰砂砖和蒸压粉煤灰砖砌体的抗压强度设计值（MPa）　　表 19-3

砖强度等级	砂浆强度等级				砂浆强度
	M15	M10	M7.5	M5	0
MU25	3.60	2.98	2.68	2.37	1.05
MU20	3.22	2.67	2.39	2.12	0.94
MU15	2.79	2.31	2.07	1.83	0.82
MU10	—	1.89	1.69	1.50	0.67

单排孔混凝土和轻骨料混凝土砌块砌体的抗压强度设计值（MPa）　　表 19-4

砌块强度等级	砂浆强度等级				砂浆强度
	Mb15	Mb10	Mb7.5	Mb5	0
MU20	5.68	4.95	4.44	3.94	2.33
MU15	4.61	4.02	3.61	3.20	1.89
MU10	—	2.79	2.50	2.22	1.31
MU7.5	—	—	1.93	1.71	1.01
MU5	—	—	—	1.19	0.70

注：1. 对错孔砌筑的砌体，应按表数值乘以 0.8；

　　2. 对独立柱或厚度为双排组砌的砌块砌体，应按表数值乘以 0.7；

　　3. 对 T 形截面砌体，应按表中数值乘以 0.85；

　　4. 表中轻骨料混凝土砌块为煤矸石和水泥煤渣混凝土砌块。

孔洞率≤35%的双排孔或者多排孔轻骨料混凝土砌块砌体的抗压强度设计值（MPa）　　表 19-5

砌块强度等级	砂浆强度等级			砂浆强度
	Mb10	Mb7.5	Mb5	0
MU10	3.08	2.76	2.45	1.44
MU7.5	—	2.13	1.88	1.12
MU5	—	—	1.31	0.78

注：1. 表中的砌块为火山渣、浮石和陶粒轻骨料混凝土砌块；

　　2. 对厚度方向为双排组砌的轻骨料混凝土砌块砌体的抗压强度设计值，应按表数值乘以 0.8。

毛石砌体的抗压强度设计值（MPa）　　表 19-6

毛石强度等级	砂浆强度等级			砂浆强度
	M7.5	M5	M2.5	0
MU100	1.27	1.12	0.98	0.34
MU80	1.13	1.00	0.87	0.30
MU60	0.98	0.87	0.76	0.26
MU50	0.90	0.80	0.69	0.23
MU40	0.80	0.71	0.62	0.21
MU30	0.69	0.61	0.53	0.18
MU20	0.56	0.51	0.44	0.15

块体高度为 180～350mm 的毛料石砌体的抗压强度设计值（MPa） 表 19-7

毛料石强度等级	砂浆强度等级			砂浆强度
	M7.5	M5	M2.5	0
MU100	5.42	4.80	4.18	2.13
MU80	4.85	4.29	3.73	1.91
MU60	4.20	3.71	3.23	1.65
MU50	3.83	3.39	2.95	1.51
MU40	3.43	3.04	2.64	1.35
MU30	2.97	2.63	2.29	1.17
MU20	2.42	2.15	1.87	0.95

注：对下列各类料石砌体，应按表中数值分别乘以系数：干砌勾缝石砌体 0.8；细料石砌体 1.5；半细料石砌体 1.3；粗料石砌体 1.2。

3. 砌体强度设计值的调整系数

下列情况的各类砌体，其砌体强度设计值应乘以调整系数 γ_a：

（1）有吊车房屋砌体、跨度不小于 9m 的梁下烧结普通砖砌体、跨度不小于 7.5m 的梁下烧结多孔砖、蒸压灰砂砖、蒸压粉煤灰砖砌体、混凝土和轻骨料混凝土砌块砌体，γ_a 为 0.9；

（2）对无筋砌体构件，其截面面积小于 0.3m² 时，γ_a 为其截面面积（按 m² 计）加 0.7；

（3）当砌体用水泥砂浆砌筑时，对表 19-2～表 19-7 中的数值，γ_a 为 0.9；

当施工质量控制等级为 C 级时，γ_a 为 0.89；

当验算施工中房屋的构件时，γ_a 为 1.1。

第三节　受压构件的计算

无筋砌体在轴心压力作用下，砌体在破坏阶段截面的应力是均匀分布的，如图 19-3 (a) 所示。当轴向压力偏心距较小时 [图 19-3 (b)]，截面虽全部受压，但应力分布不均匀，破坏将发生在压应力较大的一侧，且破坏时该侧边缘压应力较轴心受压破坏时的应力稍大。当轴向力的偏心距进一步增大时，受力较小边将出现拉应力 [图 19-3 (c)]，此时如应力未达到砌体的通缝抗拉强度，受拉边不会开裂。如偏心距再增大 [图 19-3 (d)]，受拉侧将较早开裂，此时只有砌体局部的受压区压应力与轴向力平衡。

砌体虽然是个整体，但由于有水平砂浆层且灰缝数量较多，使砌体的整体性受到影响，所以纵向弯曲对构件承载力的影响较其他整体构件（如素混凝土构件）显著。此外，对于偏心受压构件，还必须考虑在偏心压力作用下附加偏心距的增大和截面塑性变形等因素的影响。规范在试验研究的基础上，确定把轴向力偏心距和构件的高厚比对受压构件承载力的影响采用同一系数 φ 来考虑；而轴心受压构件则可视为偏心受压构件的特例，即

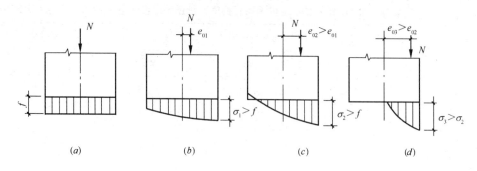

图 19-3　无筋砌体的受压

视轴心受压构件为偏心距 $e = 0$ 的偏心受压构件，因此砌体受压构件的承载力（包括轴心受压与偏心受压）即可按下式计算：

$$N \leqslant \varphi f A \tag{19-1}$$

式中　N——轴向力设计值；

　　　φ——高厚比 β 和轴向力的偏心距 e 对受压构件承载力的影响系数，按表 19-9 采用；

　　　e——轴向力的偏心距，按荷载设计值计算，并不应超过 $0.6y$（y 为截面重心到轴向力所在偏心方向截面边缘的距离）；

　　　f——砌体抗压强度设计值；

　　　A——截面面积，对各类砌体均可按毛截面计算；对带壁柱墙计算截面翼缘宽度 b_f（图 19-4），可按下列规定采用：

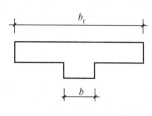

图 19-4　带壁柱墙截面

　　　　　　多层房屋，当有门窗洞口时，可取窗间墙宽度；当无门窗洞口时，每侧翼墙宽度可取壁柱高度的1/3；

　　　　　　单层房屋，可取壁柱宽加 2/3 墙高，但不大于窗间墙宽度和相邻壁柱间距离；

　　　　　　计算带壁柱墙的条形基础时，可取相邻壁柱间的距离。

　　　　　　墙、柱的高厚比 β 是衡量砌体长细程度的指标，它等于墙、柱计算高度 H_0 与其厚度之比，即：

对矩形截面　　　　　　　$$\beta = \gamma_\beta \frac{H_0}{h} \tag{19-2}$$

对 T 形截面　　　　　　　$$\beta = \gamma_\beta \frac{H_0}{h_T} \tag{19-3}$$

式中　H_0——受压构件的计算高度，按表 19-12 采用；

　　　γ_β——不同砌体材料的高厚比修正系数，按表 19-8 采用；

　　　h——矩形截面轴向力偏心方向的边长，当轴心受压时为截面较小边长；

　　　h_T——T 形截面折算厚度，可近似取 $3.5i$ 计算；

　　　i——T 形截面的惯性矩，$i = \sqrt{\dfrac{I}{A}}$；

　　对矩形截面构件，当轴向力偏心方向截面边长大于另一方向边长时，除按偏心受压计算外，还应对较小边长方向按轴心受压验算。

<table>
<tr><td colspan="5" align="center">高厚比修正系数 γ_β</td><td align="right">表 19-8</td></tr>
</table>

砌体材料类别	γ_β	砌体材料类别	γ_β
烧结普通砖、烧结多孔砖	1.0	蒸压灰砂砖、蒸压粉煤灰砖、细料石、半细料石	1.2
混凝土及轻骨料混凝土砌块	1.1	粗料石、毛石	1.5

注：对灌孔混凝土砌块，γ_β 取 1.0

【例 19-1】 砖柱截面为 490mm × 370mm，采用强度等级为 MU10 的黏土砖及 M5 的混合砂浆砌筑，柱计算高度 $H_0 = 5$m，承受轴心压力设计值为 170kN（包括柱自重）。试验算柱底截面强度。

【解】

（1）确定砌体抗压强度设计值

由 MU10 砖和 M5 混合砂浆查表 19-2，得砌体抗压强度设计值 $f = 1.5$MPa（N/mm²）。截面面积 $A = 0.49 \times 0.37 = 0.18 < 0.3$m²，则砌体强度设计值应乘以调整系数

$$\gamma_a = A + 0.7 = 0.88$$

（2）计算构件的承载力影响系数

查表 19-8 高厚比修正系数，$\gamma_\beta = 1$

由 $\beta = \dfrac{H_0}{h} = \dfrac{5000}{370} = 13.5$，以及 $\dfrac{e}{h} = 0$，查表 19-9，得影响系数 $\varphi = 0.782$

（3）验算砖柱承载力

$$\varphi\gamma_a f A = 187145 > 170000\text{N}$$

经验算，柱底截面安全。

高厚比 β 和轴向力的偏心距 e 对受压构件承载力的影响系数

I 影响系数 φ（砂浆强度等级 ≥ M5） 表 19-9

β	$\dfrac{e}{h}$ 或 $\dfrac{e}{h_T}$					
	0	0.025	0.05	0.075	0.1	0.125	0.15
≤3	1	0.99	0.97	0.94	0.89	0.84	0.79
4	0.98	0.95	0.90	0.85	0.80	0.74	0.69
6	0.95	0.91	0.86	0.81	0.75	0.69	0.64
8	0.91	0.86	0.81	0.76	0.70	0.64	0.59
10	0.87	0.82	0.76	0.71	0.65	0.60	0.55
12	0.82	0.77	0.71	0.66	0.60	0.55	0.51
14	0.77	0.72	0.66	0.61	0.56	0.51	0.47
16	0.72	0.67	0.61	0.56	0.52	0.47	0.44
18	0.67	0.62	0.57	0.52	0.48	0.43	0.40
20	0.62	0.57	0.53	0.48	0.44	0.40	0.37
22	0.58	0.53	0.49	0.45	0.41	0.38	0.35
24	0.54	0.49	0.45	0.41	0.38	0.35	0.32
26	0.50	0.46	0.42	0.38	0.35	0.33	0.30
28	0.46	0.42	0.39	0.36	0.33	0.30	0.28
30	0.42	0.39	0.36	0.33	0.31	0.28	0.26

β	$\dfrac{e}{h}$ 或 $\dfrac{e}{h_T}$					
	0.175	0.2	0.225	0.25	0.275	0.3
≤3	0.73	0.68	0.62	0.57	0.52	0.48
4	0.64	0.58	0.53	0.49	0.45	0.41
6	0.59	0.54	0.49	0.45	0.42	0.38
8	0.54	0.50	0.46	0.42	0.39	0.36
10	0.50	0.46	0.42	0.39	0.36	0.33
12	0.47	0.43	0.39	0.36	0.33	0.31
14	0.43	0.40	0.36	0.34	0.31	0.29
16	0.40	0.37	0.34	0.31	0.29	0.27
18	0.37	0.34	0.31	0.29	0.27	0.25
20	0.34	0.32	0.29	0.27	0.25	0.23
22	0.32	0.30	0.27	0.25	0.24	0.22
24	0.30	0.28	0.26	0.24	0.22	0.21
26	0.28	0.26	0.24	0.22	0.21	0.19
28	0.26	0.24	0.22	0.21	0.19	0.18
30	0.24	0.22	0.21	0.20	0.18	0.17

Ⅱ影响系数 φ（砂浆强度等级 M2.5）

β	$\dfrac{e}{h}$ 或 $\dfrac{e}{h_T}$					
	0	0.025	0.05	0.075	0.1	0.125	0.15
≤3	1	0.99	0.97	0.94	0.89	0.84	0.79
4	0.97	0.94	0.89	0.84	0.78	0.73	0.67
6	0.93	0.89	0.84	0.78	0.73	0.67	0.62
8	0.89	0.84	0.78	0.72	0.67	0.62	0.57
10	0.83	0.78	0.72	0.67	0.61	0.56	0.52
12	0.78	0.72	0.67	0.61	0.56	0.52	0.47
14	0.72	0.66	0.61	0.56	0.51	0.47	0.43
16	0.66	0.61	0.56	0.51	0.47	0.43	0.40
18	0.61	0.56	0.51	0.47	0.43	0.40	0.36
20	0.56	0.51	0.47	0.43	0.39	0.36	0.33
22	0.51	0.47	0.43	0.39	0.36	0.33	0.31
24	0.46	0.43	0.39	0.36	0.33	0.31	0.28
26	0.42	0.39	0.36	0.33	0.31	0.28	0.26
28	0.39	0.36	0.33	0.30	0.28	0.26	0.24
30	0.36	0.33	0.30	0.28	0.26	0.24	0.22

β	$\dfrac{e}{h}$ 或 $\dfrac{e}{h_T}$					
	0.175	0.2	0.225	0.25	0.275	0.3
≤3	0.73	0.68	0.62	0.57	0.52	0.48
4	0.62	0.57	0.52	0.48	0.44	0.40
6	0.57	0.52	0.48	0.44	0.40	0.37
8	0.52	0.48	0.44	0.40	0.37	0.34
10	0.47	0.43	0.40	0.37	0.34	0.31
12	0.43	0.40	0.37	0.34	0.31	0.29
14	0.40	0.36	0.34	0.31	0.29	0.27
16	0.36	0.34	0.31	0.29	0.26	0.25
18	0.33	0.31	0.29	0.26	0.24	0.23
20	0.31	0.28	0.26	0.24	0.23	0.21
22	0.28	0.26	0.24	0.23	0.21	0.20
24	0.26	0.24	0.23	0.21	0.20	0.18
26	0.24	0.22	0.21	0.20	0.18	0.17
28	0.22	0.21	0.20	0.18	0.17	0.16
30	0.21	0.20	0.18	0.17	0.16	0.15

Ⅲ 影响系数 φ（砂浆强度 0）

β	$\dfrac{e}{h}$ 或 $\dfrac{e}{h_T}$						
	0	0.025	0.05	0.075	0.1	0.125	0.15
≤3	1	0.99	0.97	0.94	0.89	0.84	0.79
4	0.87	0.82	0.77	0.71	0.66	0.60	0.55
6	0.76	0.70	0.65	0.59	0.54	0.50	0.46
8	0.63	0.58	0.54	0.49	0.45	0.41	0.38
10	0.53	0.48	0.44	0.41	0.37	0.34	0.32
12	0.44	0.40	0.37	0.34	0.31	0.29	0.27
14	0.36	0.33	0.31	0.28	0.26	0.24	0.23
16	0.30	0.28	0.26	0.24	0.22	0.21	0.19
18	0.26	0.24	0.22	0.21	0.19	0.18	0.17
20	0.22	0.20	0.19	0.18	0.17	0.16	0.15
22	0.19	0.18	0.16	0.15	0.14	0.14	0.13
24	0.16	0.15	0.14	0.13	0.13	0.12	0.11
26	0.14	0.13	0.13	0.12	0.11	0.11	0.10
28	0.12	0.12	0.11	0.11	0.10	0.10	0.09
30	0.11	0.10	0.10	0.09	0.09	0.09	0.08

β	$\dfrac{e}{h}$或$\dfrac{e}{h_{\mathrm{T}}}$					
	0.175	0.2	0.225	0.25	0.275	0.3
≤3	0.73	0.68	0.62	0.57	0.52	0.48
4	0.51	0.46	0.43	0.39	0.36	0.33
6	0.42	0.39	0.36	0.33	0.30	0.28
8	0.35	0.32	0.30	0.28	0.25	0.24
10	0.29	0.27	0.25	0.23	0.22	0.20
12	0.25	0.23	0.21	0.20	0.19	0.17
14	0.21	0.20	0.18	0.17	0.16	0.15
16	0.18	0.17	0.16	0.15	0.14	0.13
18	0.16	0.15	0.14	0.13	0.12	0.12
20	0.14	0.13	0.12	0.12	0.11	0.10
22	0.12	0.12	0.11	0.10	0.10	0.09
24	0.11	0.10	0.10	0.09	0.09	0.08
26	0.10	0.09	0.09	0.08	0.08	0.07
28	0.09	0.08	0.08	0.08	0.07	0.07
30	0.08	0.07	0.07	0.07	0.07	0.06

第四节　局部受压的计算

一、局部均匀受压的计算

压力仅作用在砌体的部分面积上的受力状态称为局部受压。如在砌体局部受压面积上的压应力呈均匀分布时，则称为砌体的局部均匀受压，如图 19-5 所示。

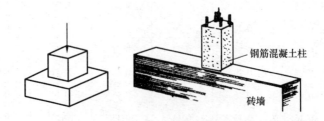

钢筋混凝土柱

砖墙

图 19-5　砌体的局部均匀受压

直接位于局部受压面积下的砌体，因其横向应变受到周围砌体的约束，所以该受压面上的砌体局部抗压强度比砌体的抗压强度高。但由于作用于局部面积上的压力很大，如不准确进行验算，则有可能成为整个结构的薄弱环节而造成破坏。

砌体受局部均匀压力时的承载力按下式计算：

$$N_l \leqslant \gamma f A_l \qquad (19\text{-}4)$$

式中　N_l——局部受压面积上轴向力设计值；

　　　γ——砌体局部抗压强度提高系数；

　　　A_l——局部受压面积；

　　　f——砌体抗压强度设计值，可不考虑强度调整系数 γ_a 的影响。

砌体的局部抗压强度提高系数 γ 按下式计算：

$$\gamma = 1 + 0.35 \sqrt{\frac{A_0}{A_l} - 1} \qquad (19\text{-}5)$$

式中　A_0——影响砌体局部抗压强度的计算面积，按下列规定采用（图 19-6）：

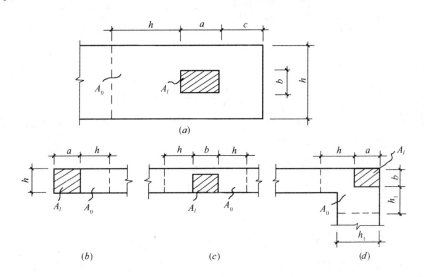

图 19-6　影响局部抗压强度的面积

1）图 19-6（a）　　$A_0 = (a + c + h) h$；

2）图 19-6（b）　　$A_0 = (a + h) h$；

3）图 19-6（c）　　$A_0 = (b + 2h) h$；

4）图 19-6（d）　　$A_0 = (a + h) h + (b + h_1 - h) h_1$。

其中，a、b——矩形局部受压面积山的边长；

　　　h、h_1——墙厚或柱的较小边长。

　　　c——矩形局部受压面积的外边缘至构件边缘的较小距离，当大于 h 时，应取为 h。

按公式（19-5）计算所得的砌体局部抗压强度提高系数还尚应符合下列规定：

1）在图 19-6（a）的情况下，　　$\gamma \leqslant 2.5$；

2）在图 19-6（b）的情况下，　　$\gamma \leqslant 1.25$；

3）在图 19-6（c）的情况下，　　$\gamma \leqslant 2.0$；

4）在图 19-6（d）的情况下，　　$\gamma \leqslant 1.5$；

5）对多孔砖砌体和按《砌体结构设计规范》第6.2.13条的要求灌孔的砌块砌体，在第1）、3）、4）款情况下，尚应符合 $\gamma \leqslant 1.5$；未灌孔混凝土砌块砌体，$\gamma = 1.0$。

二、梁端支承处砌体局部受压的计算

如图19-7所示，当梁端支承处砌体局部受压时，其压应力的分布是不均匀的。同时，由于梁端存在转角，梁的有效支承长度可能小于梁的实际支承长度。

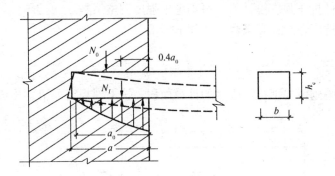

图 19-7　梁端支承处砌体的局部受压

梁端支承处砌体局部受压计算中，除应考虑由梁传来的荷载外，还应考虑局部受压面积上由上部荷载产生的轴向力，但由于支座下砌体被压缩，致使梁端顶部与上部砌体脱开，而形成内拱作用，所以计算时应对上部传下的荷载作适当折减。

梁端支承处砌体的局部受压承载力应按下式计算：

$$\psi N_0 + N_l \leqslant \eta \gamma f A_l \tag{19-6}$$

式中　ψ——上部荷载的折减系数，$\psi = 1.5 - 0.5 \dfrac{A_0}{A_l}$，当 $\dfrac{A_0}{A_l} \geqslant 3$ 时，取 $\psi = 0$；

N_0——局部受压面积内上部轴向力设计值，$N_0 = \sigma_0 A_l$，σ_0 为上部平均压应力设计值；

N_l——梁端支承压力设计值；

η——梁端底面压应力图形的完整系数，一般可取 0.7，对于过梁和墙梁可取 1.0；

A_l——局部受压面积，$A_l = a_0 b$，b 为梁宽，a_0 为梁端有效支承长度；

其余符号意义同前。

当支承在砌体上时，梁端有效支承长度可按下式计算：

$$a_0 = 10\sqrt{\dfrac{h_c}{f}} \tag{19-7}$$

式中　a_0——梁端有效支承长度，（mm），当 $a_0 > a$ 时，应取 $a_0 = a$；

a——梁端实际支承长度，（mm）；

h_c——梁的截面高度，（mm）；

f——砌体的抗压强度设计值，（MPa）。

三、梁端设有刚性垫块时砌体局部受压的计算

为提高梁端下砌体的承载力，可在梁或屋架的支座下设置垫块，以保证支座下砌体的安全。图 19-8 表示壁柱上设有垫块的梁端局部受压。

当梁端下设有预制刚性垫块时，垫块下砌体的局部受压承载力应按下式计算：

$$N_0 + N_l \leq \varphi \gamma_1 f A_b \tag{19-8}$$

式中　N_0——垫块面积 A_b 内上部轴向力设计值，$N_0 = \sigma_0 A_b$；

φ——垫块上 N_0 及 N_l 合力的影响系数（N_l 的作用点可近似取距砌体内侧 $0.4a_0$ 处），应采用表 19-9 中 $\beta \leq 3$ 时的 φ 值；

γ_1——垫块外砌体面积的有利影响系数，$\gamma_1 = 0.8\gamma$，但不小于 1.0。γ 为砌体局部抗压强度提高系数，按公式（19-5）以 A_b 代替 A_l 计算得出；

A_b——垫块面积，$A_b = a_b b_b$，a_b 为垫块伸入墙内的长度，b_b 为垫块的宽度。

刚性垫块的高度不宜小于 180mm，自梁边算起的垫块挑出长度不宜大于垫块的高度 t_b。当在带壁柱墙的壁柱内设有垫块时（图 19-8），其计算面积应取壁柱面积，不应计算翼缘部分，同时壁柱上垫块伸入翼墙内的长度不应小于 120mm。

现浇钢筋混凝土梁也可采用与梁端现浇成整体的刚性垫块，如图 19-9 所示。计算方法同预制刚性垫块。

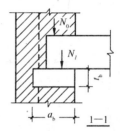

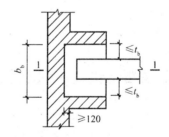

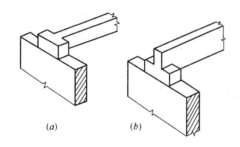

图 19-9　现浇整体垫块

图 19-8　设有垫块时
梁端的局部受压

梁端设有刚性垫块时，梁端有效支承长度 a_0 应按下式确定：

$$a_0 = \delta_1 \sqrt{\frac{h}{f}} \tag{19-9}$$

式中　δ_1——刚性垫块的影响系数，可按表 19-10 采用。

系数 δ_1 值表　　　　　　　　　　　　　　　　　表 19-10

σ_0/f	0	0.2	0.4	0.6	0.8
δ_1	5.4	5.7	6.0	6.9	7.8

【例 19-2】 如图 19-10 所示，钢筋混凝土柱（截面 200mm × 240mm）支承在砖墙上，墙厚 240mm，采用 MU10 黏土砖及 M2.5 混合砂浆砌筑，柱传至墙的轴向力设计值

$N = 90$kN，试进行砌体局部受压验算。

【解】 按公式（19-4）验算

局部受压面积 $A_l = 200 \times 240 = 48000$（mm²）

影响砌体局部抗压强度的计算面积按图 19-6（c）计算，

$$A_0 = (b + 2h)h = (200 + 2 \times 240) \times 240 = 163200(\text{mm}^2)$$

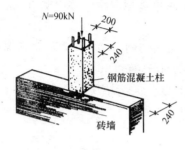

N=90kN

钢筋混凝土柱

砖墙

图 19-10

砌体局部抗压强度提高系数：

$$\gamma = 1 + 0.35\sqrt{\frac{A_0}{A_1} - 1} = 1.54 < 2.0$$

由表 19-2 查得砖砌体抗压强度设计值 $f = 1.3$N/mm²，则由公式（19-4）得：

$$\gamma f A_l = 1.54 \times 1.30 \times 48000 = 96096 = 96.1 > 90\text{kN}$$

符合要求。

【例 19-3】 验算如图 19-11 所示梁端下砌体局部受压承载力。已知梁截面 200mm × 550mm，梁端实际支承长度 a = 240mm，荷载设计值产生的梁端支承压力 $N_l = 80$kN，梁底墙体截面由上部荷载设计值产生的轴向力 $N_s = 165$kN，窗间墙截面 1200mm × 370mm，采用 MU10 黏土砖和 M2.5 混合砂浆砌筑。

【解】 梁端支承处砌体局部受压承载力应按公式（19-6）计算，即：

$$\psi N_0 + N_l \leqslant \eta \gamma f A_l$$

由表 19-2 查得 $f = 1.30$N/mm²。

梁端底面压应力图形完整性系数：$\eta = 0.7$。

梁端有效支承长度：

$$a_0 = 10\sqrt{\frac{h_c}{f}} = 10\sqrt{\frac{550}{1.30}}$$

$$= 205.7(\text{mm}) < a = 240(\text{mm})$$

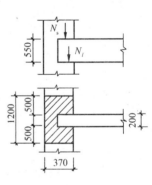

图 19-11

梁端局部受压面积：$A_l = a_0 b = 205.7 \times 200 = 41137$（mm²）

由图 19-6（c），影响砌体局部抗压强度的计算面积：

$$A_0 = (b + 2h)h = (200 + 2 \times 370) \times 370 = 247800(\text{mm}^2)$$

砌体局部抗压强度提高系数：

$$\gamma = 1 + 0.35\sqrt{\frac{A_0}{A_1} - 1} = 1.96 < 2,\text{取 } \gamma = 1.96$$

由于上部轴向力设计值 N_s 作用在整个窗间墙上，故上部平均压应力设计值为：

$$\sigma_0 = \frac{165000}{370 \times 1200} = 0.37(\text{N/mm}^2)$$

则局部受压面积内上部轴向力设计值为：
$$N_0 = \sigma_0 A_l = 0.37 \times 41137 = 15220(\text{N}) = 15.22(\text{kN})$$

上部荷载的折减系数 $\psi = 1.5 - 0.5\dfrac{A_0}{A_l}$

由 $\dfrac{A_0}{A_l} = \dfrac{347800}{41137} = 8.45 > 3$，故取 $\psi = 0$

则 $\eta\gamma f A_l = 0.7 \times 1.96 \times 1.30 \times 41137 = 73222N = 73.22$（kN）$< \psi N_0 + N_l$

经验算，不符合局部抗压承载力的要求，不安全。

第五节　房屋的空间工作和静力计算方案

一、房屋的空间工作

　　混合结构通常指用不同材料的构件所组成的房屋，是由多种构件组成的整体，主要是指楼（屋）盖用钢筋混凝土，墙体及基础采用砖、石砌体建造的单层或多层房屋。一般民用建筑如住宅、宿舍、办公楼、学校、商店、食堂、仓库等以及各种中小型工业建筑都可采用混合结构。

　　进行墙体内力分析时，首先要确定计算简图。图 19-13 所示为一混合结构的单层房屋，由屋盖、墙体、基础构成承重骨架，它们共同工作，承受作用在房屋上的垂直荷载和水平荷载。当外墙窗口为均匀排列时，如图 19-13（a）所示，且作用于房屋上的荷载为均匀分布，则在两个窗口中间截取一个单元，由这个单元来代表整个房屋，这个单元称为计算单元。

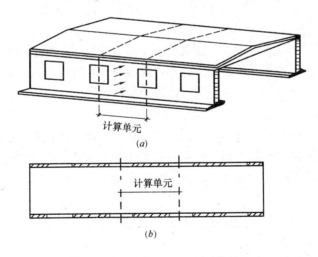

计算单元

(a)

计算单元

(b)

图 19-13　混合结构房屋的计算单元

　　混合结构房屋中的墙、柱，承担着屋盖或楼盖传来的垂直荷载以及由墙面或屋盖传来的水平荷载（如风荷载），在水平荷载及偏心竖向荷载作用下，墙、柱顶端将产生水平位移。而混合结构的纵、横墙以及屋盖是互相关联、制约的整体，在荷载作用下，每一局部构件不能单独变形，因此在静力分析中必须考虑房屋的空间工作。

根据试验研究，房屋的空间工作性能，主要取决于屋盖水平刚度和横墙间距的大小。当屋盖或楼盖的水平刚度大，同时横墙间距小时，则房屋空间刚度大，在水平荷载或偏心竖向荷载作用下，水平位移很小，甚至可以忽略不计；当屋盖或楼盖水平刚度较小，横墙间距较大时，房屋空间刚度较小，其水平位移就必须考虑。

二、房屋的静力计算方案

《砌体结构设计规范》规定，房屋的静力计算，根据房屋的空间工作性能，分为刚性方案、刚弹性方案和弹性方案。

1. 刚性方案

当横墙间距较小、屋盖与楼盖的水平刚度较大时，则在水平荷载作用下，房屋的水平位移很小，在确定房屋的计算简图时，可将屋盖或楼盖视为纵墙或柱的不动铰支承，即忽略房屋的水平位移 [图 19-14 (a)]，这种房屋称为刚性方案房屋。一般多层住宅、办公楼、宿舍以及长度较小的单层厂房、食堂等均为刚性方案房屋。

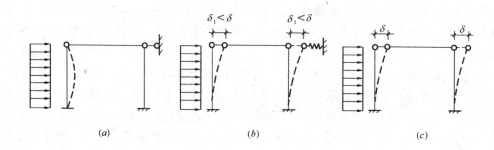

图 19-14　混合结构房屋的计算简图

2. 弹性方案

当房屋的横墙间距较大，屋盖与楼盖的水平刚度较小时，房屋的空间刚度较弱，则在水平荷载作用下，房屋的水平位移较大，不可忽略，计算时把楼盖或屋盖视为与墙、柱铰接，即按平面排架计算 [图 19-14 (c)]，这种房屋称为弹性方案房屋。

3. 刚弹性方案

这是介于刚性和弹性两种方案之间的房屋，其屋盖及楼盖具有一定的水平刚度，横墙间距不太大，能起一定的空间作用，在水平荷载作用下，其水平位移较弹性方案的水平位移小，这种房屋称为刚弹性方案房屋。计算时按横梁（屋盖或楼盖）具有弹性支承的平面排架计算 [图 19-14 (b)]。

根据上述原则，砌体规范将屋盖或楼盖按刚度划分为三种类型，并依据房屋的横墙间距来确定其计算方案，见表 19-11。

从表 19-11 可以看出，确定静力计算方案时，屋盖或楼盖的类别是主要因素之一，在屋盖或楼盖的类型确定后，横墙间距就是重要条件。

刚性和刚弹性方案房屋的横墙应符合下列要求：

（1）横墙中开有洞口时，洞口的水平截面面积不应超过横墙截面面积的 50%。

（2）横墙的厚度不宜小于 180mm。

	屋盖或楼盖类别	刚性方案	刚弹性方案	弹性方案
1	整体式、装配整体式和装配式无檩体系钢筋混凝土屋盖或钢筋混凝土楼盖	$s < 32$	$32 \leqslant s \leqslant 72$	$s > 72$
2	装配式有檩体系钢筋混凝土屋盖、轻钢屋盖和有密铺望板的木屋盖或木楼盖	$s < 20$	$20 \leqslant s \leqslant 48$	$s > 48$
3	瓦材屋面的木屋盖和轻钢屋盖	$s < 16$	$16 \leqslant s \leqslant 36$	$s > 36$

注：1. 表中 s 为房屋横墙间距，其长度单位为 m；

2. 对无山墙或伸缩缝处无横墙的房屋，应按弹性方案考虑；

3. 单层房屋的横墙长度不宜小于其高度，多层房屋的横墙长度不宜小于 $H/2$（H 为横墙总高度）。

当横墙不能同时符合上述三项要求时，应对横墙的刚度进行验算。如其最大水平位移值不超过横墙高度的 1/4000 时，仍可视作刚性或刚弹性方案房屋的横墙（凡符合此要求的一段横墙或其他结构构件，如框架等，均视为刚性或刚弹性方案房屋的横墙）。

第六节　墙、柱高厚比的验算

一、墙、柱的允许高厚比

高厚比系指墙、柱的计算高度 H_0 和墙厚（或柱边长）h 的比值。高厚比的验算是砌体结构一项重要的构造措施，其意义如下：

（1）保证构件不致因过于细长而在荷载作用下发生失稳破坏，使受压构件除满足强度要求外，还有足够的稳定性；

（2）通过高厚比的控制，使墙、柱在使用阶段具有足够的刚度，避免出现过大的侧向变形；

（3）保证施工中的安全。

墙、柱的计算高度 H_0 的计算见表 19-12。

表 19-12 中的构件高度 H 应按下列规定采用：

（1）在房屋底层，为楼板顶面到构件下端支点的距离。下端支点的位置可取在基础顶面。当埋置较深且有刚性地坪时，可取室外地面下 500mm 处；

（2）在房屋其他层次，为楼板或其他水平支点间的距离；

受压构件的计算高度 H_0　　　　　　　　　　表 19-12

房屋类别			柱		带壁柱墙或周边拉结的墙		
			排架方向	垂直排架方向	$s > 2H$	$2H \geqslant s > H$	$s \leqslant H$
有吊车的单层房屋	变截面柱上段	弹性方案	$2.5H_u$	$1.25H_u$		$2.5H_u$	
		刚性、刚弹性方案	$2.0H_u$	$1.25H_u$		$2.0H_u$	
	变截面柱下段		$1.0H_l$	$0.8H_l$		$1.0H_l$	

房 屋 类 别			柱		带壁柱墙或周边拉结的墙		
			排架方向	垂直排架方向	$s > 2H$	$2H \geqslant s > H$	$s \leqslant H$
无吊车的单层和多层房屋	单跨	弹性方案	1.5H	1.0H	1.5H		
		刚弹性方案	1.2H	1.0H	1.2H		
	多跨	弹性方案	1.25H	1.0H	1.25H		
		刚弹性方案	1.10H	1.0H	1.1H		
	刚性方案		1.0H	1.0H	1.0H	0.4s + 0.2H	0.6s

注：1. 表中 H_u 为变截面柱的上段高度；H_1 为变截面柱的下段高度；

2. 对于上端为自由端的构件，$H_0 = 2H$；

3. 独立砖柱，当无柱间支撑时，柱在垂直排架方向的 H_0 应按表中数值乘以 1.25 后采用；

4. s 为房屋横墙间距；

5. 自承重墙的计算高度应根据周边支承或拉接条件确定。

（3）对无壁柱的山墙，可取层高加山墙尖高度的 1/2，对带壁柱的山墙可取壁柱处山墙高度。

墙、柱的允许高厚比 $[\beta]$ 值见表 19-13。

墙、柱的允许高厚比 $[\beta]$ 值　　　　　　　　　表 19-13

砂浆强度等级	墙	柱
M2.5	22	15
M5.0	24	16
≥M7.5	26	17

注：1. 毛石墙、柱允许高厚比应按表中数值降低 20%；

2. 组合砖砌体构件的允许高厚比，可按表中数值提高 20%，但不得大于 28；

3. 验算施工阶段砂浆尚未硬化的新砌砌体高厚比时，允许高厚比对墙取 14，对柱取 11。

二、墙、柱高厚比验算

1. 矩形截面墙、柱高厚比验算

矩形截面墙、柱高厚比应按下式验算：

$$\beta = \frac{H_0}{h} \leqslant \mu_1 \mu_2 [\beta] \tag{19-10}$$

式中　H_0——墙、柱的计算高度，按表 19-12 采用；

　　　h——墙厚或矩形柱与 H_0 相对应的边长；

　　　μ_1——自承重墙允许高厚比的修正系数，对厚度 $h \leqslant 240$mm 的自承重墙 μ_1 按如下规定采用：

　　　　　当 $h = 240$mm　$\mu_1 = 1.2$；

　　　　　当 $h = 90$mm　$\mu_1 = 1.5$；

当 240mm $> h >$ 90mm μ_1 按插入法取值。

上端为自由端墙的允许高厚比，除按上述规定提高外，尚可提高 30%。

对厚度小于 90mm 的墙，当双面用不低于 M10 的水泥砂浆抹面，包括抹面层的墙厚不小于 90mm 时，可按墙厚等于 90mm 验算高厚比。

μ_2——有门窗洞口墙允许高厚比的修正系数，按下式确定：

$$\mu_2 = 1 - 0.4 \frac{b_s}{s} \tag{19-11}$$

式中 b_s——在宽度，范围内的门窗洞口总宽度；

  s——相邻窗间墙或壁柱之间的距离。

当按公式（19-11）算得 μ_2 的值小于 0.7 时，应采用 0.7。当洞口高度等于或小于墙高的 1/5 时，取 $\mu_2 = 1.0$。

砌体规范规定，当与墙连接的相邻两横墙间的距离 $s \leqslant \mu_1 \mu_2 [\beta] h$ 时，墙高可不受限制；变截面柱的高厚比可按上、下截面分别验算。验算上柱的高厚比时，墙、柱的允许高厚比可按表 19-13 的数值乘以 1.3 后采用。

2. 带壁柱墙和构造柱墙的高厚比验算

带壁柱墙和带构造柱墙体其高厚比验算分为两部分，即整片带壁柱墙和构造柱墙的高厚比验算与壁柱和构造柱间墙的高厚比验算。

整片带壁柱墙和构造柱墙的高厚比验算

（1）带壁柱墙可按公式（19-10）验算高厚比。此时公式中的 h 应改用带壁柱墙的折算厚度 h_T，折算厚度的计算及带壁柱墙翼缘宽度确定等均见第三节。在确定墙的计算高度 H_0 时，s 应取相邻横墙间的距离。

（2）带构造柱墙（当构造柱截面宽度不小于墙厚时）可按公式（19-10）验算高厚比。此时公式中的 h 取墙厚，当确定墙的计算高度 H_0 时，应取相邻横墙间的距离。墙的允许高厚比 $[\beta]$ 可乘以提高系数 μ_c：

$$\mu_c = 1 + \gamma \frac{b_c}{L} \tag{19-12}$$

式中 γ——系数。对细料石、半细料石砌体 $\gamma = 0$；对混凝土砌块、粗料石、毛料石及毛石砌体，$\gamma = 0$；其他砌体，$\gamma = 1.5$；

  b_c——构造柱沿墙长方向的宽度；

  L——构造柱的间距。

当 $\frac{b_c}{L} > 0.25$ 时，取 $\frac{b_c}{L} = 0.25$；当 $\frac{b_c}{L} < 0.25$ 时，取 $\frac{b_c}{L} = 0$。

3. 壁柱和构造柱间墙的高厚比验算

壁柱和构造柱间墙的高厚比可按公式（19-10）验算。此时，应取相邻壁柱间或构造柱间的距离。

设有钢筋混凝土圈梁的带壁柱或带构造柱墙，当 $\frac{b}{s} \geqslant \frac{1}{30}$ 时，圈梁可视作壁柱间墙或构造柱间墙的不动铰支点（b 为圈梁宽度）。这样，墙高也就降低为基础顶面至圈梁底面的高度（图 19-15）。如圈梁宽度不足，而实际条件又不允许增加圈梁宽度时，可按等刚度原则增加圈梁高度，以满足壁柱和构造柱间不动铰支点的要求。

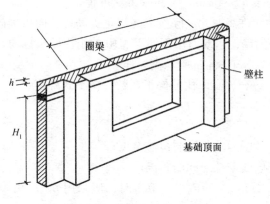

图 19-15 带壁柱墙的 β 计算

第七节 圈梁、过梁与挑梁

一、圈梁

为增强砌体结构房屋的整体刚度，防止由于地基的不均匀沉降或较大的振动荷载等对房屋引起的不利影响，应在墙体的某些部位设置现浇钢筋混凝土圈梁。

1. 圈梁的设置

多层房屋可参照下列规定设置圈梁：

（1）多层砖砌体民用房屋，如宿舍、办公楼等，且层数为 3～4 层时，宜在檐口标高处设置圈梁一道；当层数超过 4 层时，应在所有纵横墙上隔层设置。

（2）多层砌体工业房屋，应每层设置现浇钢筋混凝土圈梁。

设置墙梁的多层砌体房屋应在托梁、墙梁顶面和檐口标高处设置现浇钢筋混凝土圈梁，其他楼层处应在所有纵横墙上每层设置。

（3）采用现浇钢筋混凝土楼（屋）盖的多层砌体结构房屋，当层数超过 5 层时，除在檐口标高设置圈梁外，可隔层设置圈梁，并与楼（屋）面板一起现浇。未设圈梁的楼面板嵌入墙内的长度不应小于 120mm，并沿墙长配置不少于 $2\phi10$ 的纵向钢筋。

（4）车间、仓库、食堂等空旷的单层房屋应按下列规定设置圈梁：

1）砖砌体房屋，檐口标高为 5～8m 时，应在檐口标高处设置圈梁一道，檐口标高大于 8m 时，应增加设置数量；

2）砌块及料石砌体房屋，檐口标高为 4～5m 时，应在檐口标高处设置圈梁一道，檐口标高大于 5m 时，应增加设置数量；

3）对有吊车或较大振动设备的单层工业厂房，除在檐口或窗顶标高处设置现浇钢筋混凝土圈梁外，尚应增加设置数量。

对于建筑在软弱地基或不均匀地基上的砌体房屋，除按上述规定设置圈梁外，尚应符合现行国家标准《建筑地基基础设计规范》（GB 50007）的有关规定。

应当指出，为防止地基的不均匀沉降，以设置在基础顶面和檐口部位的圈梁最为有效。当房屋中部沉降较两端为大时，位于基础顶面的圈梁作用较大；当房屋两端沉降较中部为大时，位于槽口部位的圈梁作用较大。

2. 圈梁的构造要求

（1）钢筋混凝土圈梁的宽度宜与墙厚相同，当墙厚 $h \geqslant 240\text{mm}$ 时，其宽度不宜小于 $2h/3$，圈梁高度不应小于 120mm。纵向钢筋不宜少于 $4\phi10$，绑扎接头的搭接长度按受拉钢筋考虑，箍筋间距不宜大于 300mm。

（2）圈梁宜连续地设在同一水平面上并交圈封闭。当圈梁被门窗洞口截断时，应在洞口上部增设与截面相同的附加圈梁，附加圈梁与圈梁的搭接长度不应小于垂直间距 H 的 2 倍，且不得小于 1000mm（图 19-16）。

（3）纵横墙交接处的圈梁应有可靠的连接，可设附加钢筋予以加强（图 19-17）。刚弹性和弹性方案房屋，圈梁应与屋架、大梁等构件可靠连接。

（4）圈梁兼作过梁时，过梁部分的钢筋应按计算用量另行增配。

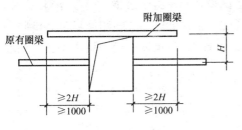

图 19-16　附加圈梁

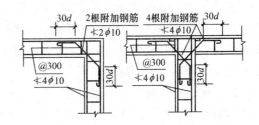

图 19-17　房屋转角及丁字交叉处圈梁构造

二、过梁

1. 过梁的构造

过梁是门窗洞口上用以承受上部墙体和楼盖传来的荷载的常用构件，有砖砌平拱、砖砌弧拱、钢筋砖过梁和钢筋混凝土过梁等（图 19-18）。

砖砌平拱的跨度不应超过 1.2m，采用竖砖砌筑，竖砖砌筑部分的高度应不小于

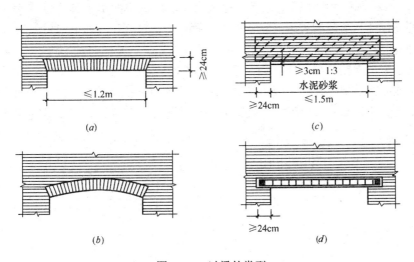

图 19-18　过梁的类型

（a）砖砌平拱；（b）砖砌弧拱；（c）钢筋砖过梁；（d）钢筋混凝土过梁

240mm。

砖砌弧拱采用竖砖砌筑，竖砖砌筑高度不小于120mm。当矢高 f =（1/8~1/2）l 时，弧拱的最大跨度为 2.5~3.5m；当 f =（1/5~1/6）l 时，为 3~4m。这种过梁因施工复杂，已较少采用。

钢筋砖过梁的跨度不应超过 1.5m，底面砂浆层处的钢筋直径不应小于 5mm，间距不宜大于 120mm，钢筋伸入支座砌体内的长度不宜小于 240mm，砂浆层的厚度不宜小于 30mm，砂浆不宜低于 M5。

对跨度较大或有较大振动的房屋及可能产生不均匀沉降的房屋，均不宜采用砖砌过梁，而应采用钢筋混凝土过梁。目前砌体结构已大量采用钢筋混凝土过梁。钢筋混凝土过梁端部支承长度不宜小于 240mm。

2. 过梁上的荷载

过梁上的荷载包括梁、板荷载和墙体荷载。试验表明，由于过梁上的砌体与过梁的组合作用，使作用在过梁上的砌体荷载约相当于高度等于跨度的 1/3 的砌体自重。试验还表明，在过梁上部高度大于过梁跨度的砌体上施加荷载时，过梁内的应力增大不多。因此规范对过梁上荷载的取用规定如下：

（1）梁、板荷载

对砖砌体和小型砌块砌体，梁、板下的墙体高度 $h_w < l_n$（l_n 为过梁净跨）时，按梁、板传来的荷载采用。梁、板下的墙体高度 $h_w \geq l_n$ 时，可不考虑梁、板荷载。

（2）墙体荷载

对砖砌体，当过梁上的墙体高度 $h_w < l_n/3$ 时，应按墙体的均布自重采用。墙体高度 $h_w \geq l_n/3$ 时，应按高度为 $l_n/3$ 墙体的均布自重采用。

对混凝土砌块砌体，当过梁上的墙体高度 $h_w < l_n/3$ 时，应按墙体的均布自重采用。墙体高度 $h_w \geq l_n/2$ 时，应按高度为 $l_n/2$ 墙体的均布自重采用。

3. 过梁的受力特点

图 19-19 所示为对砖砌平拱及钢筋砖过梁所作破坏试验的示意图。过梁受力后，上部受压，下部受拉。当荷载增大到一定程度时，跨中受拉区将出现垂直裂缝，在支座附近将出现 45°方向的阶梯形裂缝，此时过梁的受力状态相当于三铰拱，过梁跨中上部砌体受压，过梁下部的拉力由支座两端砌体平衡（对砖砌平拱）或由钢筋承受（对钢筋砖过梁）。过梁的破坏可能有三种情况，即：因跨中截面受弯承载力不足而破坏；因支座附近斜截面受剪承载力不足，阶梯形斜裂缝不断扩展而破坏；墙体端部门窗洞口上，因过梁支座处水平

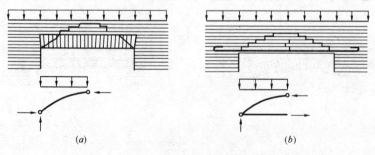

图 19-19　砖砌过梁的破坏形式及计算简图

灰缝受剪承载力不足而发生的破坏。

三、挑梁

挑梁是指一端埋入墙体内，一端挑出墙外的钢筋混凝土构件。挑梁应进行抗倾覆验算、挑梁下砌体的局部受压承载力验算及挑梁本身承载力计算。挑梁设计除应符合国家现行规范《混凝土结构设计规范》外，还应满足下列要求：

（1）纵向受力钢筋至少应有 1/2 的钢筋面积伸大梁尾端，且不少于 2ϕ12。其余钢筋伸座的长度不应小于 2/3L_1。

（2）挑梁埋入砌体的长度 L_1 与挑出长度 L 之比宜大于 1.2，当挑梁上无砌体时，L_1 与挑出长度 L 之比宜大于 2。

第八节　砌体结构的构造要求

砌体结构房屋除进行承载力计算和高厚比验算外，尚应满足砌体结构的一般构造要求，采取防止墙体开裂的措施，保证房屋的整体性和空间刚度。

一、砌体结构的一般构造要求

1. 承重的独立砖柱截面尺寸不应小于 240mm × 370mm。毛石墙的厚度不宜小于 350mm，毛料石柱较小边长不宜小于 400mm。

当有振动荷载时，墙、柱不宜采用毛石砌体。

2. 跨度大于 6m 的屋架和跨度大于下列数值的梁，应在支承处砌体上设置混凝土或钢筋混凝土垫块；当墙中设有圈梁时，垫块与圈梁宜浇成整体。

（1）对砖砌体为 4.8m；

（2）对砌块和料石砌体为 4.2m；

（3）对毛石砌体为 3.9m。

3. 当梁跨度大于或等于下列数值时，其支承处宜加设壁柱，或采取其他加强措施：

（1）对 240mm 厚的砖墙为 6m，对 180mm 厚的砖墙为 4.8m；

（2）对砌块、料石墙为 4.8m。

4. 预制钢筋混凝土板的支承长度，在墙上不宜小于 100mm；在钢筋混凝土圈梁上不宜小于 80mm；当利用板端伸出钢筋拉结和混凝土灌缝时，其支承长度可为 40mm，但板端缝宽不小于 80mm，灌缝混凝土不宜低于 C20。

5. 支承在墙、柱上的吊车梁、屋架及跨度大于或等于下列数值的预制梁的端部，应采用锚固件与墙、柱上的垫块锚固：

（1）对砖砌体为 9m；

（2）对砌块和料石砌体为 7.2m。

填充墙、隔墙应分别采取措施与周边构件可靠连接。

山墙处的壁柱宜砌至山墙顶部，屋面构件应与山墙可靠拉结。

6. 砌块砌体的构造应符合如下规定：

（1）砌块砌体应分皮错缝搭砌，上下皮搭砌长度不得小于 90mm。当搭砌长度不满足上述要求时，应在水平灰缝内设置不少于2φ4的焊接钢筋网片（横向钢筋的间距不宜大于200mm），网片每端均应超过该垂直缝，其长度不得小于300mm。

（2）砌块墙与后砌隔墙交接处，应沿墙高每400mm在水平灰缝内设置不少于2φ4、横筋间距不大于200mm的焊接钢筋网片（图19-20）。

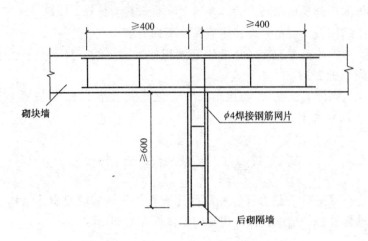

图19-20　砌块墙与后砌块隔墙交接处钢筋网片

（3）混凝土砌块房屋，宜将纵横墙交接处、距墙中心线每边不小于300mm范围内的孔洞，采用不低于Cb20灌孔混凝土灌实，灌实高度应为墙身全高。

（4）混凝土砌块墙的下列部位，如未设圈梁或混凝土垫块，应采用不低于Cb20灌孔混凝土将孔洞灌实：

1）搁栅、檩条和钢筋混凝土楼板的支承面下，高度不应小于200mm的砌体；

2）屋架、梁等构件的支承面下，高度不应小于600mm，长度不应小于600mm的砌体；

3）挑梁支承面下，距墙中心线每边不应小于300mm，高度不应小于600mm的砌体。

7．在砌体中留槽洞及埋设管道时，应遵守下列规定：

（1）不应在截面长边小于500mm的承重墙体、独立柱内埋设管线；

（2）不宜在墙体中穿行暗线或预留、开凿沟槽，无法避免时应采取必要的措施或按削弱后截面验算墙体的承载力。

对受力较小或未灌孔的砌块砌体，允许在墙体的竖向孔洞中设置管线。

8．夹心墙应符合下列规定：

（1）混凝土砌块的强度等级不应低于MU10；

（2）夹心墙的夹层厚度不宜大于100mm；

（3）夹心墙外叶墙的最大横向支承间距不宜大于9m；

（4）夹心墙叶墙间的连接应符合下列规定：

1）叶墙应用经防腐处理的拉结件或钢筋网片连接，对安全等级为一级或设计使用年限大于50年的房屋，叶墙间宜采用不锈钢拉结件。

2）当采用环形拉结件时，钢筋直径不应小于4mm，当为Z形拉结件时，钢筋直径不应小于6mm。拉结件应沿竖向梅花形布置，拉结件水平和竖向最大间距分别不宜大于

800mm 和 600mm；对有振动或有抗震设防要求时，其水平和竖向最大间距分别不宜大于 800mm 和 400mm；

3）当采用钢筋网片作拉结件时，网片横向钢筋的直径不应小于 4mm，其间距不应大于 400mm；网片的竖向间距不宜大于 600mm，对有振动或有抗震设防要求时，不宜大于 400mm；

4）拉结件在叶墙上的搁置长度，不应小于叶墙厚度的 2/3，并不应小于 60mm；

5）门窗洞口周边 300mm 范围内附加间距不大于 600mm 的拉结件。

二、防止或减轻墙体开裂的主要措施

1. 为了防止或减轻房屋在正常使用条件下，由温差和砌体干缩引起的墙体竖向裂缝，应在墙体中设置伸缩缝。伸缩缝应设在因温度和收缩变形可能引起应力集中、砌体产生裂缝可能性最大的地方。伸缩缝的间距可按表 19-14 采用。

砌体房屋伸缩缝的最大间距（m） 表 19-14

屋盖和楼梯类别		间　　距
整体式或装配整体式钢筋混凝土结构	有保温层或隔热层的屋盖、楼盖	50
	无保温层或隔热层的屋盖	40
装配式无檩体系钢筋混凝土结构	有保温层或隔热层的屋盖、楼盖	60
	无保温层或隔热层的屋盖	50
装配式有檩体系钢筋混凝土结构	有保温层或隔热层的屋盖、楼盖	75
	无保温层或隔热层的屋盖	60
瓦材屋盖、木屋盖或楼盖、轻钢屋盖		100

注：1. 对烧结普通砖、多孔砖、配筋砌块砌体房屋取表中数值；对石砌体、蒸压灰砂砖、蒸压粉煤灰砖和混凝土砌块房屋取表中数值乘以 0.8 的系数。当有实践经验并采取有效措施时，可不遵守本表规定；

　　2. 在钢筋混凝土屋面上挂瓦的屋盖应按钢筋混凝土屋盖采用；

　　3. 按本表设置的墙体伸缩缝，一般不能同时防止由于钢筋混凝土屋盖的温度变形和砌体干缩变形引起的墙体局部裂缝；

　　4. 层高大于 5m 的烧结普通砖、多孔砖、配筋砌块砌体结构单层房屋，其伸缩缝间距可按表中数值乘以 1.3；

　　5. 温差较大且变化频繁地区和严寒地区不采暖的房屋及构筑物墙体的伸缩缝的最大间距，应按表中数值予以适当减小；

　　6. 墙体的伸缩缝应与结构的其他变形缝相重合，在进行立面处理时，必须保证缝隙的伸缩作用。

2. 为了防止或减轻房屋顶层墙体的裂缝，可根据情况采取下列措施：

（1）屋面应设置保温隔热层；

（2）屋面保温（隔热）层或屋面刚性面层及砂浆找平层应设置分隔缝，分隔缝间距不宜大于 6m，并与女儿墙隔开，其缝宽不小于 30mm；

（3）采用装配式有檩体系钢筋混凝土屋盖和瓦材屋盖；

（4）在钢筋混凝土屋面板与墙体圈梁的接触面处设置水平滑动层，滑动层可采用两层油毡夹滑石粉或橡胶片等；对于长纵墙，可只在其两端的 2~3 个开间内设置，对于横墙

可只在其两端各 $l/4$ 范围内设置（l 为横墙长度）；

（5）顶层屋面板下设置现浇钢筋混凝土圈梁，并沿内外墙拉通，房屋两端圈梁下的墙体内宜适当设置水平筋；

（6）顶层挑梁末端下墙体灰缝内设置 3 道焊接钢筋网片（纵向钢筋不宜少于 $2\phi4$，横筋间距不宜大于 200mm）或 $2\phi6$ 钢筋，钢筋网片或钢筋应自挑梁末端伸入两边墙体不小于 1m（图 19-21）；

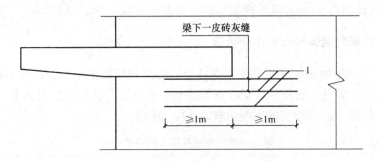

图 19-21　顶层挑梁末端钢筋网片或钢筋

1—$2\phi4$ 钢筋网片或 $2\phi6$ 钢筋

（7）顶层墙体有门窗等洞口时，在过梁上的水平灰缝内设置 2~3 道焊接钢筋网片或 $2\phi6$ 钢筋，并应伸入过梁两端墙内不小于 600mm；

（8）顶层及女儿墙砂浆强度等级不低于 M5；

（9）女儿墙应设置构造柱，构造柱间距不宜大于 4m，构造柱应伸至女儿墙顶并与现浇钢筋混凝土压顶整浇在一起；

（10）房屋顶层端部墙体内适当增设构造柱。

3．为防止或减轻房屋底层墙体裂缝，可根据情况采取下列措施：

（1）增大基础圈梁的刚度；

（2）在底层的窗台下墙体灰缝内设置 3 道焊接钢筋网片或 $2\phi6$ 钢筋，并伸入两边窗间墙内不小于 600mm；

（3）采用钢筋混凝土窗台板，窗台板嵌入窗间墙内不小于 600mm。

4．墙体转角处和纵横墙交接处宜沿竖向每隔 400~500mm 设拉结钢筋，其数量为每 120mm 墙厚不少于 $1\phi6$ 或焊接钢筋网片，埋入长度从墙的转角或交接处算起，每边不小于 600mm。

5．对灰砂砖、粉煤灰砖、混凝土砌块或其他非烧结砖，宜在各层门、窗过梁上方的水平灰缝内及窗台下第一和第二道水平灰缝内设置焊接钢筋网片或 $2\phi6$ 钢筋，焊接钢筋网片或钢筋应伸入两边窗间墙内不小于 600mm。

当灰砂砖、粉煤灰砖、混凝土砌块或其他非烧结砖实体墙长大于 5m 时，宜在每层墙高度中部设置 2~3 道焊接钢筋网片或 $3\phi6$ 的通长水平钢筋，竖向间距宜为 500mm。

6．为防止或减轻混凝土砌块房屋顶层两端和底层第一、第二开间门窗洞处的裂缝，可采取下列措施：

（1）在门窗洞口两侧不少于一个孔洞中设置不小于 $1\phi12$ 钢筋，钢筋应在楼层圈梁或基础锚固，并采用不低于 Cb20 灌孔混凝土灌实；

（2）在门窗洞口两边的墙体的水平灰缝中，设置长度不小于 900mm、竖向间距为 400mm 的 2ϕ4 焊接钢筋网片；

（3）在顶层和底层设置通长钢筋混凝土窗台梁，窗台梁的高度宜为块高的模数，纵筋不少于 4ϕ10，箍筋 ϕ6@200，Cb20 混凝土。

7. 当房屋刚度较大时，可在窗台下或窗台角处墙体内设置竖向控制缝。在墙体高度或厚度突然变化处也宜设置竖向控制缝，或采取其他可靠的防裂措施。竖向控制缝的构造和嵌缝材料应能满足墙体平面外传力和防护的要求。

8. 灰砂砖、粉煤灰砖砌体宜采用粘结性好的砂浆砌筑，混凝土砌块砌体应采用砌块专用砂浆砌筑。

对防裂要求较高的墙体，可根据情况采取专门措施。